工程装备可靠性设计

安立周　张晓南　马昭烨　雷增宏　编著

U0342450

北　京

冶金工业出版社

2018

内 容 简 介

本书系统地介绍了工程装备可靠性设计的基本概念和基本内容，结合工程装备的特点和可靠性设计工作的具体需求，较详细地论述了工程装备可靠性设计流程、可靠性分析、可靠性分配与预计、可靠性增长、可靠性试验与评估等有关技术和方法。具体内容包括：工程装备可靠性设计的内涵及并行可靠性设计流程的关键技术；可靠性参数指标的参数构成和确定方法及其数据需求；工程装备可靠性建模的基本理论、基本模型；工程装备可靠性分析方法；工程装备可靠性分配方法；工程装备可靠性预计方法；工程装备可靠性增长措施及模型；工程装备可靠性试验与评估方法等。

本书可作为高等院校相关专业的本科和研究生的教学用书或军队院校专业基础课教材，也可供大型繁杂装备的设计和研发人员培训或自学参考阅读。

图书在版编目（CIP）数据

工程装备可靠性设计/安立周等编著 . —北京：
冶金工业出版社，2018.7
　ISBN 978-7-5024-7825-4

Ⅰ . ①工… Ⅱ . ①安… Ⅲ . ①工程设备—可靠性
设计 Ⅳ . ①TB114.35

中国版本图书馆 CIP 数据核字（2018）第 129353 号

出 版 人　谭学余
地　　址　北京市东城区嵩祝院北巷 39 号　邮编　100009　电话　（010）64027926
网　　址　www.cnmip.com.cn　电子信箱　yjcbs@cnmip.com.cn
责任编辑　程志宏　王梦梦　美术编辑　吕欣童　版式设计　禹　蕊
责任校对　李　娜　责任印制　李玉山
ISBN 978-7-5024-7825-4
冶金工业出版社出版发行；各地新华书店经销；三河市双峰印刷装订有限公司印刷
2018 年 7 月第 1 版，2018 年 7 月第 1 次印刷
787mm×1092mm　1/16；12.25 印张；298 千字；188 页
45.00 元

冶金工业出版社　投稿电话　（010）64027932　投稿信箱　tougao@cnmip.com.cn
冶金工业出版社营销中心　电话　（010）64044283　传真　（010）64027893
冶金书店　地址　北京市东四西大街 46 号（100010）　电话　（010）65289081（兼传真）
冶金工业出版社天猫旗舰店　yjgycbs.tmall.com
（本书如有印装质量问题，本社营销中心负责退换）

前　言

20世纪50年代可靠性技术开始形成一门学科，此后经过数十年的研究，可靠性技术才逐渐成熟起来，并继续向着更深、更广的方向发展。我国对可靠性问题研究起步较晚，但近十多年来得到了充分的重视并发展较快，在理论研究方面取得了一定的成果。但在实际应用方面还存在不足，在可靠性设计技术和应用方面尚有许多工作要做。由国防科工委组织我国可靠性专家、学者编著的《可靠性、维修性、保障性丛书》是我国第一部可靠性巨著，它从理论、方法上对可靠性技术作了系统的论述，对促进我国可靠性工程的普及、发展和应用奠定了坚实的基础。为了方便从事工程装备研制、生产和使用的科技工作者学习参考，结合《电工术语　可信性与服务质量》（GB/T 2900.13—2008）、《可靠性试验　第1部分：试验条件和统计检验原理》（GB/T 5080.1—2012）和《装备可靠性工作通用要求》（GJB 450A—2004），同时还参考了国内外可靠性文献，我们编写了《工程装备可靠性设计》一书。

工程装备在遂行工程保障及国防工程施工任务中起到重要的作用，其发展水平直接制约着我军工程保障的能力。工程装备的可靠性是装备质量的重要指标，是装备形成战斗力的前提条件，也是提高装备战斗力的倍增器。可靠性与其他战术、技术指标一样，是工程装备的固有性能，主要取决于设备的设计阶段。而现行的可靠性设计理论和方法主要还停留在传统的可靠性研究基础上，缺乏系统性、针对性和实用性，难以对工程装备型号研制起到应有的作用。目前国内还鲜有针对工程装备可靠性设计方面的著作，所以，本书的出版将为工程装备可靠性设计提供系统理论和实用方法，同时也可为武器装备的可靠性设计提供参考。

本书共分8章，第1章介绍可靠性的概念、可靠性设计的重要性及国内外装备可靠性设计的发展现状；第2章介绍工程装备可靠性设计的内涵、工程装备并行可靠性设计流程的关键技术和可靠性参数指标的参数构成、确定方法及其数据需求；第3章介绍工程装备可靠性建模的基本理论、基本模型，并着重介绍了相关性可靠性模型；第4章介绍工程装备可靠性分析方法；第5章介绍工程装备可靠性分配方法；第6章介绍工程装备可靠性预计方法，并用实例验证；第 7 章介绍工程装备可靠性增长措施及模型；第 8 章介绍工程装备可靠性试验与评估方法。全书内容紧密结合工程装备可靠性设计的实际需求，注重可靠性设计的工程性以及各种可靠性设计方法在工程装备研发设计中的应用。全书体例结构合理，语言通俗易懂，便于自学。

参加本书编著的人员包括：安立周（第 1 章、第 2 章）；安立周及雷增宏（69006 部队装备技术室，第 3 章、第 4 章）；马昭烨（第 5 章、第 6 章）；张晓南（第 7 章、第 8 章）。全书由安立周、张晓南负责统稿。

本书在编写的过程中，参考了相关院校的讲义、教材以及专著和论文等，这些文献对本书的最终成书提供了有益的帮助，作者谨对文献作者表示衷心的谢意，同时对杨小强教授、王海涛教授对本书出版给予的指导和支持以及白攀峰、何山、田奥克等同志在本书编写过程中所做的工作表示感谢，对帮助和支持本书出版的领导和同事以及方方面面的朋友一并表示感谢，对疏漏未提及的单位和个人致以诚挚歉意，感谢大家对工程装备可靠性设计技术应用与发展作出的贡献！

由于编者水平所限，书中内容中的缺点和错误，敬请专家及广大读者批评指正。

编著者

2018 年 3 月

目　　录

第1章 绪 论

1.1 可靠性概述

1.1.1 可靠性研究进展概况

作为衡量产品质量的一个重要指标，可靠性早已不是一个新的概念。长期以来，一切重视产品信誉的厂家，为了争取顾客都在追求其产品具有好的可靠性。因为只有那些可靠性好的产品，才能长期发挥其使用性能而受到用户的欢迎。不仅如此，有些产品如汽车、轮船和飞机，如果其关键零部件不可靠，不仅会给用户带来不便，而且耽误时间、推迟日程，造成经济损失，甚至还可能直接危及使用者的生命安全。像美国"挑战者"号航天飞机、苏联切尔诺贝利核电站等发生的可靠性事故所引起的严重后果，都足以说明产品的可靠性差会引起一系列严重问题，甚至会危及国家的荣誉和安全。而1957年苏联第一颗人造卫星升天，1969年美国阿波罗11号宇宙飞船载人登月等可靠性技术成功的典范，不仅为其国家带来荣耀，而且说明了高科技的发展要以可靠性技术为基础，科学技术的发展又要求高的可靠性。

人们早期对"可靠性"这一概念仅仅从定性方面去理解，而没有数值量度。为了更好地表达可靠性的准确含义，不能仅以定性的方法来评价它，而应有定量的尺度去衡量它。在第二次世界大战后期，德国火箭专家 R. Lusser 首先提出用概率乘积法则，将系统的可靠度看成是其各子系统的可靠度乘积，从而算得 V-Ⅱ型火箭诱导装置的可靠度为75%，首次定量地表达了产品的可靠性。直到20世纪50年代初期开始，在可靠性的测定中更多地引进了统计方法和概率概念以后，定量的可靠性得到广泛应用，可靠性问题才作为一门新的学科被系统地加以研究。

美国对可靠性的研究始于第二次世界大战。当时雷达系统虽发展很快而电子元件却屡出故障。因此，早期的可靠性研究重点放在故障占大半的电子管方面。不仅重视其电气性能，而且重视其耐震、耐冲击等可靠性方面。

美国对机械可靠性的研究始于20世纪60年代初期，其发展与航天计划有关。当时在航天方面由于机械故障引起的事故多、损失大，于是美国宇航局（NASA）从1965年开始进行机械可靠性研究。例如，用超载负荷进行机械产品的可靠性试验验证；在随机动载荷下研究机械结构和零件的可靠性；将预先给定的可靠度目标值直接落实到应力分布和强度分布都随时间变化的机械零件的设计中去等。

日本1956年从美国引进可靠性技术。日本将可靠性技术推广应用到民用工业部门，取得很大成功，大大地提高了其产品的可靠度，使其高可靠性产品（例如汽车、彩电、照相机、收录机、电冰箱等）畅销到全世界，带来巨大的经济效益。日本人曾预见到今后产品竞争的焦点就在于可靠性。

英国于1962年出版了《可靠性与微电子学》(Reliability and Microelectronics) 杂志。

法国国立通讯研究所也在这一年成立了"可靠性中心",进行数据的收集与分析,并于1963年出版了《可靠性》杂志。苏联在20世纪50年代就开始了可靠性理论及应用的研究,1964年,当时苏联及东欧各国在匈牙利召开了第一届可靠性学术会议。

国际电子技术委员会(IEC)于1965年设立了可靠性技术委员会,1977年又改名为可靠性与可维修性技术委员会。它对可靠性方面的定义、用语、书写方法、可靠性管理、数据收集等,进行了国际间的协调工作。

20世纪60年代以来,空间科学和宇航技术的发展提高了可靠性研究的水平,扩展了其研究范围。对可靠性的研究,已经由电子、航空、宇航、核能等尖端工业部门扩展到电机与电力系统、机械、动力、土木等一般产业部门,扩展到工业产品的各个领域。目前,提高产品的可靠性已经成为提高产品质量的关键。今后只有那些高可靠性产品及其企业,才能在日益激烈的竞争中幸存下来。不仅如此,国外还把对产品可靠性的研究工作提高到节约资源和能源的高度来认识。这不仅是因为高可靠性产品的使用期长,而且通过可靠性设计可以有效地利用材料,减少加工工时,获得体积小、重量轻的产品。

在我国,最早是由电子工业部门开始开展可靠性工作的,在20世纪60年代初期进行了有关可靠性评估的开拓性工作。至70年代初期,航天部门首先提出了电子元器件必须经过严格筛选的要求。70年代中期,由于中日海底电缆工程的需要,提出高可靠性元器件验证试验的研究,促进了我国可靠性数学的发展。从1984年开始,在国防科工委的统一领导下,结合中国国情并积极汲取国外的先进技术,组织制定了一系列关于可靠性的基础规定和标准。1985年10月国防科工委颁发的《航空技术装备寿命与可靠性工作暂行规定》,是我国航空工业的可靠性工程全面进入工程实践和系统发展阶段的一个标志。1987年5月,国务院、中央军委颁发《军工产品质量管理条例》明确了在产品研制中要运用可靠性技术;1987年12月和1988年3月先后颁布的国家军用标准《装备维修性工作通用要求》(GJB 368B—2009)和《装备可靠性工作通用要求》(GJB 450A—2004)。可以说是目前我国军工产品可靠性技术具有代表性的基础标准。

与此同时,各有关工业部门、军兵种越来越重视可靠性管理,加强可靠性信息数据和学术交流活动。全国军用电子设备可靠性数据交换网已经成立;全国性和专业系统性的各级可靠性学会相继成立,进一步促进了我国可靠性理论与工程研究的深入展开。

1.1.2 可靠性的定义与分类

1.1.2.1 可靠性的定义

最早的可靠性定义是由美国AGREE在1957年的报告中提出的。1966年美国的MIL-STD-721B又较正规地给出了传统的或经典的可靠性定义,即"产品在规定的条件下和规定的时间内完成规定功能的能力"。它为世界各国的标准所引证,我国的GB/T 2900.99—2016给出的可靠性定义也与此相同。但在实际应用中已经感到了上述定义的局限性,因为它只反映了任务成功的能力。于是美国于1980年颁发的MIL-STD-785B将可靠性定义分为任务可靠性和基本可靠性两部分。任务可靠性的定义为"产品在规定的任务剖面内完成规定功能的能力"。它反映了产品在执行任务时成功的概率,只统计危及任务成功的致命故障。基本可靠性的定义为"产品在规定条件下,无故障的持续时间或概率"。它包括了全寿命单位的全部故障,能反映产品维修人力和后勤保障等要求。例如

MTBF（平均无故障间隔时间），MCBF（平均故障间隔的使用次数）。把可靠性概念分为两种不同用途是对可靠性工作实践经验的总结和对这一问题认识的深化，这无疑是一个新的重要发展。我国颁布的《可靠性维修保障性术语》（GJB 451A—2005）就引用这两种可靠性定义。

可靠性是指产品在规定条件下和规定时间内完成规定功能的能力。另外一种表述为产品在规定时期内、规定条件下可以执行任务并完成规定任务的可靠性（即概率）。这两种表述本质上是相同的。从定义中可以知道，它包含产品、规定条件、规定时间、规定功能和概率等五项因素。

产品指研究对象，是指作为单独研究和分别试验对象的任何元件、器件、设备或系统，可以表示产品的总体和样品等。根据产品的特性可以分为可修复和不可修复两种情况。由于研究对象的大小和复杂程度不同，不同产品的可靠性不同，研究的方法和内容也可能不同。在具体进行研究时，首先应当明确是哪种产品的可靠性，该产品包括哪些组成部分，还应指出是否包括人的使用和操作等因素在内，若不经特别指出，这些因素就不包括在研究之中。

规定条件包括使用时的环境条件（如温度、湿度、振动、冲击、辐射），使用时的应力条件、维护方法，贮存时的贮存条件以及使用时对操作人员技术等级的要求。在不同的规定条件下产品的可靠性是不同的。

规定时间是根据用户要求或设计目标确定的，表示产品发挥功能的有效时间。一般来说，产品的可靠性总是随着时间的增长而下降的，因此，这一要素对可靠性的衡量必不可少。另外，不同的产品对应的时间指标也不同，如火箭发射装置，可靠性对应的时间以秒计；海底通讯电缆则可以年计，而且这里的时间应看做是广义含义，即对某些产品也可用次数（如继电器的动作次数）、周期等来计算。

规定功能用产品的性能指标描述。在具体分析时，通过给出合理的故障（或失效）判断依据来确定产品是否完成规定功能。故障和失效是针对产品是否可修复而言，两者的许多定义和规律是一样的，一般不严格区分。

概率是对可靠性必需的定量规定或测度。对不可修复产品一般用可靠度来表示，对可修复产品一般用可用度表示。

如上所述，讨论产品的可靠性问题时，必须明确对象、使用条件、使用期限、规定的功能等因素，而用概率来度量产品的可靠性时就是产品的可靠度。可靠性定量表示的另一特点是其随机性。因此，广泛采用概率论和数理统计方法来对产品的可靠性进行定量计算。

1.1.2.2　可靠性的分类

在可靠性的研究过程中，因研究范围和研究内容的不同而有不同的分类。从研究任务上讲，可靠性可以分为基本可靠性和任务可靠性。基本可靠性是指产品在规定条件下无故障的持续时间和概率，它与产品的规定条件有关。任务可靠性是指产品在规定的任务剖面内完成规定功能的能力。

从研究内容上讲，可靠性可以分为固有可靠性和使用可靠性，两者共同组成工作可靠性。固有可靠性是指产品通过设计和制造形成的可靠性，是产品的固有属性。使用可靠性是指产品在广义的使用条件下（运输、保管、环境、操作和使用等），其固有可靠性发挥的程度既受设计制造质量的影响，也受使用条件和人为因素的影响。工作可靠性是指产品在实际运行或工作中的可靠性，是一种综合性的可靠性指标。如果用 R_o 表示工作可靠度，R_i 表示固有可靠性，R_u 表示使用可靠性，则三者的关系可以近似表示如下：

$$R_o \approx R_i \times R_u$$

从研究范围上讲，可靠性又分为广义可靠性和狭义可靠性。狭义可靠性的定义符合一般可靠性的定义，由结构可靠性和性能可靠性组成。广义可靠性通常包括狭义可靠性和维修性两方面，常称为有效性，其中也包含了环境适应性等要求。狭义可靠性是以故障发生的难易程度作为考虑的出发点，而维修性则表示故障发生后修复的难易程度。狭义可靠性和维修性都是产品的固有属性，两者与有效性之间存在一定的内在联系。随着研究考虑范围的不断扩展，可靠性的分析已不仅包括硬件，人员可靠性、软件可靠性也开始占有越来越重要的地位。

结构可靠性是指在执行任务的过程中，结构上不出故障的可能性。

性能可靠性是指在执行任务的过程中，精度满足要求的可靠性。

维修性是指在规定条件下，使用的产品在规定的时间内按规定的程序和方法进行维修时，保存和恢复到能完成规定功能的能力。

有效性是指可以维修的产品在某时刻具有或维持规定功能的能力，也成为可用性。

人员可靠性是指系统在工作的任何阶段，操作者在规定时间里成功完成规定作业的概率。

软件可靠性是指程序在规定条件下执行 n 次，不出故障的概率。

1.1.3 可靠性技术的发展

可靠性技术是 20 世纪 40 年代由美国科学家首先提出，50 年代逐渐兴起和形成的。二战期间，美国空军由于飞机故障而损失的飞机达 21000 架，比被击落的多 1.5 倍；运往远东的作战飞机上的电子设备 60% 不能使用，在储备期间又有 50% 失效，这些情况引起了美国军方的重视。朝鲜战争期间，美国国防部成立了"电子设备可靠性咨询委员会（AGREE）"，对电子设备各个方面的可靠性进行全面调查，该委员会于 1957 年发表了"军用电子设备可靠性报告"，即"AGREE 报告"，完整阐述了可靠性的理论基础和研究方法，这一报告被公认为电子产品可靠性理论和方法的奠基性文献。从此，可靠性成为一门独立的学科。

20 世纪 60 年代是可靠性技术的全面发展阶段。60 年代初期，由于航天工业的需要和产品不可靠造成的工业废品率高等情况，引起了苏联政府与有关部门的高度重视，从技术和管理上采取措施提高产品的可靠性，促进了可靠性技术的发展。同一时期，美国航空航天工业也迅速发展，美国国家航空航天管理局（NASA）和国防部接受了由 AGREE 报告发展起来的可靠性技术。

20 世纪 70 年代，各种各样的电子设备或系统广泛应用于各科学技术领域、工业生产部门以及人们的日常生活中。电子设备的可靠性直接影响着生产效率以及系统、设备和人员安全，可靠性研究显得日益重要。同时，人们也开始对非电子设备（如机械设备）进行可靠性研究，重点解决电子设备可靠性设计及试验技术在非电子设备研究中的适用性问题。在 20 世纪 70 年代，计算机软件可靠性理论获得很大发展，一方面提出了数十种软件可靠性模型，另一方面是对软件容错的研究。

20 世纪 80 年代，可靠性研究继续朝广度和深度发展，中心内容是实现可靠性保证。1985 年，美国军方提出在 2000 年实现"可靠性加倍，维修时间减半"这一新的目标，并开始实施。

20 世纪 80 年代初，我国掀起了电子行业可靠性工程和管理的第一个高潮。组织编写可靠性普及教材，在原电子工业部内普遍开展可靠性教育，组成了一批研究可靠性的骨干队伍。1984 年组建了全国统一的电子产品可靠性信息交换网，并颁布了《电子设备可靠性预计手册》（GJB/Z 299C—2006），有力地推动了我国电子产品可靠性的研究工作。同时还组织制定了一系列有关可靠性的国家标准、军用标准和专业标准，将可靠性管理工作纳入标准化轨道。

20 世纪 90 年代初，原机械电子工业部提出"以科技为先导，以质量为主线"，沿着"管起来 – 控制好 – 上水平"的发展模式开展可靠性工作，兴起了我国第二次可靠性工作高潮，取得了较大成绩。

海湾战争"沙漠风暴"行动和科索沃战争表明，未来战争是高技术的较量。现代化技术装备，由于采用了大量的高技术，极大地提高了系统的复杂性，为了保证战备的完好性、任务的成功性以及减少维修人员和费用，可靠性技术范围将大大扩展，需要更多的可靠性理论和方法作保证，需要更加严密的可靠性管理系统，可靠性研究需要上一个台阶。

1.1.4　可靠性工程与可靠性设计

1.1.4.1　可靠性工程

可靠性工程是指为了达到产品的可靠性要求而进行的有关设计、试验和生产等的一系列工作。可靠性工程的基本任务是：

（1）确定产品的可靠性。即通过对元器件、部件及系统的可靠性分析、预计、分配、评估及各种试验来确定产品的可靠性。

（2）提高产品的可靠性。通过研制、生产及使用等各个环节的可靠性管理及可靠性技术工作，提高产品的可靠性。

（3）获得最佳的可靠性。即通过权衡对比研究，在一定的性能、费用的条件下，获得最高的可靠性；能在一定的可靠性要求下，获得最佳的性能和最少的费用。

可靠性工程是一门以概率论、统计学为基础，与系统工程、环境工程、价值工程、运筹学、工程心理学、物理学、化学、质量控制技术、生产管理技术及计算机技术等学科密切相关的综合性学科。可靠性工程的核心是故障的反馈与控制。可靠性工程的一个突出特点在于管理与技术的高度结合，即通过管理指导技术的合理应用，确保可靠性目标的实现。

可靠性工程的中心内容是提高系统的效能、降低产品的寿命周期费用。实践已证明，可靠性工程与系统整个寿命周期内的全部可靠性活动有关。从方案论证开始到系统报废为止的整个寿命周期内，都要有计划地开展一系列可靠性工作。也就是说，可靠性工程是一项系统工程。

实施可靠性工程的意义重大，表现在保证产品可靠性的必要性和迫切性：

（1）新产品的复杂化导致可靠性下降。随着工业技术的发展和实际需要，越来越多的产品，特别是军品向高性能、大型化和多功能的方向发展。因此产品日趋复杂，构成产品的元器件、零部件的品种和数量大幅度增加，同时产品各组成单元间的关系也越来越复杂，从而使整机发生故障的可能性增多。

（2）产品使用环境的日益严酷引起产品可靠性的下降。如我国某工程船在驶往南极的途中，因低温致使焊缝开裂，面临了很危险的处境。其原因就是该船没能按南极的环境要求来设计、建造。

（3）新技术、新材料和新工艺的仓促应用，易带来产品的可靠性下降。这是因为"三新"有一个逐步成熟的过程。

（4）社会和用户对新产品的可靠性要求越来越高。

（5）新产品维修费用的迅速增长，使用户迫切要求提高可靠性。高额的、难以预见的维修费用是用户的沉重负担。由上述可见，世界上许多国家高度重视可靠性是必然的。

美国军方人士就认为可靠性是武装力量的倍增器；日本人则断言：今后产品竞争的焦点就是可靠性。可靠性工程确实强烈地反映出历史的发展趋势。

1.1.4.2 可靠性设计

可靠性设计是可靠性工程的一个重要分支，因为产品的可靠性在很大程度上取决于设计的正确性。在可靠性设计中要规定可靠性和维修性的指标，并使其达到最优。根据多年来世界各国实施可靠性工程的经验，在产品的整个寿命期内，对可靠性起重大影响的是设计阶段。例如，美国海军电子实验室统计，引起产品出故障的原因中，因设计不当所致占40%；日本人对产品发生故障进行的调查结果表明，一半的故障是由于设计问题引起的；我国某研究所对该所以前研制的惯性导航设备的故障进行了分析，发现由于设计不当造成的故障占总故障的65.5%。其原因是设计决定了系统的固有可靠性。如果在系统的设计阶段未认真考虑可靠性问题，那么即使以后在制造、使用中多么严格、精心，也难以达到可靠性要求。因此可靠性工作必须从头抓起，从设计抓起。在设计过程一开始，就把可靠性要求注入到产品的设计中去，力争把潜在缺陷消灭在设计之中，消灭在萌芽状态，才能达到预防的目的，才能保证一次成功。因此，可靠性设计是可靠性工程的重点内容，是提高产品可靠性的根本途径。

可靠性设计是性能设计的保证。如果产品的可靠性差，那么产品的性能再高也没有多少实际意义，因此可靠性设计应至少具有性能设计的同等地位。另外，在设计阶段采取措施来提高产品的可靠性，会产生降低用户费用的显著作用。据美国诺斯洛普公司估计，在研制阶段为改善产品的可靠性所花费的 1 美元，将在以后使用和支持费用方面节省 30 美元。

可靠性设计的目的是实现合同规定的可靠性指标，在产品的性能、可靠性、费用等各方面的要求之间进行综合权衡，从而得到产品的最优设计。目前，我国舰船产品的设计任务书中不仅有明确的性能、费用指标，而且在许多新产品（主要是军品）的设计任务书中已有明确的可靠性指标。要设计出同时满足这些指标的产品难度往往相当大。在一般情况下，设计人员先搞出几个满足性能和费用要求的方案，然后再从可靠性角度予以评价，从中选出最优方案。若都没有满足可靠性要求，则可在允许的情况下，适当降低性能设计水平或多投入一些费用，其结果往往会使可靠性有一定程度的提高，满足指标要求。

1.2　装备可靠性设计研究现状

1.2.1　外军装备可靠性设计现状

20 世纪 40 年代，由于各种复杂电子设备的相继出现，电子设备的可靠性问题严重地影响着装备的效能。出于军事装备效能研究的目的，美国首先在 1943 年成立了电子管研究委员会，专门研究电子管的可靠性问题，主要讨论采用新材料及工具、发展质量控制及检验统计技术来提高电子管可靠性的途径问题。20 世纪 50 年代，为解决军用电子设备和复杂导弹系统的可靠性问题，美国国防部于 1952 年成立了一个由军方、工业部门和学术界组成的电子设备可靠性咨询组，开始有计划地从装备的设计、试验、生产和使用等全面地实施了一个可靠性发展计划，并于 1957 年发表了《军事电子设备可靠性》的研究报告，从此奠定了可靠性研究发展的基石，标志着可靠性已成为一门独立的学科。20 世纪 60 年代，在各种军事装备的设计研制过程中，可靠性理论不断成熟，特别是有关电子设备可靠性分析与设计、可靠性分配与设计、故障模式及影响分析、故障树分析、冗余设计、可靠性试验与鉴定、可靠性评估等理论和方法有了全面的发展。英、法、日及苏联等工业发达国家也都相继开展了可靠性的研究工作。20 世纪 70 年代后，可靠性研究更加系统化，不仅在可靠性设计与计算方面有进一步发展，同时在可靠性政策、标准、手册的制定等方面也取得了进展。进入 20 世纪 80 年代以来，可靠性研究向着更深、更广的方向发展。在技术上，深入开展了机械可靠性、软件可靠性以及光电器件可靠性和微电子器件可靠性的研究，全面推广了计算机辅助设计技术在可靠性领域的应用。同时积极采用模块化、综合化、容错设计、光导纤维和超高速集成电路等新技术来全面提高现代武器系统的可靠性。

国外可靠性设计技术研究成果对工程装备的发展产生了巨大的推动作用，极大地提高了工程装备的战术技术性能和作战效能。美军的可靠性研究起步较早，在工程装备产品可靠性理论方面，以亚利桑那大学 D. Kececioglu 教授为首，主要研究工程装备零部件的可靠性概率设计方法。在可靠性设计技术方面，美军于 1977 年成立了工程装备可靠性设计小组，研究工程装备的可靠性设计存在的问题，发展新的方法，并制定相应的设计程序。在工程装备故障预防和检测方面，以机械故障预防小组（MFPG）为代表，对设计、诊断、监测、故障等进行研究，在可靠性数据的收集和分析方面取得了很大的进步，编制了一些可靠性设计手册和指南、可靠性数据手册。典型装备主要有 M9 装甲战斗工程车、COV 清除障碍车、工兵布雷德利战车、D7 推土机、SEE 小型阵地挖掘机等。

俄军对工程装备可靠性的研究也十分重视，并有其独到之处。在其 20 年科技规划中，将提高工程装备的产品可靠性和寿命作为重点任务之一。其可靠性技术应用主要靠国家标准推动，发布了一系列可靠性国家标准。他们认为可靠性技术的主要内容是预测，即在产品设计和样机实验阶段，预测和评估在规定的条件下的使用可靠性，研究各项指标随时间变化的过程。他们认为可靠性研究方向主要有两个：（1）可靠数学统计方法和使用信息的统计处理技术，以及保证复杂系统可靠性的技术；（2）适于机械制造行业，包括物理故障学（疲劳、磨损、腐蚀）机械零件的耐磨、耐热、耐蚀等设计方法，以及保证可靠性的工艺方法的研究。典型的装备有 BAT-2 开路机、BTM 系列挖壕机、30 系列挖土机等。

英军于 1978 年成立了装备可靠性研究小组，汇编出版了《装备可靠性》一书，从失效模式、使用环境、故障性质、筛选效果、实验难度、维修方式和数据积累等 7 个方面阐明了装备可靠性应用的重点，提出了几种装备系统可靠性的评估方法，并强调重视数据积累。由欧共体委员会支持的欧洲可靠性数据库协会成立于 1979 年，其可靠性数据库交换、协作网遍布欧洲各国，收集的大量机械零部件的可靠性数据，为进行重大工程规划和设备的研发、风险评估提供了依据。在工程装备可靠性设计方法方面，成功地应用了降额设计和计算机辅助设计，于 2008 年以"猎狗"战斗工程车取代了 CET 战斗工程车，在提高作业性能的前提下，零件数减少了 1/3。英军工程兵还推出了一种机动能力更强的工兵坦克系统（ETS）。该系统包括"特洛伊"障碍清除车和"泰坦"冲击桥，该系统于 2007 年装备部队后，大大提高了英军的机动保障能力。

日军的装备可靠性设计强调实用化，主要依靠固有技术，通过可靠性实验及使用信息反馈，不断改进，达到可靠性增长，比较重视可靠性实验、故障诊断和寿命预测技术的研究与应用，以及产品失效分析、现场使用数据的收集和反馈。日军研制装备的一贯做法就是每发展一种新型主战坦克，同时就装备一种与之配套的新型装甲抢救车。比如，90 式坦克问世后，日本防卫厅就立即拨款 20 亿日元研制新型 90 式坦克抢救车，其最高行驶速度达 70km/h。

外军新型装备的研制与开发，一个共同的特点就是将可靠性设计技术始终贯穿，从需求分析、性能分析、作战任务和作战对象分析直到方案设计、系统设计、零部件设计等整个研制过程。大量新的可靠性技术与方法得到充分的应用和贯彻，从而为产品定型后的可靠性、维修性、保障性打下了坚实的技术基础。

1.2.2 我军装备可靠性设计现状

我军兵种装备的可靠性工作，由于多种因素的影响和制约，相对来说起步较晚，发展也比较迟缓，20 世纪 70 年代以前基本上是空白。进入 20 世纪 80 年代以后，装备的可靠性问题，作为一个具有明确内涵的新概念，才在我国逐步被认识、接受并普及开来。特别是我国装备研制和使用维修实践中出现的许多重大质量问题，更进一步加深了对可靠性维修性保障性重要作用的认识，促进了可靠性维修性保障性工作的开展。陆续编译出版了一批可靠性维修性保障性文献资料，制定了一批急需的可靠性维修性保障性军用标准、手册，颁布了若干有关可靠性维修性保障性工作的指令性文件，如《装备维修性工作通用要求》(GJB 368B—2009)、《装备可靠性工作通用要求》(GJB 450A—2004)、《装备保障性分析》(GJB 1371—1992) 以及国防科工委《关于加强可靠性维修性工作的若干规定》、《关于进一步加强装备可靠性维修性工作的通知》等。在型号研制工作中也正在逐步贯彻落实可靠性维修性保障性要求。但从总的情况来看，兵种装备的可靠性工作还存在不少问题。特别是近年来研制发展的兵种装备的技术性能都有比较明显的提高，但由于有些装备在研制过程中没有明确的可靠性维修性保障性要求；有些装备虽提出了可靠性维修性保障性要求，但在研制过程中没有约束机制和保证措施，可靠性要求并没有在工程研制中真正落实，致使许多装备的可靠性维修性保障性水平不高，甚至有的还有下降的趋势。从兵种装备的质量状况以及对部分兵种装备的试验与统计分析，可以明显看出，我国自行研制的装备与外军同类装备相比，在可靠性、维修性和保障性方面存在较大的差距。可靠性、维修性、保障性水平上不去已成为制约当前兵种装备发展的一个突出的薄弱环节。不改变这种状态，其他性能水平再高，在总体作战效能上也很难与外军同类装备相抗衡。

我军工程装备的发展始终以实行积极的战略防御、确保打赢高技术条件下局部战争的作战工程保障需求为目标，始终坚持走军民融合式发展道路。在装备的研制过程中，对可靠性维修性保障性方面的问题也进行了一些研究，积累了不少有益经验，但研究的内容主要还停留在传统的可靠性研究基础上，缺乏系统性、针对性和实用性，难以对型号研制起到应有的作用。究其原因可归结为以下三条：（1）从管理层面讲，在装备研制过程中思想重视不够，从装备管理部门到承研承制单位，主要精力还停留在传统意义上的性能指标上，如工程装备的动力性能，作业性能等；（2）可靠性理论技术研究与工程实践应用脱节，理论研究成果很多，但能够切实有效解决工程实践中出现的可靠性问题的不多，很多装备的可靠性设计与评估主要还是靠经验，产品定型时提供的可靠性分析报告也只是流于形式，很难对提高装备的可靠性水平真正产生作用；（3）装备可靠性工作是一项复杂而艰苦细致的系统工程，牵涉的因素很多，在具体落实时有较大难度，特别是受研制周期和经费的制约，许多工作实际上只能流于形式，很难得到落实，因此，目前我军工程装备的可靠性水平总体上讲是比较低的，以致在部队使用中带来一系列问题，最终结果不仅是装备的应有效能得不到正常发挥，而且造成较大经济损失，给装备发展带来十分不利的影响。对新研的工程装备系统来讲，无论是战术技术性能指标要求，还是结构和技术特点，与现役的工程装备相比都有显著变化，所以，研究工程装备可靠性设计工作既是装备研制现实工作的需要，也是一次全新的理论探索，研究意义极其深远。

第2章 工程装备可靠性设计理论

2.1 工程装备可靠性设计

2.1.1 工程装备可靠性的概念

2.1.1.1 工程装备

工程装备种类较多，一般可分为军用工程机械、渡河桥梁装备、地雷爆破装备、伪装装备、侦查指挥装备和技术保障装备6大类：

（1）军用工程机械。军用工程机械包括道路阵地机械、筑城施工机械、野战给水机械和辅助配套机械，主要用于清除非爆炸性障碍、构筑急造军路、抢修维护道路、构筑野战工事和技术兵器掩体、构筑野战给水站、设置筑城障碍等。

（2）渡河桥梁装备。渡河桥梁装备包括舟桥装备、桥梁装备、路面装备、轻型渡河装备和配套动力装备等，主要用于克服江河、沟谷、防坦克壕等天然或人工障碍，保障部队机动。

（3）地雷爆破装备。地雷爆破装备包括地雷、布雷装备、扫雷装备、破障装备和爆破器材等，主要用于设置障碍、开辟通路，实施军事工程爆破。

（4）伪装装备。伪装装备包括伪装涂料、伪装遮障、假目标、遮蔽剂、伪装勘察检测装备和伪装作业装备等，主要用于各级指挥所、人员、装备、军事工程及其他重要目标的伪装。

（5）侦查指挥装备。侦查指挥装备包括工程侦查装备、障碍探测装备和工程兵指挥装备，主要用于工程勘察、探测和指挥控制等。

（6）技术保障装备。技术保障装备包括装备保障指挥装备、抢修修理装备、器材保障装备和检测诊断装备，主要用于野战条件下对各类工程装备进行故障诊断、抢修、修理和勤务保障等。

2.1.1.2 工程装备可靠性

对于工程装备而言，规定的条件是指作业条件、环境条件、维护条件、操作技术和管理水平等。离开了规定的条件，对于工程装备的评价就失去了基础，也就不能正确判断工程装备的质量。

规定的时间是指度量工程装备使用过程的尺度，可以是工作小时数，应力循环次数、工作转数、行驶里程等。由于各种磨损、老化、疲劳等现象的存在，机械不可能永久保持其技术状态不变，因此，规定的时间就成为确定军用工程可靠性的先决条件。

规定的功能，是指国家军用标准和有关技术文件中所规定的工程装备的各种功能、技术性能指标和要求。

能力是指工程装备完成规定功能的可能性。在可靠性定义中，对"能力"的表述仅定性的分析是不够的，工程装备的可靠性与其性能指标不同，它在表征上有其自己的特点，需要做出定量的表征。

（1）随机性。工程装备在规定时间是否发生故障是不能确定的，即在规定时间是否发生故障具有随机性。在一定条件下可能发生也可能不发生的事件，称为随机事件。工程装备在规定时间内发生故障就是一个随机事件，需用概率论与数理统计的理论与方法来表征其可靠性。可靠性的概率度量称为可靠度，即产品在规定条件下和规定时间内完成规定功能的概率。因此工程装备可靠性定量表达具有统计意义。

（2）时间性。既然用概率度量工程装备可靠性，其发生故障的观测值或测定值，必须在一个时间段内进行统计处理。完成规定功能的概率，可以理解为工程装备在规定条件和规定时间内，正常工作的产品占产品总数的百分比。这种统计工作，需要一定的样本量和相当长的工作时间才能做出可信的统计结果。这和其他性能指标测定方法是不同的，例如发动机功率、液压系统的流量和压力等技术参数，属于确定性指标，在产品试验中即可获得；而工程装备的可靠性指标，必须通过在寿命周期内发生故障的观测值来获得。

（3）可靠性定量表达的多样性。工程装备的可靠性参数很难只用一个量表征，在不同的对象和不同的情况下可以用不同的参数来表示产品的可靠性。如产品从开始使用到某一时刻 t 这段时间保持规定功能的能力，可用可靠度来度量，该指标越大，就表示产品在 t 段时间内完成规定功能的能力越大，即产品越可靠。但是并非对任何场合使用这一参数都是方便的。对工程装备执行任务中不可或不易修复的部件，首次故障前的平均时间就是其可靠性参数；对于可修部件，平均故障间隔时间是其可靠性度量的参数；对基础零部件和元器件，用规定百分比的寿命这一参数更为直观。所以，在工程装备可靠性设计中，应给出多个表示产品可靠性的参数以供选择。

综上，工程装备可靠性的概念可表述为：在规定的作业工况、使用维护、封存及运输条件下，在规定的寿命周期内，工程装备技术性能指标在允许的范围内，并完成规定作业功能的能力。

2.1.2 工程装备可靠性设计的特点

目前，我国正在研制多种新型工程装备。这些装备与以往的产品有很大的不同，其中最重要的标志，就是在可靠性、维修性方面要有一个长足的发展，要有新的突破。总结历史经验及工程装备可靠性工作的现状，人们会认识到工程装备的可靠性设计工作，必须要结合工程装备的特殊性来进行。

（1）作为工程装备来说，必须具备两种基本性能（即行驶性能和作业性能）。为实现这两种基本性能，工程装备必然是一种多系统、多功能的大型的产品，是多种系统、多种设备组成的复杂综合体。如装载机通常可以分为发动机子系统，传动子系统、液压子系统、工作装载子系统、电气子系统和其他子系统。从总体看，工程装备总体各系统功能相互交错，任务剖面复杂，失效模型较难建立，失效分布面数也难以确定，如何衡量工程装备总体及结构的可靠性，如何确定工程装备总体的寿命和任务剖面，研究难度很大。因此，目前至以后的一段时间内，应注意从系统的角度出发，开展工程装备总体的可靠性设计工作。

（2）工程装备要承受高低温、湿热、淋雨、振动等种种环境应力，特别是在执行作战任务时的环境条件更为严酷，所以工程装备对环境的适应力要求很高。进行工程装备可靠性设计一定要对环境因素予以足够的重视，采取最得力的措施保证可靠性的实现，特别是要进行好环境应力筛选试验和可靠性增长试验。

（3）工程装备产品绝大多数都是可维修产品，因此与航天、航空等部门的军品比较，维修性设计在舰船可靠性设计中应占有更高的地位，至少应与狭义可靠性设计有同等地位，特别要重视预防性、适时性维修技术的应用。

（4）工程装备产品中非电产品占了很大比重。由于非电产品可靠性工作经验和数据积累不足，失效率不一定服从指数分布，使用条件复杂、结构变化复杂、元器件标准化程度差、故障模式多等原因，开展非电产品的可靠性设计工作困难很大。因此，目前研制单位在进行非电子产品可靠性设计时，应主要抓住 FMECA，建立故障报告分析和纠正措施系统，找出产品可靠性薄弱环节，确定可靠性的关键件和重要件，采取有效的措施保证产品使用可靠。

2.1.3 工程装备可靠性设计的意义

现代战争是高技术条件下的局部战争。高新技术广泛应用于军事领域，各种新式武器和技术兵器大量投放战场，使得战争的突发性和破坏性空前提高，战争对工程保障的依赖性进一步增强。工程装备作为军队遂行工程保障任务的基本技术装备，是战时保障我国军队机动、反机动和生存的主要力量。其发展水平的高低将直接制约着工程装备的水平和工程保障的能力，在现代战争中的地位和作用日益突出。同时，近年来热带风暴、龙卷风、洪水、冰冻、地震等自然灾害频繁发生，在灾害救援和抢险过程中，以装载机、挖掘机、轮式起重机、推土机等机型为主的工程装备在进行道路疏通、建筑废墟破拆和河流槽开挖等抢险救援作业中也发挥了重要作用。可见，工程装备作为我军工程保障的物质基础，将会在野战工程保障，国防工程施工，抢险救援等多重任务中起到更为关键的作用。

建国以来，我军先后开发了一批具有较高水平的工程装备，其中部分工程装备与外军相比性能接近，个别性能指标甚至达到了国际先进水平，形成了以六大门类为主的工程装备体系。但科学技术的发展，不仅改善了工程装备的性能，也使装备本身复杂化。一方面，工程装备的复杂化，给使用、保障带来一些新的问题；另一方面，重性能、轻效能传统观念的影响，忽视可靠性、维修性、保障性、安全性等的设计，造成部分工程装备使用寿命短，故障严重，维修效率低，停用时间长，寿命周期费用高。

可靠性是提高工程装备作战能力、控制全寿命周期费用的主要因素，因此，随着工程装备技术性能和复杂程度的不断提高，迫切需要以可靠性理论为指导，开展工程装备的可靠性设计，保证工程装备最大限度地发挥其先进的技术性能，保持较高的战斗能力。尽管目前可靠性技术发展很快，新技术和新方法层出不穷，但很多可靠性技术不能成功应用于工程装备的设计过程中，导致达不到预期的效果。不少可靠性理论和模型对于工程人员都显得陌生而不容易被接受，不能起到很好的效果。在应用方面，由于众多的可靠性技术不能形成一个框架，无法在提高工程装备可靠性的工作中形成合力，从而无法有效地提高工程装备可靠性水平。分散的可靠性工作效率不高、重复劳动多，无形中增加了设计人员的工作量，被设计人员抱怨和抵制，这都降低了可靠性工作的效果，使设计中的可靠性工作成为"摆设"。

2.1.3.1 理论意义

工程装备可靠性设计理论的系统研究，适应了新军事变革形势下装备机械化与信息化复合发展，以及寓军于民的装备发展需求，其理论意义在于：

（1）创新发展可靠性理论和工程装备设计理论。目前，可靠性理论没有形成比较成熟的系统理论，也没有建立比较统一的形式以达到普遍适用的程度。因此，结合我军工程装备的具体实践，系统研究工程装备可靠性设计理论，着眼于工程装备设计与装备发展以及经济系统的相互作用，不仅从全新视角发展了可靠性理论，而且创新了工程装备设计理论。

（2）推动建立工程装备发展理论。在工程装备五十年发展历程中，工程装备发展理论只停留在零星的经验总结层次上，没有进行系统的梳理，至今还没有一部关于工程装备的发展理论专著，使工程装备发展缺乏基于需求与能力的顶层设计，后劲不足、方向不明、效益不高，尤其是随着工程装备发展内在机制和外部环境的变化，迫切需要理论去探索、解决工程装备发展过程中提出的新问题，以适应工程装备保障、管理体制的变化和战场、市场的变化。

2.1.3.2 实践意义

从设计角度看，工程装备的可靠性与其他战技术指标（如发动机功率、挖掘机的最大挖掘深度等）一样，是工程装备的固有性能，主要取决于其设计特点。因此进行工程装备的可靠性设计研究，提高其固有可靠性，对提高工程兵部队战斗力、节省工程装备寿命周期费用有着极其重要的实践意义。

（1）可提高装备的可靠性水平，从而增强部队的战斗力。装备可靠性的好坏，直接影响其正常效益的实现，如果一台先进的装备，其他作业性能非常优越，但是经常发生故障（可靠性水平差），需要经常进行维修，这就严重影响了其优越性能的充分发挥。特别是工程装备，既要在平时的训练、施工中使用，又要在战时担负繁重的工程保障任务，其无故障连续工作时间就显得尤其重要，随着工程兵部队对各种工程装备可靠性要求的日益提高及工程保障任务的不断强化，重视并开展工程装备的可靠性设计，能大大提高工程兵部队的战斗力水平，保证其工程保障任务的顺利完成。

（2）节约保障费用，提高经济效益。装备可靠性水平的提高将大大降低装备的维修费用。苏联有资料统计，在产品全寿命期内，下列装备维修费与购置费之比为：飞机为5倍，汽车为6倍，坦克等装备为10倍。我军工程装备的使用维修费也在购置费的4~5倍之间。可见，提高装备可靠性水平将大大降低维修保障费用，这是一项可观的军事经济效益。

（3）减轻装备技术保障工作的负担，保证装备的正常使用。大量的故障必将带来大量的维修工作以及零配件保障等，这些都需要大量的人员且花费大量的时间，给技术保障工作造成很大的压力，并且还将产生维修质量下降、装备待修时间长而影响投入使用等问题。因此需要从装备设计这一源头就考虑到可靠性问题，从根本上提高装备的固有可靠性。

（4）为装备技术保障工作的合理组织提供科学的依据。众所周知，装备的技术保障是一项艰巨而繁杂的综合性工作，同时耗资庞大。那么如何在现有的技术条件下，科学、合理地组织和安排各种技术保障活动，有效、经济地利用人力、物力、财力等外部资源保障工程装备充分发挥其使用效能就显得非常重要。而装备开展可靠性设计时需要进行装备的可靠性预计,这也为装备技术保障提供了科学的依据。

2.2 工程装备并行可靠性设计流程

传统的产品设计过程是:根据需求提出任务,调查研究掌握信息,提出明确、详细的设计要求,方案构思、初评最佳设计方案,选择模型、确定参数,详细设计,制造加工,样机试验,设计评定,设计改进,生产使用。传统产品设计过程如图 2-1 所示。

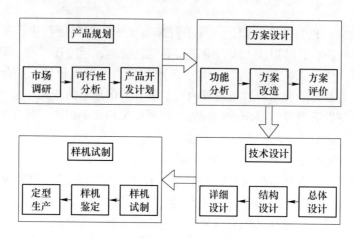

图 2-1 传统产品设计过程

从该过程中可以看出在整个开发过程中注重的是产品功能的实现,并没有考虑可靠性的问题,当设计过程中存在问题时,要到样机试制完成才能发现,设计初期有些目标并不明确,例如可靠性目标,设计者并不知要实现什么样的目标,设计完成也不知能否达到目标,一切有点盲目;且随着时代发展,要求产品供应时间越来越短,市场竞争日趋激烈,新产品的开发没有时间进行试制、研究、再试制的过程,因此,许多工作都应该在产品设计阶段虚拟验证,因此需要设计方法必须改变,由此出现了可靠性设计。

2.2.1 串行可靠性设计与并行可靠性设计

2.2.1.1 串行可靠性设计

对于产品的可靠性设计流程研究较多,分别从不同侧面对可靠性设计流程进行了研究,主要研究内容有:确定产品的可靠性指标,合理分配产品的可靠性指标值即可靠度分配、可靠性分析及可靠性预计等,但这些研究没有形成系统的可靠性设计理论体系,应用结果也不理想。

对可靠性设计的流程与步骤目前尚没有统一的看法,但大体可分为以下几个步骤:

(1) 明确可靠性要求。明确所要设计的产品的可靠性要求是开展可靠性设计的前提。可靠性的要求包括定性和定量的要求。采用什么可靠性指标,取决于产品的设计要求;可靠性指标的大小则取决于产品的重要性。定性定量要求的提出必须根据产品的使用要求,包括寿命剖面、任务剖面、故障判别准则等。这里,要重视过去的设计经验、使用需求及维修保障情况的调查。

（2）系统分析。在设计或改进某型产品时，应调查分析与所要设计产品相似产品的使用情况，如常见故障模式、故障发生频率、成功的设计经验等。从而减少可靠性设计的盲目性和工作量，提高经济效益。

（3）可靠性分配与预计。产品可靠性是依赖于该产品的各组成单元，当整体可靠性指标确定后，就要根据产品的结构原理或系统的类型和特点，将总体可靠性指标分配到各个子系统或零部件。可靠性指标与费用、零部件的功能、复杂程度、体积、重量、研制进度等都有关，这些都是对可靠性指标的约束条件。在分配可靠性指标之前，应先根据预定方案中零部件的可靠性数据，计算系统的可靠性指标，即对系统可靠性进行预计。如果所计算的可靠性指标符合总体可靠性指标要求，则无需对可靠性指标进行再分配。当不满足某系统可靠性要求时，需要采取措施对该系统进行可靠性再分配以提高系统的可靠性。提高系统可靠性的基本方法有两种：1）采用贮备系统；2）提高零部件的可靠性，如选择适当的材料和改进结构等。

（4）进行可靠性分析，确定可靠性关键件、重要件，应对产品的不同层次作 FMECA（故障模式影响及危害性分析）。通过有效的可靠性分析，发现影响产品可靠性的薄弱环节，进而确定可靠性的关键件、重要件。

（5）可靠性定性设计。对于一般的非关键件、非重要件可以借鉴以往成功的设计经验进行可靠性定性设计。在可靠性设计中，应严格遵守有关技术标准和规范，尽量选择标准件，增强互换性。

（6）可靠性定量设计。对于可靠性关键件、重要件除了应借鉴成功的设计经验进行可靠性定性设计之外，应积极创造条件开展可靠性的定量设计。

（7）可靠性分析计算和设计评审。根据所设计的零部件的可靠性，通过分析与计算，估计所设计的产品的可靠性，并与规定的可靠性要求进行分析比较，如达到规定的要求，则设计结束，如未能达到规定的要求则得重新设计。为了保证设计与分析结果的正确性，应组织同行专家进行认真的设计评审。

（8）可靠性试验与评估。设计完成的图纸，应严格按规定要求进行制造，制造出的产品必须进行试验，以便进一步暴露故障；并根据产品的可靠性结构、寿命分布模型及相关的可靠性试验信息，利用相关的统计方法，对产品可靠性参数进行评估或决策，目的是验证可靠性指标是否达到要求，检验可靠性设计的合理性，从而指出产品的薄弱环节，充分了解整个系统以及相关元件的可靠性水平，并为改进设计制造工艺和提高可靠性水平指明方向，从而实现可靠性增长。

如图 2-2 所示，传统的产品可靠性设计流程是以产品的制造过程为主线的串行工作，即它的信息流动是单向的、串行的。可靠性设计的整个过程被分割成若干串行的阶段，每个阶段的启动需以上一阶段的完成作为前提，阶段与阶段之间具有明显的交接痕迹，各种信息及意见交流仅局限于相邻的上下两个阶段。它决定了设计人员在产品开发的每个阶段只能从本专业的角度来看待问题、处理问题及提出解决相关问题的办法。因此，按照以上的设计流程进行产品可靠性设计时，反复修改将不可避免。

由图 2-2 中还可以看出，传统的产品可靠性设计关心的是产品出厂检验时的质量而不是产品使用至淘汰前的质量。产品的固有可靠性在设计完成时就被确定了，在制造、使用中是不可能变更的。按照设计的要求去制造、使用、维修，只能使产品的可靠性接近或达

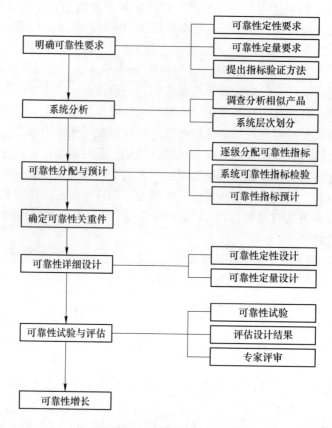

图 2-2 串行可靠性设计流程图

到设计的固有可靠性水平，不可能超越该水平。也就是说，由制造所造成的可靠性问题可以通过加强可靠性设计管理来解决，但是，由设计造成的可靠性问题是无法在生产制造、售后服务和使用中解决的。

2.2.1.2 并行可靠性设计

并行工程概念是美国防御研究所在 1988 年以武器生产为背景对传统的生产模式进行系统分析的基础上提出的，即并行工程是集成地、并行地设计产品及其相关过程，包括制造过程和支持过程的系统化方法。即要求产品设计人员在一开始就考虑产品整个生命周期中从概念形成到产品报废的所有因素，包括质量、成本、进度计划和用户需要。

并行工程的目的是提高质量、降低成本、缩短产品开发周期和产品上市时间。因此，它的出现符合日趋激烈的市场形势的要求。1992 年以后，国外陆续报道了一些著名的企业通过实施并行工程所取得的显著效果，如波音（Boeing）、洛克希德（Loekheed）、雷诺（Renauld）、通用电力（GE）等。20 世纪 90 年代，"并行工程"作为关键技术正式列为国家 863/CIMS 研究计划，并开始在国内几家企业应用实施。并行工程作为现代企业产品开发的新哲理，继承了早期制造技术中的很多精华，同时具有独特的理论和方法学。一种较为普遍的观点认为，并行工程是 CIMS 新的发展，它以 CIMS 信息集成为基础，逐步地向产品开发过程集成方向发展，这一发展历程共经历了五个阶段（见图 2-3），由过去的单纯从信息集成向人 – 管理 – 技术三者集成发展。

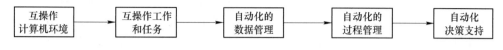

图 2-3　并行工程发展历程

　　传统的可靠性设计与分析是严重滞后于产品的设计过程的，因此当修改设计时，会花费大量的经费和时间，这也是串行可靠性设计过程的主要弊端之一。要想在设计阶段赋予产品以良好的可靠性属性，必须使可靠性设计与分析活动贯穿于产品的整个设计与研制过程，必须实现与其他各种属性的并行设计，即进行并行可靠性设计，这正是并行工程的思想。

　　虽然可靠性的好坏体现在产品的使用维护阶段，但可靠性却是产品的一个重要质量特性，是由设计赋予的固有特性，需要在产品的设计阶段解决。并行设计要求同时考虑寿命周期中的各种因素，而可靠性是产品寿命周期中的一个重要因素，是产品设计的一个重要专业领域，是产品设计的一个有机组成部分，因此，可靠性必然是并行工程所要研究的一个重要内容。为了适应产品设计走向并行化的趋势，迎接并行工程带来的挑战，可靠性设计必须纳入产品的并行设计中，即开展并行可靠性设计。

2.2.1.3　并行可靠性设计与串行可靠性设计的区别与联系

A　并行可靠性设计与串行可靠性设计的区别

　　并行可靠性设计与串行可靠性设计的根本区别就在于并行可靠性设计是建立在信息高度集成基础之上的，而串行可靠性设计由于更多地采用手工方式进行，是一种周期较长的串行过程，没有信息的集成，因此不可能真正实现设计的并行。串行的可靠性设计虽然也认为可靠性是产品的一个设计属性，必须综合考虑影响可靠性的所有因素，并在产品的设计阶段加以解决，但它体现的是一种统筹兼顾的朴素的并行思想，与现在的并行工程是有区别的。

　　（1）并行可靠性设计是现代集成制造、并行设计的一个有机组成部分，不仅实现高度的信息集成与共享，而且打破部门观念，易于解决传统的串行可靠性设计中的"两张皮"的现象。并行可靠性设计不是产品设计中的一个独立过程，强调与产品的工程设计以及其他性能设计综合，进行一体化的设计，通过组织多学科、多领域、跨部门的设计团队共同来完成产品的设计任务；串行可靠性设计往往不能与产品的工程设计及其他性能设计有机地结合起来各自单独开展，很难真正将可靠性设计到产品中，使得可靠性设计与产品设计成为互不相关的两个方面。

　　（2）并行可靠性设计以现代 CAD、CAX、DFX 工具为基础，更加强调与其他工具的集成，不是串行可靠性设计分析方法的简单计算机化。CAX 工具是实现产品的数字化描述与定义的基础，当前的 CAD 工具如 Pro/E、UG 等实现了产品的数字化描述与定义，并行可靠性设计所需的产品模型数据可直接从相关的工程数据库中提取；各种计算机辅助可靠性设计分析工具的应用集成使得可靠性设计的输入、输出信息数字化，设计信息的共享更加方便、传递更加准确和迅速，设计过程更加快捷。

　　（3）并行可靠性设计突出计算机仿真的应用，分析的对象由传统的图纸变为虚拟的数字化样机，强调可靠性设计、可靠性规划、可靠性仿真以及可靠性评价的一体化。并行可靠性设计利用数字化整机的可靠性分析可以获得早期的可靠性设计反馈，发现各种配合问题和干涉现象，从而有效地减少因设计错误或返工而引起的工程更改；通过数字化的样机对作业性能的仿真从而快速高效地对可靠性进行定性与定量的分析和评价，并以分析与评价结果来修正产品的数字化模型，然后生成新的数字样机，重新进行可靠性仿真和评价，循环往复，直到得到最佳的设计方案。通过可靠性仿真以及与产品设计的实时交互，真正实现了可靠性设计与产品设计的一体化，真正将可靠性设计到产品中。

B 并行可靠性设计与串行可靠性设计的联系

并行可靠性设计与串行可靠性设计的联系主要体现在可靠性设计的目标相同、工作内容相同以及可靠性设计方法与设计技术的继承性。

（1）并行可靠性设计与串行可靠性设计有着共同的目标，那就是达到规定的可靠性要求，以提高装备的战备完好性和任务成功性、减少对维修人力和其他资源的要求、降低全寿命费用，并为装备全寿命管理提供必要的信息。

（2）并行可靠性设计所应进行的可靠性设计、分析与评价的工作内容并没有本质的变化，所需要做的工作仍然是提出可靠性定性、定量要求以作为设计的依据，进行可靠性分配以作为低层次的设计指标，进行可靠性预计以预测产品的可靠性水平，进行可靠性信息分析，制订可靠性设计准则作为产品可靠性设计的指导，对可靠性进行符合性检查以检验满足可靠性设计准则的程度并提出改进措施，对可靠性设计进行综合分析以从可靠性的角度评估或优选最佳的设计方案。

（3）串行可靠性设计分析方法在并行可靠性设计中仍然起着重要的作用，如可靠性分配、可靠性预计、FMEA 可靠性信息分析、可靠性综合分析等方法在并行可靠性设计中仍会使用。各种可靠性设计分析方法和技术是并行设计中进行可靠性设计与分析的技术支撑，因此串行可靠性设计分析方法和技术仍然是进行并行可靠性设计的基础，只是将用到这些方法与技术的过程进行了优化重组，将应用这些方法与技术的工具进行了集成，使它们之间可以方便地进行信息交互与共享，避免了信息的不一致和信息的冗余。

2.2.2 工程装备并行可靠性设计的关键技术

2.2.2.1 基础技术

在工程装备的设计与研制中，可靠性定性要求的落实与实现是确保可靠性定量指标的主要措施，而检查工程装备设计是否符合这些定性要求又是可靠性设计的一项主要工作内容。为了实现可靠性设计与工程装备主设计的并行，需要在设计阶段及时、方便地就这些定性要求对工程装备的可靠性进行分析与评估。可靠性试验是核查可靠性设计分析结果的主要措施之一，在目前的工程装备研制中，可靠性试验主要依靠实车道路行驶试验或专用试验场试验完成的，而且通常是在确定最后的设计方案时才进行，因此，设计的修改会花费大量经费和时间。这在很大程度上削弱了可靠性设计分析的作用，这也是传统的串行设计过程的主要弊端之一。于是基于数字化的虚拟样机的可靠性设计特征可视化分析技术（CAD/CAPP/CAM）便成为并行可靠性设计的重要基础。

可视化分析技术为工程装备并行可靠性设计提供产品设计、工艺和制造等方面的数据。可靠性设计特征可视化分析就是利用现今日益成熟的 CAD 技术，以三维图形的方式对工程装备可靠性的一些定性特性进行分析。由于它采用三维图形的方式在产品的"电子模型"或"电子样机"上显示分析对象、分析过程与分析结果，因此能为分析人员提供相对逼真的效果。同时由于 CAD 已经或正在被广大设计人员所熟悉和使用，使得可靠性设计特征可视化分析利用各个设计阶段的三维 CAD 设计数据成为可能，从而避免了由于建造实体样机而引起的经费投入和可靠性设计分析在时间上的迟滞，能够及时对工程装备的可靠性进行分析评估，发现存在的潜在问题，并提出对样机的改进意见，从而实现可靠性设计与产品设计的并行。另一方面，CAD 提供工程装备功能和结构等方面的产品信息，这些信息是进行故障模式、影响及致命性分析（FMECA）和故障树分析（FTA）的重要依据。

在进行工程装备可靠性设计时，可提取 CAD 平台提供的工程装备产品的特征信息，并根据这些信息将工程装备按功能和结构分解成各子系统，各子系统根据需要和重要依据也可进行分解。如工程装备可分解为发动机子系统、液压子系统、电气子系统、工作装置子系统等，进行故障模式、影响及致命性分析，在此基础上综合考虑各子系统间的联系，进行全系统的分析。各子系统还可继续分解，如发动机子系统可分解为机体、曲柄连杆机构、配气机构、起动系统、冷却系统、进气和排气及燃油供给系统等。通过提取 CAPP 和 CAM 技术产生的产品工艺和制造等方面的数据，可分析制造原因对工程装备可靠性的影响。

工程装备可靠性分析的结果可对工程装备的设计、工艺、制造提供可靠性指导和控制。设计人员可通过 CAD 技术产生多种方案，可靠性平台对各种方案进行可靠性分析和评估，为方案的优选提供决策依据；确定方案后，对设计的工程装备进行可靠性分析，可找出设计中的薄弱环节和故障隐患，改进设计。另外，通过生产和使用中的可靠性工作发现的设计、工艺和制造的缺陷，将反馈给 CAD 和 CAM 平台进行设计、工艺和制造的改进。

另外，通过数字化的虚拟样机还可以在可靠性定性分析的同时，进行可靠性定量的分析，将定性分析与定量分析进行集成，一些在传统的可靠性设计中需要有实体样机后才能进行的分析检查评价项目可以基于虚拟样机提前进行，从而实现可靠性设计内容本身的并行。

2.2.2.2 使能技术

并行可靠性设计是工程装备全生命周期的可靠性设计信息的集成与可靠性设计过程的集成，它不仅需要集成框架的支持，还需要以下各种使能技术来实现：

（1）质量功能配置（QFD）。通过瀑布分解把用户使用需求层层分解为对产品及其部件可靠性方面的需求以及保证可靠性设计的后续过程的要求。

（2）计算机辅助设计与仿真工具的集成。各种计算机辅助设计与仿真工具在可靠性设计领域得到了广泛的应用，为了实现并行可靠性设计，需要将这些工具进行集成，使它们能够实现数据交换与共享。

（3）基于 STEP 的信息集成。并行可靠性设计基于 STEP 的统一的数据表达与交换标准，建立完整的工程装备可靠性信息集成模型，并将其放在共享数据库中，任一阶段的设计修改信息都能直接反映到其他相关活动中，保证数据的唯一性，后续可靠性设计过程可充分利用已有的信息进行设计，并将设计结果反馈给上游进行设计评价和修改。

（4）计算机支持群组协同工作环境。基于网络的计算机协同工作环境，包括白板、音频、视频及应用共享等基本功能，可支持异地并行可靠性设计。

2.2.2.3　瓶颈技术

实现工程装备并行可靠性设计必须解决以下问题：可靠性信息的一致性描述，信息的数字化表达，信息的快速共享与应用，面向产品寿命周期的设计以及对各种数据的依赖等，而这些问题的解决都需要集成的产品数据管理技术的支持。因此，集成的产品数据管理是实现工程装备并行可靠性设计的瓶颈技术。

（1）并行可靠性设计要求能在不同的阶段、不同的领域交互信息，因此不同阶段、不同领域对信息的描述必须是一致的，不能产生二义性，这需要将不同阶段、不同领域的数据进行集成管理，将它们组织在同一个逻辑环境中，以实现对信息的一致性描述。

（2）并行可靠性设计必须基于计算机网络环境协同工作，充分应用各种仿真技术，尤其是依靠虚拟样机的设计、分析与评价，因此相关的信息描述必须实现数字化，便于计算机对数据的理解和处理，这就需要 CAD、CAX 等各种计算机辅助工具的应用和集成，为此需要进行集成的产品数据管理，以解决各个工具之间的信息"孤岛"问题，使它们能自由共享和交换信息。

（3）并行可靠性设计为了提高设计效率，要求信息的快速共享与应用，因此必须对信息进行集成管理，将它们分层归类，建立各种引用关联，使得杂而不乱，以方便信息的快速导航与检索。

（4）并行可靠性设计需要解决产品寿命周期内各个阶段的可靠性相关问题，其有别于传统的串行可靠性设计的特点是实现相邻阶段设计活动的尽量并行，这要求上游阶段对下游阶段的信息预发布以及下游阶段对上游阶段的信息反馈，因此必须将寿命周期内的可靠性信息进行集成管理，以支持寿命周期内各阶段可靠性工程活动之间的信息交互。

（5）并行可靠性设计需要多种产品设计数据的支持，包括几何数据、管理数据、配置数据等，它们不是可靠性设计领域所产生的信息，但在可靠性设计过程中需要以它们为基础，对它们进行参照或引用，因此，必须对产品数据进行集成管理，以方便维修性工程活动对产品设计数据的参照与引用。

为了进行集成的产品数据管理要求在并行设计框架下建立集成的数字化产品可靠性信息主模型，作为信息共享与交换的基础。主模型可以完善地定义和表达产品生命周期中可靠性相关的信息内容和信息关系，来支持产品的可靠性设计过程中的各种活动。在主模型中将设计数据定义成多个对象，这些对象的组合可以构成面向不同应用领域的视图，这样各个可靠性相关的应用领域、可靠性设计分析工具、可靠性设计分析人员以及可靠性设计分析过程之间就能方便地交互可靠性信息。

2.2.3　工程装备并行可靠性设计的工程环境分析

工程装备可靠性设计与各个部门的信息集成是并行可靠性设计的重要组成部分，并行工程要求在综合的计算机辅助工程环境中研制产品，并使产品的设计过程、制造过程、使用和维修过程得到并行的开发。因此，首先要建立一个并行工程环境（见图2-4），它包括并行工程支持环境和功能技术支持平台，上半部分为并行工程支持环境，用于对并行工程的各项工作的支持、控制和管理；下半部分是在并行工程环境中，各具体功能技术支持平台，用于各个功能技术。

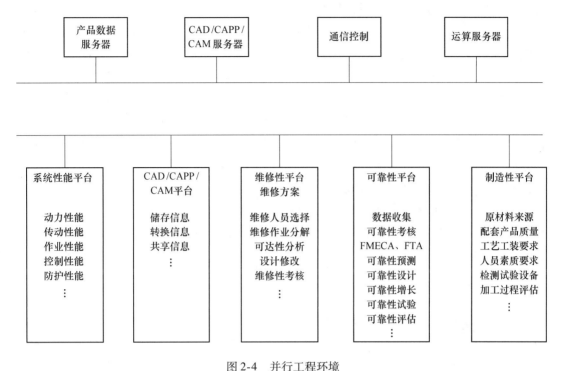

图 2-4 并行工程环境

2.2.3.1 并行工程支持环境

并行工程支持环境用于对并行工程各项工作的支持、控制与管理，使参与产品开发的每个人都能瞬时地相互交换信息，以克服由于地域或组织不同、产品的复杂化、缺乏互换性工具等因素造成的各种问题。它主要由信息反馈系统构成，为工程装备开发的整个周期内的各个环节提供其全部信息。它在产品开发的每个阶段收集可靠性信息，经过必要的整理和分析，将统一的信息传递给各产品开发团队。从而实现不同产品开发团队之间产品及其相关信息、技术的交换和共享，协调组织整个生命周期内的产品设计、制造等过程事件。它是沟通、链接可靠性设计全过程的纽带，是实施可靠性管理、提高产品质量水平的重要依据。

建立并行工程的支持环境需要合适的产品数据服务器，它用于存储、管理与产品有关的各种数据，并为各并行工程技术功能平台提供产品数据的支持。产品数据包括工程装备各部分的有关设计、工艺、制造的数据及有关的电子文档等，整车、子系统和零部件的维修性分析数据和维修数据等，整车、子系统和零部件可靠性试验、分析数据和可靠性设计数据等，以及制造性、系统设计等方面产生的产品数据。通信控制用于并行工程支持环境及各功能平台通信需求的管理与控制，其功能的强弱决定了并行工程环境能否正常、有效地运行。产品数据服务器和通信控制是实现并行工程的基础。CAD/CAPP/CAM 服务器为CAD/CAPP/CAM 提供环境支持。运算服务器为并行工程各功能平台提供强大的并行运算功能的支持。

2.2.3.2 技术支持平台

技术支持平台用于实现各功能技术平台，主要由系统性能平台、CAD/CAPP/CAM 平台、可靠性管理平台、制造性平台和维修性平台构成。系统性能平台主要用于完成工程装备整机系统的性能设计，具体包括动力性能、传动性能、作业性能、操纵控制性能和防护性能等的方案设计分析与综合，使各子系统达到最佳的匹配。CAD/CAPP/CAM 平台主要用于完成工程装备的结构设计、加工工艺制定和制造规程的制定。该平台产生的关于工程装备的结构、功能、工艺、制造等方面的信息通过文件转换功能模块转换为面向并行工程环境的工程装备产品信息，可与其他功能平台共享。维修性平台提取工程装备产品的结构、功能、工艺和制造等方面的信息，进行工程装备产品的维修性分析，并提供产品维修性分析的信息，指导工程装备设计、工艺和制造的改进。其主要工作有维修人员选择、维修作业分解、可达性分析、维修数据收集与分析等。可靠性平台提供工程装备产品的有关数据，进行可靠性试验，收集可靠性数据并进行分析，为工程装备的设计、工艺和制造提供可靠性指导。制造性平台主要进行加工过程和装配过程的评估工作等，为设计、工艺和制造提供信息。

2.2.4 工程装备并行可靠性设计流程模型

由上述分析可见，可靠性设计过程与工程装备的研发过程是并行的。根据可靠性设计是面向全寿命周期和面向并行工程的思想，结合网络技术，提出工程装备并行可靠性设计流程总模型，如图 2-5 所示，可看到信息交流是实施并行可靠性设计的关键。由于所有工作在工程实施中是并行进行的，要求所有成员能随时了解工程、产品设计及实施的变化，工程进度以及其他情况，这就要求各部门之间必须能够即时进行信息交流。在工程装备并行可靠性设计流程中有两条并行的主线，一条是工程装备的设计开发，另一条是装备的可靠性设计技术方法。这两条主线相互联系、相互作用，构成了基于并行工程的工程装备可靠性设计的全过程。

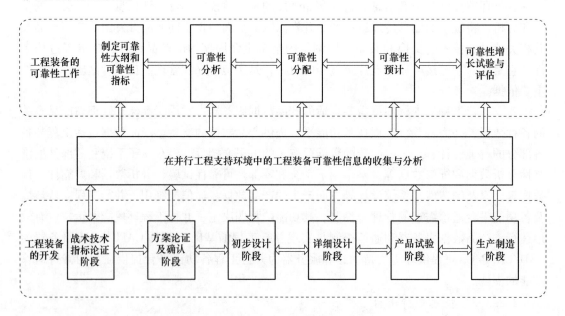

图 2-5 工程装备并行可靠性设计流程总模型

另外，工程装备的设计过程可分为（战术）技术指标论证、方案论证及确认、工程研制（包括初步设计与详细设计阶段）、设计定型、生产定型五个阶段。针对各设计阶段的特点及可靠性设计要求，提出各个阶段的并行可靠性设计流程模型。

根据并行可靠性设计流程，主要的可靠性设计技术方法包括可靠性分析、可靠性分配、可靠性预计、可靠性增长试验与评估等。由于各种可靠性设计技术方法开展的阶段不完全相同，同一项方法在不同的阶段开展的深度也不同，后续章节将重点对以上四项可靠性设计技术方法进行具体讨论。

2.3 工程装备可靠性参数指标

所谓可靠性参数指标，即可靠性特征量，是用来描述产品总体可靠性高低的各种可靠性数量指标的总称。可靠性特征量的真值是理论上的数值，实际中是不知道的。根据样本观测值，经一定的统计分析可得到特征量的真值的估计值。此估计值可以是点估计，也可以是区间估计。按一定的标准给出具体定义而计算出来的特征量的估计值称为特征量的观测值。

这些特征量具有如下特点：
（1）用数值简单而明确地表达和判定产品的可靠性、维修性和有效性。
（2）能用数学方法表达特征量之间的关系，方便地获取所需要的结果。
（3）能够揭示影响产品可靠性的各种因素和描述它们的影响程度。
（4）能充分利用产品的各种数据。

不同特征量的用途特有所不同，在不同的情况下，产品的可靠性可以用不同的特征量来表示。常用的可靠性特征量有可靠度、累积失效概率（或不可靠度）、故障概率密度函数、故障率、平均寿命等。

工程装备可靠性参数从各个方面反映工程装备可靠性水平，而参数指标的确定是可靠性设计分析的出发点与归宿，并且对装备数据的收集、分析方法选择和分析结果有十分重要的影响。本节内容结合工程装备特点、可靠性参数指标进行讨论。

2.3.1 可靠性的基本参数及关系

2.3.1.1 可靠性参数

A 可靠度

可靠度是产品在规定的条件下和规定的时间内，完成规定功能的概率。该定义提出了可靠性的三个要素，即规定的功能、规定的条件、规定的时间。以液压系统为例："规定的条件"是指液压元件使用时的负荷条件、环境条件和存放条件，规定的条件不同，产品的可靠性也不同，也就是说，产品的可靠性指标是与具体的工作条件相对应的；"规定的功能"是指液压元件在使用时，各项性能指标都在相应技术文件规定的范围之内。例如，衡量液压泵和液压马达的性能指标有效率、排量、额定压力等，如果其中的一项指标低于规定要求，则认为系统未完成规定的功能。因此，评价产品完成功能情况只有"完成"和"未完成"两种情况。随着使用或存放时间的增长，因磨损、腐蚀、损伤等因素的影响，液压元件及液压系统的可靠性降低。可靠性指标函数，通常可记为 $R(t)$，称为可靠性函数。用随机变量 T 表示单元从正常到失效的时间，可靠性函数可表示为：

$$R(t) = P\{T > t\} \tag{2-1}$$

它表示液压元件或系统在 $(0, t)$ 内不发生失效的概率。

B 累积分布函数

累积分布函数是指液压产品在规定的条件下和规定的时间内未完成规定的功能的概率，也称为不可靠度。一般用 $F(t)$ 或 F 表示：

$$F(t) = P\{T \leqslant t\} \tag{2-2}$$

由于在规定的时间内完成规定功能和未完成规定功能是一对对立事件，根据概率定理有：

$$F(t) = 1 - R(t) \tag{2-3}$$

式中，$F(t)$ 的物理意义为液压元件或系统在 $(0, t)$ 时间内失效的概率。

对于有限样本，设产品总数目为 N_0，经过 t 时间故障数目为 $r(t)$，则可靠度和不可靠度的估计值为：

$$R(t) = \frac{N_0 - r(t)}{N_0} \tag{2-4}$$

$$F(t) = \frac{r(t)}{N_0} \tag{2-5}$$

随着时间增大，可靠度由开始时 $R(0) = 1$ 逐渐降至 $R(\infty) = 0$，不可靠度由开始时的 $F(0) = 0$ 逐渐增加到 $F(\infty) = 1$。

C 故障概率密度函数

故障概率密度函数 $f(t)$ 是不可靠度的导数，即

$$f(t) = \frac{\mathrm{d}F(t)}{\mathrm{d}t} \tag{2-6}$$

对于有限样本，设产品总数目为 N_0，经过 t 时间故障数目为 $r(t)$，经过 $t + \Delta t$ 时间故障数目为 $r(t + \Delta t)$，则故障概率密度函数估计值为：

$$f(t) = \frac{r(t + \Delta t) - r(t)}{N_0 \Delta t} \tag{2-7}$$

故障概率密度函数表示任意时刻 t，产品总数目中单位时间内发生故障的概率。

D 故障率

故障率指任意时刻 t，尚未发生故障的产品在单位时间内发生故障的概率。

对于有限样本，设产品总数目为 N_0，经过 t 时间故障数目为 $r(t)$，经过 $t + \Delta t$ 时间故障数目为 $r(t + \Delta t)$，则故障率估计值为：

$$\lambda(t) = \frac{r(t + \Delta t) - r(t)}{[N_0 - r(t)]\Delta t} \tag{2-8}$$

故障率 $\lambda(t)$ 表示任意时刻 t，尚未发生故障的产品在单位时间内发生故障的概率。

当考察的产品总数目足够多 $(N_0 \to \infty)$，考察时间足够短 $(\Delta t \to 0)$ 时，则：

$$\lambda(t) = \lim_{\substack{\Delta t \to 0 \\ N_0 \to \infty}} \frac{\dfrac{r(t+\Delta t)-r(t)}{N_0 \Delta t}}{\dfrac{N_0-r(t)}{N_0}} = \frac{f(t)}{1-F(t)} = \frac{f(t)}{R(t)} \tag{2-9}$$

E 平均寿命

平均寿命是指产品寿命的平均值。对于不可修复产品，一般指产品平均失效前工作时间，通常记为 MTTF（Mean Time To Failure）。对于可修复产品，一般指平均故障间隔时间，记为 MTBF（Mean Time Between Failure）。

a 平均失效前工作时间 MTTF

设 N_0 个不可修复产品在相同条件下进行试验，测得寿命数据为 t_1，t_2，$\cdots$，t_{N_0}，则其平均失效前工作时间的估计值为：

$$\text{MTTF} = \frac{1}{N_0} \sum_{i=1}^{N_0} t_i \tag{2-10}$$

b 平均故障间隔时间 MTBF

设一个可修产品在使用期间，发生了 N_0 次故障，每次故障修复后，又继续投入工作，工作时间分别为 t_1，t_2，$\cdots$，t_{N_0}，则其平均故障间隔时间为：

$$\text{MTBF} = \frac{1}{N_0} \sum_{i=1}^{N_0} t_i \tag{2-11}$$

2.3.1.2 可靠性参数之间的关系

上述可靠度参数中，根据其中的某些指标，可以计算出其他相关可靠性指标。

A 已知可靠度或不可靠度

已知产品的可靠度为 $R(t)$，则产品不可靠度为：

$$F(t) = 1 - R(t) \tag{2-12}$$

故障概率密度函数 $f(t)$ 和故障率 $\lambda(t)$ 分别为：

$$f(t) = \frac{\mathrm{d}F(t)}{\mathrm{d}t} = -\frac{\mathrm{d}R(t)}{\mathrm{d}t} \tag{2-13}$$

$$\lambda(t) = \frac{f(t)}{1-F(t)} = \frac{1}{1-F(t)} \frac{\mathrm{d}F(t)}{\mathrm{d}t} \tag{2-14}$$

B 已知故障概率密度

已知产品的故障概率密度函数为 $f(t)$，则不可靠度 $F(t)$ 和可靠度 $R(t)$ 分别为：

$$F(t) = \int_0^t f(t)\,\mathrm{d}t \tag{2-15}$$

$$R(t) = 1 - F(t) = \int_t^\infty f(t)\,\mathrm{d}t \tag{2-16}$$

故障率 $\lambda(t)$ 为：

$$\lambda(t) = \frac{f(t)}{1 - F(t)} = \frac{f(t)}{R(t)} \tag{2-17}$$

C　已知故障率

已知产品的故障率为 $\lambda(t)$，式（2-17）两边积分得：

$$\int_0^t \lambda(t)\,\mathrm{d}t = -\int_0^t \frac{1}{R(t)}\frac{\mathrm{d}R(t)}{\mathrm{d}t}\mathrm{d}t = -\int_0^t \mathrm{d}[\ln R(t)] = -\ln R(t) + R(0) \tag{2-18}$$

故障概率密度函数 $f(t)$ 为：

$$f(t) = \lambda(t) \cdot \exp\left[-\int_0^t \lambda(t)\,\mathrm{d}t\right] \tag{2-19}$$

综上所述，常用可靠性参数之间的关系如表 2-1 所示。

表 2-1　常用可靠性参数关系

基本函数	$R(t)$	$F(t)$	$f(t)$	$\lambda(t)$
$R(t)$		$1 - F(t)$	$\int_t^\infty f(t)\,\mathrm{d}t$	$\exp\left[-\int_0^t \lambda(t)\,\mathrm{d}t\right]$
$F(t)$	$1 - R(t)$		$\int_0^t f(t)\,\mathrm{d}t$	$1 - \exp\left[-\int_0^t \lambda(t)\,\mathrm{d}t\right]$
$f(t)$	$-\dfrac{\mathrm{d}R(t)}{\mathrm{d}t}$	$\dfrac{\mathrm{d}F(t)}{\mathrm{d}t}$		$\lambda(t)\exp\left[-\int_0^t \lambda(t)\,\mathrm{d}t\right]$
$\lambda(t)$	$-\dfrac{\mathrm{d}\ln R(t)}{\mathrm{d}t}$	$\dfrac{1}{1 - F(t)} \times \dfrac{\mathrm{d}F(t)}{\mathrm{d}t}$	$\dfrac{f(t)}{\int_t^\infty f(t)\,\mathrm{d}t}$	

2.3.2　工程装备可靠性参数选择原则

工程装备可靠性参数选择原则为：

（1）科学性。工程装备可靠性参数应紧紧围绕装备系统的效能提出。既要考虑先进性，又要考虑现有的体制和管理水平。

（2）完整性。工程装备可靠性参数要尽量覆盖装备的各个系统和寿命周期的各个阶段。工程装备通常可以分为发动机子系统、传动子系统、液压子系统、工作装置子系统、电气子系统和其他子系统，每个系统不同寿命阶段故障特征不同，需要分别进行考虑。

（3）针对性。工程装备可靠性参数应能反映装备的结构特点和使用特点，结合其管理体制、寿命剖面和任务剖面的特性。

（4）实用性。以实用值表示的系统可靠性主要参数，在研制时可以转换成相应的合同值，本质不变。要求值与达到值可跟踪，在寿命周期各阶段要能够验证。

2.3.3　工程装备可靠性参数构成

工程装备的使用分为平时和战时。平时对装备的主要要求是能完成规定的训练任务，尽量地减少维修人力和后勤保障费用；战时主要用途是完成规定的作战任务，尽量减少致命故障的发生，即使发生致命性故障，也能在规定时间内修好。显然，平时和战时对装备的可靠性参数要求不同。所以，工程装备可靠性参数应区分为平时和战时参数。

结合工程装备的特点，以战备完好性、任务成功性和耐久性对可靠性参数进行划分，其可靠性参数构成见表2-2。

表2-2 可靠性参数构成

参数类型	参数名称	类 型	
		使用参数	设计参数
战备完好性	固有可用度 A_i	√	
	使用可用度 A_o	√	
	可达可用度 A_a	√	√
	战斗准备时间 T_f	√	√
任务成功性	平均故障间隔里程 MMBF	√	√
	平均停机时间间隔时间 MTBDE	√	√
	平均致命故障间隔里程 MMBCF	√	√
	致命故障间隔的任务时间 MTBCF	√	
	恢复功能的任务时间 MTTRF	√	
	任务可靠性 R_m	√	
	圆满完成任务概率 MCSP	√	
耐久性	贮存寿命 L_s	√	√
	大修间隔期	√	√
	平均故障时间 MTTF	√	√

2.3.3.1 与战备完好性有关的工程装备可靠性参数

战备完好性是指规定条件下，工程装备能随时满意地工作或者根据要求能随时做好战斗准备的概率。工程装备的战备完好性与可靠性、维修性密切相关。工程装备的可靠性是关系到装备是否发生不能处于战备状态的故障，而维修性则是关系到当装备发生了这类故障后恢复到战斗准备状态的能力。因此，在满足一定战备完好性的条件下，可以有多种可靠性、维修性参数组合来满足它，必须根据费用最小或其他约束条件经过综合权衡来选择。

A 固有可用度 A_i

固有可用度 A_i 是仅与工作时间和维修时间有关的一种可用性参数。其度量方法为：

$$A_i = \mathrm{MTBF} / (\mathrm{MTBF} + \mathrm{MTTR})$$

式中，MTBF 为平均故障间隔时间；MTTR 为平均修复时间。该参数是装备在理想状态下的可用度，只能用于合同中，是一种合同参数。

B 使用可用度 A_o

使用可用度 A_o 是与能工作时间和不能工作时间有关的一种可用性参数。其度量方法为：

$$A_o = (OT + ST)/(OT + ST + TPM + TCM + ALDT)$$

式中 OT——工作时间；

ST——备用时间（装备能工作但未工作时间）；

TPM——在规定时间内的总预防性维修时间；

TCM——在规定时间内的总修复性维修时间；

ALDT——管理延误及后勤延误时间。

具体如图 2-6 所示。

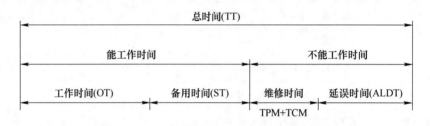

图 2-6 寿命时间分布图

使用可用度比较真实地反映了装备的实际使用情况，能为指挥员的战时指挥决策提供依据。平时，由于其模型中含有延误时间（ALDT），对于同型号装备，在不同使用地区和不同部队，ALDT 相差很大，几乎无法统计，不能反映装备的实际情况，没有实际意义。在战时，由于体制健全，任务剖面明确，ALDT 就可以准确地统计。因此，该参数用于战时比较合适。

C 可达可用度 A_a

可达可用度 A_a 是仅与工作时间、修复性维修时间和预防性维修时间有关的一种可用性参数。其度量方法为：

$$A_a = OT/(OT + TPM + TCM)$$

D 战斗准备时间 T_f

战斗准备时间 T_f 是指装备投入战斗前所需的准备时间，包括行军前的准备时间和工作前的准备时间。

2.3.3.2 与任务成功性有关的工程装备可靠性参数

任务成功性是指在任务开始给定的战备完好性的条件下，工程装备在规定的任务剖面内任意时刻能工作和能完成规定功能的能力。所以工程装备的任务成功性除了包含本身的任务可靠性外，还包含了维修性，即在允许停机时间内，故障修复的概率。如某些装备，在执行任务中，允许有一定停下装备时间来进行检查和保养。常用可信性 D 表示任务成

功性，有

$$D = R_m + (1 - R_m) \times M_m$$

式中　　R_m——任务可靠性，指系统在规定的任务剖面内完成规定功能的能力；

　　　　M_m——任务维修性，指系统在规定的任务剖面中，在不超过允许停机时间内，经维修能保持或恢复其到规定状态的能力。通常它用恢复功能的任务时间（MTTRF）表示。

与战斗成功性有关的装备可靠性参数有：

（1）致命故障间隔的任务时间 MTBCF。它是与任务有关的一种维修性参数。其度量方法为：在一个规定的任务剖面中，工程装备任务总时间与致命性故障总数之比。

（2）恢复功能的任务时间 MTTRF。它是与任务有关的一种维修性参数。其度量方法为：在一个规定的任务剖面中，工程装备致命性故障的总维修时间与致命性故障总数之比。

（3）任务可靠性 R_m。它指工程装备在规定的任务剖面中，完成规定功能的能力。

（4）圆满完成任务概率 MCSP。它指在规性的条件和规定的任务剖面中，工程装备能完成规定任务的概率。它适用于一次性适用或周期性适用的装备。

（5）平均故障间隔里程 MMBF。它是工程装备可靠性的一种基本的参数。其度量方法为：在规定的条件和规定的时间内，装备无故障行驶里程与装备故障总数之比。

（6）平均停机间隔时间 MTBDE。其度量方法为：在规定的条件和规定的时间内，工程装备运行时间与停机次数之比。

（7）平均致命故障间隔里程 MMBCF。它是针对致命性故障的工程装备可靠性参数。其度量方法为：在规定的条件和规定的时间内，装备无故障行驶里程与装备致命故障总数之比。

2.3.3.3　耐久性参数

A　贮存寿命 L_s

贮存寿命 L_s 指在规定的条件下，工程装备能够贮存的持续时间。在此时间内，装备启封使用能满足规定的要求。

B　大修间隔期

大修间隔期是指在规定的条件下，工程装备在相邻两次大修间隔内的工作时间。

C　平均故障时间 MTTF

MTTF 是不可修复产品可靠性的一种基本参数。其度量方法为：在规定的条件下和规定的时间内，产品寿命单位总数与故障产品总数之和。

2.3.4　工程装备可靠性参数指标确定

2.3.4.1　可靠性指标确定的因素

在确定了工程装备可靠性参数构成之后，面临的下一个问题就是确定这些参数的定量要求，即指标的确定。可靠性指标的确定取决于许多因素，但是最重要的原则是需要与可能。所谓需要，就是满足作战的使用要求；所谓可能，则是对现有的设计水平、管理水平、经费、进度、资源等方面的综合权衡。也就是说，在确定指标时，要以"效能－费用"为目标,根据需要与可能性进行综合权衡。

在选取指标时,应该考虑工程装备发展的战略要求、上级领导机关对新装备的具体战术要求和假设对象装备的可靠性水平。应充分研究装备的任务剖面和寿命剖面,使提出的可靠性指标满足工程保障任务的需要。

可靠性指标的先进性是工程装备获得高可靠性的前提,是缩小与世界先进水平差距的关键。因此,在新装备研制时,首先要充分研究分析现役装备的可靠性水平,然后借鉴国外同类装备的指标,进行可行性分析,在满足作战任务需求的前提下,提出适应我军装备特点的先进指标。

由于可靠性参数与性能、费用、研制进度、保障条件及风险等条件之间存在一定的制约关系,所以,在确定可靠性定量要求时,要同上述的各种条件进行综合权衡,以"效能 – 费用"为目标,使各种参数的量值得到优化组合。

同时,由于可靠性参数本身具有综合性的特点,因此,在这些参数之间进行选择和确定其量值时,也需要进行综合权衡。首先要进行综合性分析,如 $A_\mathrm{i} = \mathrm{MTBF}/(\mathrm{MTBF} + \mathrm{MTTR})$,$A_\mathrm{a} = \mathrm{MTBM}/(\mathrm{MTBM} + M)$ 在确定了其中的两个之后,第三个也随之而定。而且要进行相关性分析,确保指标间的封闭性,如 MTBF 与 MTBCF、MTBM、MTBR 之间均有相关性,在选取 MTBF 是要考虑到其他指标的变化情况。

2.3.4.2 各阶段参数指标确定

A 战术指标论证阶段

首先,在论证初期,军方应对新装备的任务要求和现役同类型装备可靠性现状及其存在的主要问题进行分析;初步确定新装备的寿命剖面及使用、保障约束条件;统计和摸清国内现役同类装备的可靠性水平,定出其基准值。然后,深入论证时,通过对新装备与类似装备的综合对比分析,经军方与承制方共同协商,确定出新装备的可靠性参数。最后,根据作战使用部门为满足作战任务需要对新装备提出可靠性最低要求,参考外军同时期同类型先进装备的可靠性目标值,考虑到现有保障方案的约束,各种备选方案的可靠性预计值,提出新研装备的可靠性初始目标值,同时进行风险分析。

B 方案论证与确认阶段

经过军方与承制方再次论证,对确认的方案进行初步的可靠性预计,确定相互修正后的使用目标值。使用目标值在服役中应该实际可达到,门限值在服役中应是可以接受的。在合同中,应该使用目标值转换为合同目标值,并将门限值转换为最低可接收值。如果剩下的新装备数量较少,从而很难进行试验评估时,应在合同中规定可靠性的保证措施。确定下一步新装备实际定型时进行考核或限额定的"门限值",同时确定设计定型时应争取达到的"使用目标值"。

C 研制阶段

根据类似装备的可靠性增长试验,使用恰当的增长模型,制定增长计划。在设计定型时,应考虑或测定设计定型时的门限值是否已达到,该阶段的使用目标值是争取达到的目标。通过工程研制阶段的大量实践后,在实际定型时,应确定出生产定型时的使用目标值,并纳入有关设计定型的批准文件中。

D 生产阶段

由于薄弱环节缺陷造成的重复出现的故障,应在生产阶段采取专门的质量控制措施加以消除,以确保在生产定型验证时达到本阶段可靠性的门限值。此阶段的目标值应是努力争取达到的量值。批量生产后,当装备使用达到一定的摩托小时后,即跨入成熟期,此时应达到成熟期的门限值。

　　E　使用阶段

部队在使用阶段应定期评估现场使用的可靠性目标,对装备进行监控,统计现场使用中发生的故障,确认、分析和采取有效的措施纠正因设计和质量原因引起的可靠性缺陷,并通过使用实践,制订出更科学的维修措施,并进行技术革新,继续实施可靠性增长。

2.3.5　可靠性参数指标的数据需求

可靠性参数指标的论证和提出,要以可靠性数据为支撑。对应可靠性参数构成,各参数所需可靠性数据见表 2-3。

表 2-3　可靠性数据需求

参数类型	参数名称	可靠性数据
战备完好性	固有可用度 A_i	无故障工作时间、维修时间
	使用可用度 A_o	工作时间、备用时间、修复性维修时间、预防性维修时间、延误时间
	可达可用度 A_a	工作时间、修复性维修时间和预防性维修时间
	战斗准备时间 T_f	战斗准备时间
	平均故障间隔里程 MMBF	行驶里程、故障次数
	平均停机时间间隔时间 MTBDE	摩托小时、停机次数
	平均致命故障间隔里程 MMBCF	行驶里程、致命故障次数
任务成功性	致命故障间隔的任务时间 MTBCF	任务时间、致命性故障数
	恢复功能的任务时间 MTTRF	致命性故障维修时间、致命性故障数
	任务可靠性 R_m	任务成功概率
	圆满完成任务概率 MCSP	失效率、任务可靠性
耐久性	贮存寿命 L_s	贮存寿命
	大修间隔期	大修时间
	平均故障时间 MTTF	寿命单位数、故障产品数

同时可靠性数据的优劣,直接影响到可靠性参数指标的精确程度,因此,可靠性参数指标对可靠性数据有相应的要求。

（1）可靠性参数指标,除应考虑影响战备完好性和任务成功性等因素的可靠性数据之外,还应考虑如人员素质、组织指挥等的可靠性信息。

（2）对于战备完好性有关可靠性参数指标，按故障机理上的区别、故障发生的不同结构层次、故障现象的特殊性，对可靠性数据按故障模式进行划分。

（3）对于任务成功性有关参数指标，应按故障严酷度等级对故障数据进行划分。在任务期间要求具有较高可靠性的系统或部件，如动力系统、武器系统等，与它们相关的参数需要以更换时间为基础。

（4）不可修复的机械构件、橡胶件及其他非金属制品有关参数指标，一般需要故障前时间、储存寿命等故障数据。

（5）由于装甲装备的使用分平时和战时两种状态，因此可靠性数据应区分为平时和战时。

（6）在筛选可靠性数据时，要考虑其自身的时效性，即在不同阶段，故障特点不同，参数的指标也会不同。

第3章　工程装备可靠性模型

自可靠性设计理论诞生以来，可靠性模型一直是产品可靠度分析、预测以及评估的重要手段。要准确地掌握系统可靠性水平，必须拥有符合产品失效机理和固有特点的可靠性模型，并以简明的方式完成计算过程。本章将着重研究能够反映工程装备客观规律——相关性特征的可靠性模型，在构建这一模型之前，首先需要对工程装备的可靠性特点及建模的基础理论做全面、深入地分析和阐述。

3.1　工程装备可靠性建模的基本理论及特点

3.1.1　工程装备可靠性建模的基本理论

产品在规定条件下无故障的持续时间或概率称为基本可靠性，它由"硬件可靠性"、"后勤可靠性"演变而来，反映了系统对维修人力费用和后勤保障资源的需求。基本可靠性是指产品在规定条件下无故障的持续时间或概率。它考虑要求保障的所有因素的影响，包括维修和供应有关的可靠性，所以国外也称"后勤可靠性"。任务可靠性则指产品在规定的一组任务剖面内完成规定功能的能力。它与任务可靠性作为系统可靠性的两个方面，都强调无故障地完成规定功能的能力，并以产品的故障或失效为研究对象。此外，可靠性从产品应用的角度还分为固有可靠性和使用可靠性。固有可靠性指设计和制造过程所确定的内在可靠性，是产品的固有属性。使用可靠性则指产品在使用过程中表现出的可靠性。与固有可靠性相比，它还综合考虑产品安装、环境、使用、维修等环节中的可靠性因素，衡量产品预期使用环境中的可靠性水平。本章主要是以工程装备设计中的基本可靠性或固有可靠性为研究对象。

经典的可靠性术语将"故障"或"失效"定义为产品或产品的一部分不能或将不能完成规定功能的状态或事件。国内学者通常不明确区分故障和失效的概念，认为在可修系统出现的丧失功能的状态为故障，在不可修复系统中则为失效。国际电工委员会国际标准IEC 50（191）指出："与故障不同，失效是一种事件，而故障是一种状态"。也就是说，失效是产品功能丧失的一种外在形式，是使用人员看得见感受得着的，而故障是产品处于这种状态的直接原因，需要使用与维修人员检查、测试和查找。目前，国内许多机械可靠性知名学者在其著作和文章中广泛使用"失效"一词，而不做产品是否可修的区分，本章在研究过程中也采纳系统"失效"的概念。

系统可靠性理论最先是从电子产品的可靠性理论发展起来的。对于电子产品而言，不仅在各领域使用数量巨大，并且寿命周期一般较短，试验相对比较容易，到目前为止已经清楚电子产品失效数据服从指数分布规律。因此，电子产品可靠性理论迅速发展起来，关于产品可靠度的计算方法也日益丰富。而复杂机械产品由于通用化程度低、耗损周期长、大批量试验所需时间和费用让人难以承受，一般情况下很难收集到充足的失效数据，因而无法掌握某型产品的失效分布规律。在很长一段时间内，机械产品可靠性理论的研究始终处在探索和发展阶段。

以往定量计算机械系统可靠性的方法归纳起来有两种：统计分析方法和逐级推导方法。统计分析方法通过收集研究系统的初始资料（包括现场使用数据和台架试验数据），运用统计学方法研究、分析这些数据遵循的统计规律，选择适当的概率分布模型并进行参数估计。这种方法的局限有三点：（1）需要统计大量失效数据，对于一些长寿产品在其寿命期内是无法完成这个基本工作的；（2）收集到的失效数据若存在删失特征也不能直接用于分析，必须经过特殊且复杂的处理之后方可采用；（3）通常情况下可以用多种分布模型拟合同一批失效数据，这就给建模后期的假设检验工作造成很大麻烦。逐级推导方法首先建立机械零部件可靠性模型，继而根据零部件组合方式、可靠性逻辑关系和产品失效规律构建系统的可靠性模型。逐级推导方法在机械产品可靠性研究的各个阶段都有较广泛的应用，常常运用应力－强度干涉理论建立零部件可靠性模型，在假设各零部件失效不影响其他零部件状态的前提下建立系统元件的连乘积模型。随着对机械产品可靠性规律的深入研究，发现许多零件间不是相互独立的，零件的不同失效模式间也具有相互关联的特征，从而使基于独立性和互斥性假设的建模理论不能再继续使用。

3.1.2 · 工程装备可靠性的特点

在应用成熟的可靠性理论和方法分析工程装备可靠性时，必须重视机械产品诸多特点对可靠性的影响。这是因为工程装备组成结构的复杂性、失效过程的耗损性、失效模式的多样性，以及产品内在的多种相关性等，都是电子产品所不存在的，而目前对工程装备产品开展的可靠性研究多数沿用的是电子产品的分析和计算方法，这就有可能导致整个工程装备的分析和设计活动步入误区。表 3-1 对比分析了工程装备产品与电子产品可靠性的所有特点以及影响可靠性的因素。

表 3-1　工程装备产品与电子产品可靠性特点比较

比较项目	电 子 产 品	工 程 装 备 产 品
典型的系统构成	电源系统、指示系统、信号接收与放大系统等	机械结构、动力系统、传统系统、操作系统等
由环境引起的载荷变化	变化通常是由于温度、压力和湿度变化等引起的	风、雪、冰雹等影响到露天设备，压力的变化影响到发动机等装置，土壤的干湿程度影响挖掘和运输设备，振动影响应力水平
由环境引起的能力变化	1. 对潮湿很敏感，但由于保护技术的发展，目前只有很少由潮湿引起的失效；2. 大多数设计在给定温度范围内工作，超出此范围则能力降低，如受高温可能会由于材料变形或衰变而导致永久损坏，低温下多半不会引起永久损坏；3. 在振动下可能引起连接部分的断裂；4. 除开关外，对于灰尘和其他碎屑的累积并不特别敏感，除非是潮湿条件下的电气感应	1. 对某些零部件，潮湿可能是一种危险，潮湿会影响表面粗糙度，而且在运动零件的表面，通常不能涂保护层或要求密封；2. 通常对温度变化较不敏感，例外情况时内燃机和有精密公差的零件；3. 许多机械设备受到严重的振动，主要危险是零件的疲劳，在载荷没有得到控制和有大的振动零件的地方，可靠度低；4. 某些机械设备对于灰尘和碎屑敏感，它们堵塞了零件间隙，并引起了运动零件的磨损，可通过密封加以保护，否则应加以封闭

续表 3-1

比较项目	电 子 产 品	工程装备产品
由磨损引起的能力变化	磨损的主要影响是开关的接触或材料蒸发的场合	通常这是影响可靠性的一个关键因素
系统失效模式	较简单	通常非常复杂
失效模式关联性	元器件失效模式基本独立	与连接方式、维修和使用有关
使用环境	使用环境一般较好，有密闭和保护，应力因素可预测	使用环境条件复杂，需掌握环境变化和极值条件，应力的准确预计十分困难，因此应力分析十分重要
数据收集	由于元器件通用性强，失效数据已广泛发布，形成数据收集制度和若干手册或文件	失效数据收集困难，也没有形成正规的数据收集机制，可靠性数据十分匮乏
可靠性试验	大子样，试验快速容易得到较大的样本容量，而且可以排除早期失效，试验费用较小	小子样，试验往往难以进行，许多零部件不易得到较大的样本容量，试验费用较大
分布类型	指数分布	介于指数与非指数分布之间
失效率曲线	典型的浴盆曲线	斜底的浴盆曲线

3.2 工程装备可靠性基本模型

工程装备可靠性模型是从可靠性的角度出发，表示系统各单元之间的逻辑关系的"概念"模型，是进行系统可靠性分析设计的基础，它包括系统可靠性结构模型和系统可靠性数学模型。可靠性结构模型是将系统各单元之间的可靠性逻辑关系用框图的形式来表达的一种模型。可靠性数学模型是对可靠性框图所表示的逻辑关系的数学描述。

3.2.1 串联系统模型

串联系统中的任一组成单元故障均会导致整个系统的故障。系统的各组成单元的功能信息流是"串联"的关系，任一组成单元的可靠性地位权重是均等的，系统可靠度是各组成单元可靠度的"逻辑与"。串联系统是最常见的也是最简单的模型之一。

串联系统的可靠性框图如图 3-1 所示。

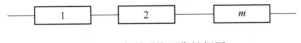

图 3-1　串联系统可靠性框图

系统由 m 个单元串联而成，单元可靠度为 R_i，$i = 1, 2, \cdots, m$，如果各组成单元相互独立，那么其可靠度函数也相互独立，则系统的可靠度为：

$$R_S = \prod_{i=1}^{m} R_i \tag{3-1}$$

由式（3－1）可以看出，当已知相互独立的各组成单元可靠度时，利用可靠性模型就可以估算出系统的可靠度，系统可靠度是各组成单元可靠度的连乘。由于各组成单元的可靠度 $R_i < 1$，所以系统的组成单元越多，系统的可靠度越小。为提高串联系统的可靠度应当尽可能减少串联单元的数量，提高各组成单元的可靠度。

3.2.2 并联系统模型

并联系统是只有当所有组成单元都发生故障时才会发生故障的系统。并联系统是最简单的冗余系统，从完成任务功能而言，仅需一个单元工作即可，设置多个单元并联的目的是为了提高系统的任务可靠性。

并联系统的可靠性框图如图 3-2 所示。

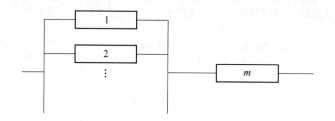

图 3-2　并联系统可靠性框图

系统由 m 个单元并联而成，单元可靠度为 R_i，$i = 1, 2, \cdots, m$，当各组成单元相互独立时，其可靠度也相互独立，由此得到系统的可靠度为：

$$R_S = 1 - \prod_{i=1}^{m} [1 - R_i] \tag{3-2}$$

由式（3-2）可以看出并联系统的失效率等于各组成单元失效率的乘积，并联系统可靠度与并联单元数的关系如图 3-3 所示。通过该图可以看出，并联系统与无储备单元相比可靠度有明显提高，而且并联的单元越多则系统的可靠度越高。当单元数 $n = 2$ 时系统可靠度的提高最为显著，但当并联单元过多时，可靠度提高速度大为减慢，所以一般并联系统的并联数 $n \leqslant 3$。

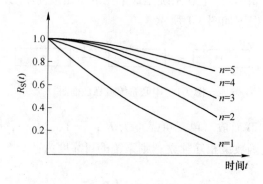

图 3-3　并联系统的单元数与可靠度函数的关系

3.2.3 混联系统模型

复杂系统的组成单元并非是单纯串联或并联的关系，有的是由串并或并串等混合而成的混联模型，如图 3-4 所示，即为一典型的混联系统模型。

图 3-4 混联系统可靠性框图

当混联系统各组成单元相互独立时，单元 2、3 并联成分系统 S_1，由式（3-2）可得该分系统的可靠度为：

$$R_{S1} = 1 - (1 - R_2)(1 - R_3) \tag{3-3}$$

单元 1、单元 4 和分系统 S_1 串联成系统 S_2，由式（3-1）可得该系统的可靠度为：

$$R_{S2} = R_1 R_2 R_{S1} \tag{3-4}$$

当各组成单元存在相关失效时，设单元 2、单元 3 相同，两单元的可靠度均为 R，且失效相关系数为 μ，可得该并联分系统的可靠度为：

$$R_{S1} = 1 - (1 - R)\left[(1 - \mu)(1 - R) + \mu\right] \tag{3-5}$$

单元 1、单元 4 和并联分系统 S_1 串联成系统 S_2，将三个单元的可靠度从小到大排列，设 $R_1 < R_4 < R_{S1}$，可以得到该串联系统的可靠度为：

$$R_{S2} = (R_1 + R_1 R_4 R_{S1})/2 \tag{3-6}$$

对于混联系统模型而言，并串联系统可靠度比串并联系统的可靠度高，这是因为并串联系统中每一个并联段的单元互为后备，其中一个单元的故障，并不影响其他并联单元，而串并系统中有一个单元故障则并联的一条支路就发生故障。在设计系统过程中可以根据需要选择不同的混联模型。

3.2.4 表决系统模型

表决系统是由 m 个可靠度相同的单元组成的，当且仅当有 k 个或 k 个以上的单元正常工作时，系统才正常工作，其可靠性框图如图 3-5 所示。其中，$k/m(G)$ 为表决器，每个单元的信息输入到表决器中，表决器将各输入信息进行比较，只有当运行正常个数大于 k 时，表决器才判决输入为正确的。当 $k = 1$ 时，表决系统即为并联系统，当 $k = m$ 时，表决系统即为串联系统。

设单元的可靠度为 R，当各组成单元相互独立时，系统可靠度 R_S 为：

$$R_S = \sum_{i=k}^{m} C_m^i R^i (1 - R)^{m-i} \tag{3-7}$$

最为常用的表决系统为 $2/3(G)$ 表决系统，当各组成单元存在相关失效时，系统正常工作有两种可能。一种可能是三个单元都正常工作，此时系统的可靠度为：

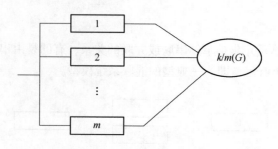

图 3-5 表决系统可靠性框图

$$R_{S1} = R^3 \tag{3-8}$$

另一种可能是其中一个单元故障，另两个单元正常工作，设单元间的相关系数为 μ，则此时系统的可靠度为：

$$R_{S2} = 1 - (1 - R)\big[(1 - \mu)(1 - R) + \mu\big]^2 \tag{3-9}$$

考察两种可能各自所占的比例，设第一种可能所占比例为 ρ，则第二种可能所占比例为 $(1 - \rho)$，可以得到系统的可靠度为：

$$R_S = R_{S1}\rho + R_{S2}(1 - \rho) \tag{3-10}$$

3.3 工程装备相关性可靠性模型

3.3.1 相关性可靠性模型研究现状

3.3.1.1 不考虑相关性的局限

一般情况下，工程装备中同一零件的不同失效模式间，以及不同零件间存在一定程度相互关联性，这是机械产品与电子产品最突出的差异。与一系列统计独立事件的系统可靠性分析过程相比，对于统计相关事件的可靠性分析要复杂得多，所以精确而客观地掌握系统可靠性有相当难度，在一些经典的可靠性著作中都避免涉及这一问题，而将系统相关简化为统计独立的。这种过分简化的做法，往往会遗失系统失效相关性信息而导致出现较大误差，甚至得出错误的结论。例如根据独立假设理论模型计算的系统可靠度值，与实际可靠度值相比是趋于保守的，真实值通常位于完全不考虑相关性的模型计算值与考虑完全相关的模型计算值之间。综合分析上述几种在传统可靠性理论基础上提出的机械系统可靠性模型，还存在以下无法避免的局限性：

（1）未考虑系统相关性，不能如实反映系统各个失效事件与系统可靠性的内在关系，模型的计算值与实际可靠度值偏差较大。

（2）除独立假设理论计算简单外，其他方法都需要事先获取影响计算结果的相关信息，而一般情况下掌握这些信息的过程较为复杂。如运用应力－强度干涉模型计算可靠度须确定系统承受的工作载荷与自身强度的概率分布，当量指数分布理论模型则必须找到适当的耗损故障率修正系数 α_w。

（3）不同于电子产品，相关性是机械系统普遍存在的特性，实际使用中完全独立和完全相关的产品都是非常罕见的，以独立性假设为前提的机械系统可靠性模型的适用范围十分有限。

经典的独立性假设模型自诞生以来，在机械系统可靠性研究中得到过广泛的应用，为早期的机械可靠性分析、预计以及机械产品可靠性设计活动提供了必要的理论支持。随着人们对机械产品特性的认识逐渐加深，将复杂机械产品视为完全独立的可靠性理论已经不能再大行其道，针对系统相关性的研究被迅速提上可靠性研究工作的日程。

系统相关性的定义来源于统计理论中对二维随机变量 X，Y 间相互关系的描述，记 $\mathrm{Cov}(X,Y) = E\{[X - E(X)][Y - E(Y)]\}$ 为随机变量 X 与 Y 的协方差，则称

$$\rho_{XY} = \frac{\mathrm{Cov}(X,Y)}{\sqrt{D(X)}\,\sqrt{D(Y)}} \tag{3-11}$$

为随机变量 X，Y 的相关系数，也可以推广到多维随机变量的情况，它定量地反映了各变量间相互关联的程度，即度量了相关性的大小。

经过长期的理论探索和实际工作经验积累，目前机械可靠性学界达成一项共识，即认为相关是系统失效的基本特征，而独立失效只是一种极特殊的情况，相关性问题也越来越引起人们的密切关注。对于机械产品来说，可靠性研究中的系统相关性包括三个方面的内容：变量相关性、零件相关性和失效模式相关性。可靠性的研究对象是产品的失效或故障，从失效模式入手研究系统的可靠性逐渐成为一门新兴的重要研究课题，现阶段普遍采取求解零件单一失效模式的可靠度，尔后按照串联系统理论综合分析的方法计算系统可靠性。这种方法不考虑多个失效模式间的相关性，因此现已被机械可靠性研究工作所淘汰。下面介绍的几种不作独立性假设，考虑系统相关性的可靠性模型，为今后机械系统可靠性模型研究的发展方向提供了很好的启示。

3.3.1.2 近似精确值模型

A 薄弱环节模型

薄弱环节理论最早来自链环串联而成的链条疲劳强度计算，链条两端受力时，其中任意一个环断裂则链条失效，显然，链条的可靠度取决于最薄弱环节。在计算机械系统可靠度时，以系统中的薄弱环节或部件来评价整个系统的可靠性，即系统的可靠度等于薄弱环节的可靠度。假设构成机械系统的零件失效概率（或系统失效模式发生概率）为 P_i（$i = 1，2，\cdots n$，n 为构成系统的零件数或系统失效模式数），则系统的薄弱环节就是失效概率最大的零件或系统失效模式。由薄弱环节理论表示系统可靠度为：

$$P_s = \min(P_1, P_2, \cdots, P_i, \cdots, P_n) \tag{3-12}$$

薄弱环节理论模型与独立假设理论相对应，认为系统内在的零部件或失效模式间是完全相关的，其计算过程也十分简单，只需要找到出现失效最频繁的零件或模式，并求出相应的发生概率即可。但该理论假设的机械系统绝对相关性，在实践中很难找到类似情况；并且只考虑系统薄弱环节而未计入其他因素的影响，导致模型的可靠度计算值往往比系统的实际可靠度高，因此通过该理论模型预测和分析机械系统可靠性一般会存在较大风险，对于系统设计来说也是不安全的。

B 阶段连续界限理论

以往的机械系统可靠性理论要么是在各个零件和失效模式完全独立的前提下构建的，

要么认为相互之间绝对相关，然而系统的相关性实际存在于上述两种状态之间。有学者从可靠性实践出发，根据影响系统相关性的主要因素如产品失效模式、复杂程度和数目、零件的相关程度、薄弱环节是否存在等将系统相关程度分为五类：

（1）完全独立：分布类型为指数分布的故障偶发型系统，机械产品几乎不存在这种情况；

（2）弱相关：偶然故障为主要失效类型，产品复杂，零件数目众多，如机电液等组成的复杂产品系统可靠性的计算；

（3）中等相关：产品耗损故障和偶然故障并重，结构较为复杂，适合分析大多数机械系统的可靠性；

（4）弱相关：分布类型为非指数分布，耗损故障严重，系统零件数目不大且比较简单的机械系统，零件间连接较为密切，适合分析减速器等由轴系零件组成的系统可靠性；

（5）完全相关：系统分布为薄弱件失效分布，为完全耗损故障模式，产品结构简单，但相互联系很密切，用于分析存在薄弱环节的机械系统，如同一轴系的潜水泵系统可靠性水平。

设机械系统由 n 个零件组成，零件的可靠度分别为 R_0，R_1，R_2，…，R_{n-1}，且 $R_0 < R_1 < R_2 < \cdots < R_{n-1}$，则在不同相关程度下的系统可靠度为：

（1）完全独立

$$R_{SA} = \prod_{i=0}^{n-1} R_i = R_0 \cdot \prod_{i=1}^{n-1} R_i \tag{3-13}$$

（2）弱相关

$$R_{SB} = \frac{1}{2}(R_{SA} + R_{SC}) = \frac{R_0}{4}\left(1 + 3\prod_{i=1}^{n-1} R_i\right) \tag{3-14}$$

（3）中等相关

$$R_{SC} = \frac{1}{2}(R_{SA} + R_{SE}) = \frac{R_0}{4}\left(1 + \prod_{i=1}^{n-1} R_i\right) \tag{3-15}$$

（4）强相关

$$R_{SD} = \frac{1}{2}(R_{SE} + R_{SC}) = \frac{R_0}{4}\left(3 + \prod_{i=1}^{n-1} R_i\right) \tag{3-16}$$

（5）完全相关

$$R_{SE} = R_0 \tag{3-17}$$

阶段连续界限理论在考虑零件间不同相关程度的基础上，建立五个能反映各层次相关性的系统可靠性模型，与依据绝对性假设提出的独立假设理论和薄弱环节理论相比，在对相关性的认识上有了很大的进步。然而在实际应用中，这种判断系统相关程度的方式容易受到分析人员主观因素限制，计算结果存在很大不确定性。

C 影响函数理论

Vanmarcke、Tichy 和 Vorlica 将系统失效概率表示成零件可靠性指标 β_1，β_2，…，β_n 的函数，通过该函数反映各零部件间的相关情况。李云贵、马永欣等人在上述思想基础上提出另一种近似计算可靠度的方法。

$$P_{\mathrm{f}} = P_{\mathrm{f}}\Big(\bigcup_{i=1}^{m} \overline{Z}_i \leqslant 0\Big) = 1 - P\Big(\bigcap_{i=1}^{m} \overline{Z}_i > 0\Big)$$
$$= 1 - P(\overline{Z}_1 > 0)P(\overline{Z}_2 > 0 \mid \overline{Z}_1 > 0)\cdots P\Big(\overline{Z}_m > 0 \mid \bigcap_{i=1}^{m-1} \overline{Z}_i > 0\Big) \tag{3-18}$$

其中，$P\Big(\overline{Z}_j > 0 \mid \bigcap_{i=1}^{j-1} \overline{Z}_i > 0\Big) \approx 1 - P_{fj}\prod\limits_{}^{j-1} K_{ij}^{\beta_i}$，$K_{ij}$ 是影响系数，其表达式为：

$$K_{ij} = 0.64\Big[1 + (\rho_{ij} - \rho_{ij}^2)\Big(\frac{3}{4 + \rho_{ij}\ln i} - \rho_{ij}\Big)\cdot \mathrm{e}^{3\rho_{ij}}\Big]\arctan\Big(\frac{1}{\sqrt{1 - \rho_{ij}^2}} - 1\Big) \tag{3-19}$$

式中，ρ_{ij} 为第 i 个零部件和第 j 个零部件间的相关系数。这一方法可以反映出零件间的相关性，具有较好的精度，但是计算过程复杂，只适合特殊情况下的可靠性分析和工程计算。

　　D　权函数综合法

　　机械系统权函数综合法起源于机械结构可靠性分析，有学者将其推广到计算机械传动系统的可靠度，并通过实例验证了针对多种失效模式相关的机械传动系统具有一定适应性。

　　在应用权函数综合法计算可靠度时，首先进行系统分析，确定各组成零部件的失效模式，画出系统可靠性框图。在系统分析之后，对每种失效模式列出极限状态方程，按照设计验算点法或 JC 法计算各失效模式可靠度，然后用权函数法进行可靠度综合。

　　对于串联系统，权函数综合后系统的可靠度计算模型为：

$$R_{\mathrm{S}} = R_1 \cdot \prod_{i=2}^{n}\big[1 - k_i(1 - R_i)\big] \tag{3-20}$$

　　对于并联系统，综合后系统的可靠度计算模型为：

$$R_{\mathrm{S}} = 1 - (1 - R_n)\cdot \prod_{i=1}^{n-1}(1 - k_i R_i) \tag{3-21}$$

式中　R_1——各零部件可靠度最小值；

　　　　R_n——零部件可靠度最大值；

　　　　k_i——各零部件可靠度分别对机械系统可靠度的影响程度，即权函数，串联系统和并联系统所取值不同。

　　（1）机械串联系统：

$$k_i = 1 - \rho_{i1}^2 \tag{3-22}$$

　　（2）机械并联系统：

$$k_i = 1 - \rho_{in}^2 \tag{3-23}$$

式中，ρ_{ij} 表示第 i 个零件与第 j 个零件间的相关系数。

　　E　RD 新理论模型

　　设串联分布的机械系统中 n 种零件的可靠性系数分别为 β_1，β_2，$\cdots$，β_n，并且 $\beta_1 \leqslant \beta_2 \leqslant$

$\cdots \leqslant \beta_n$，对应的可靠度为 $R_1(R_{\min}) \leqslant R_2 \leqslant \cdots \leqslant R_n$。根据大量数值分析和推理导出以下可靠度计算理论，称为机械系统可靠性计算的新理论，它分为中高可靠度和低可靠度两种情况。

（1）中、高可靠度时（$R_1 \geqslant 0.9$ 或 $\beta_1 \geqslant 1.3$），系统可靠度计算模型为：

$$R_s = \begin{cases} \prod_{i=1}^{n} R_i + 1.67\rho_{12}\left[R_{0.6} - \prod_{i=1}^{n} R_i \right] & \text{当} \ 0 \leqslant \rho_{12} \leqslant 0.6 \\ R_{0.6} + 2.5(\rho_{12} - 0.6)(R_{\min} - R_{0.6}) & \text{当} \ 0.6 < \rho_{12} \leqslant 1 \end{cases} \quad (3\text{-}24)$$

（2）低可靠度时（$R_1 < 0.9$ 或 $\beta_1 < 1.3$），相应的计算模型为：

$$R_s = \begin{cases} \prod_{i=1}^{n} R_i + 10\rho_{12}\left[R_{0.1} - \prod_{i=1}^{n} R_i \right] & \text{当} \ 0 \leqslant \rho_{12} \leqslant 0.1 \\ R_{0.1} + 1.25(\rho_{12} - 0.1)(R_{0.9} - R_{0.1}) & \text{当} \ 0.1 < \rho_{12} < 0.9 \\ R_{0.9} + 10(\rho_{12} - 0.9)(R_{\min} - R_{0.9}) & \text{当} \ 0.9 \leqslant \rho_{12} \leqslant 1 \end{cases} \quad (3\text{-}25)$$

其中，

$$R_{0.1} = \frac{1}{2}\left\{ \left[1 + \prod_{i=3}^{n} R_i \right]\left[R_1 - (1 - R_2)\Phi(\beta_1 - 0.1\beta_2) \right] + \right.$$
$$\left. (1 - R_1)\prod_{i=3}^{n} R_i\Phi(0.1\beta_1 - \beta_2) \right\} \quad (3\text{-}26)$$

$$R_{0.6} = \frac{1}{2}\left\{ \left[1 + \prod_{i=3}^{n} R_i \right]\left[R_1 - (1 - R_2)\Phi(1.25\beta_1 - 0.75\beta_2) \right] + \right.$$
$$\left. (1 - R_1)\prod_{i=3}^{n} R_i\Phi(0.75\beta_1 - 1.25\beta_2) \right\} \quad (3\text{-}27)$$

$$R_{0.9} = \frac{1}{2}\left\{ \left[1 + \prod_{i=3}^{n} R_i \right]\left[R_1 - (1 - R_2)\Phi(2.3\beta_1 - 2.1\beta_2) \right] + \right.$$
$$\left. (1 - R_1)\prod_{i=3}^{n} R_i\Phi(2.1\beta_1 - 2.3\beta_2) \right\} \quad (3\text{-}28)$$

可靠度计算新理论简化了复杂机械系统的可靠度计算过程，能够以便捷的计算过程化解多重积分难和相关性计算难等问题，对机械系统可靠性分析与计算有重大创新性；其计算结果可以拟合为二阶界限模型内的曲线，对于零件自身强度和承受的应力都趋于动态随机分布的机械系统并不现实；并且建议采用主次失效零件的主要失效模式相关系数代替所有零件间的相关系数，这种简化做法能否正确反映机械系统内在规律也值得进一步研究。

3.3.1.3 上下界限模型

A Cornell 一阶界限模型

对于一些不易建立可靠度数学模型或求出系统可靠度精确值的复杂机械系统，往往可以采用上下限模型近似给出系统可靠度所在区间。20 世纪 60 年代，C. A. Cornell 提出一阶界限理论用来估计考虑相关性的结构系统可靠度，后来发现这一结论同样适用于机械系统可靠度分析和预测。Cornell 认为：

（1）当失效模式正相关，即相关系数 $\rho \geqslant 0$ 时系统可靠度界限为 $\prod\limits_{i=1}^{m} R_i \leqslant R \leqslant \min\limits_{1 \leqslant i \leqslant m} R_i$；

（2）当失效模式负相关，即 $\rho < 0$ 时可靠度界限为 $0 \leqslant R \leqslant \prod\limits_{i=1}^{m} R_i$。

上述模型中 R_i 为第 i 个失效模式的可靠度，m 为系统失效模式数。

Cornell 一阶界限模型粗略地阐释了系统可靠度实际值所在的大致区域，并且分析了不同相关情况下可靠度取值的变化，对于早期的系统可靠性研究无疑是简单而有效的，即使在今天的可靠性分析中也有重要的参考价值。但当各失效模式可靠度相差较大时，模型得到的上下限较宽，确定的系统可靠度范围大，很难胜任精度要求较高的应用场合。

B 高阶界限模型

针对一阶界限模型给出可靠度范围较宽的基本情况，有人严格按照概率学理论推导出考虑机械系统相关性的系统可靠度高阶界限理论，以弥补一阶界限理论带来的计算精度不理想的遗憾。

设机械系统任一失效事件为 E_i，则系统失效事件为 $E = E_1 \cup E_2 \cup \cdots \cup E_m$。对此式按照不交化方法求解失效概率为：

$$
\begin{aligned}
P(E) &= P\left[E_1 \cup E_2 \overline{E}_1 \cup E_3 \overline{E}_2 \overline{E}_1 \cup \cdots \cup E_m(\overline{E}_1 \overline{E}_2 \cdots \overline{E}_{m-1})\right] \\
&= P(E_1) + P(E_2) - P(E_1 E_2) + P(E_3) - P(E_1 E_3) - \\
&\quad P(E_2 E_3) + P(E_1 E_2 E_3) + \cdots \\
&= \sum_{i=1}^{m} P(E_i) - \sum_{i<j=2}^{m} P(E_i E_j) + \sum \sum_{i<j<k=3}^{m} P(E_i E_j E_k) + \cdots + \\
&\quad (-1)^{m-1} P(E_1 E_2 \cdots E_m)
\end{aligned} \tag{3-29}
$$

分析式（3-29），可见如果只考虑第一项则产生失效概率上界；若考虑第一、二项则产生系统失效概率下界；考虑第一、二、三项时再次产生失效概率上界，随着考虑项数增多，得到系统失效概率精度越来越高。

若保留式（3-29）右端前 n 项（$n \geqslant 2$），则根据第 n 和 $n-1$ 项可得到机械系统的 n 阶失效概率上下界限模型。令 $P_i = P(E_i)$ 为系统某一失效模式时的概率，$P_{ij} = P(E_i E_j)$ 为两失效模式同时出现的概率，得到系统失效概率的二阶上下界为：

$$
\left.
\begin{aligned}
F_S &\leqslant \sum_{i=1}^{m} P_i - \sum_{i=2}^{m} \max_{j<i} P_{ij} \\
F_S &\geqslant P_1 + \sum_{i=2}^{m} \max\left[P_i - \sum_{j=1}^{i-1} P_{ij}; 0\right]
\end{aligned}
\right\} \tag{3-30}
$$

若再令 $P_{ijk} = P(E_i E_j E_k)$ 为系统三失效事件同时发生的概率，则系统失效概率的三阶界限模型可表示为

$$
\left.
\begin{aligned}
F_S &\leqslant \sum_{i=1}^{m} P_i - P_{12} - \sum_{i=2}^{m} \max_{\substack{j<i \\ k<i}}\left[P_{ij} + P_{ik} - P_{ijk}\right] \\
F_S &\geqslant P_1 + P_2 - P_{12} + \sum_{i=3}^{m} \max\left[\left\{P_i - \sum_{j=1}^{i-1} P_{ij} + \max\sum P_{ijk}\right\}; 0\right]
\end{aligned}
\right\} \tag{3-31}
$$

同理，随着同时发生的失效事件数的增加，系统可靠度界限模型阶数也越来越高，可靠度上下限的范围越来越小，与实际可靠度值也越来越接近，同时计算工作的可行度却越来越低。以二阶的情况为例，需要求解系统全部失效模式的一阶失效概率 P_i 和二阶失效概率 P_{ij}，在需要考虑系统失效相关性的情况下，这个过程相当繁琐和复杂，对失效模式较多的情况，计算工作量往往会达到无法承受的地步。更高阶的界限模型从理论上可以获得更贴实的可靠度上下限范围，有利于系统可靠度精确分析与预测，然而实际上目前还很难有效解决其中巨大的工作量，因此极少有学者研究二阶以上的情况。

不难发现，高阶界限模型能通过计算多模式联合失效概率反映机械系统的相关性，正因如此也给计算过程带来很大负担。高阶模型的上下限相对一阶模型给出的范围更小，并能按照精度要求选择适当的阶数，在机械系统可靠性理论研究中十分难得，但求解过程过于繁琐，尤其针对多个失效模式（$m \geqslant 4$）相关时，一般难以获得最终解。

3.3.2　变量相关性可靠性模型

3.3.2.1　变量相关问题的提出

在机械结构的传统设计中，为了满足产品使用要求和保证产品结构安全可靠，产品设计者通常在不能确定设计变量和参数时引入安全系数来保证机械产品不发生故障。这种"安全系数法"的基本思想是使机械结构在受外载荷作用时，实际承受的应力小于产品允许加载的应力，即机械产品的强度。实际上，应力与强度是机械产品可靠性设计方法中最令人重视的一对变量，机械产品许多参数和指标的设计就取决于应力－强度变量分析的结果。不仅如此，针对机械产品实施的可靠性分析与预测过程也将两者的关系作为主要研究方向之一。

在第 2 章的内容中已经阐述了运用应力－强度干涉理论，将零件可靠性建模推广到系统可靠性建模的方法和过程。由于机械系统内部存在不同程度的相关性，部分设计变量间也具有一些相互关联的特征。例如，在实际情况下设计轴系零件时，载荷和强度这两个可靠性控制变量间存在一定的相关性，同时在需要考虑构件的自重时，构件的应力和强度存在相关性。这说明根据应力和强度完全独立，相互之间没有相互关联的前提导出的可靠性模型不符合实际情况，其结论自然也就不可信。目前有学者从系统的应力－强度干涉分析出发，揭示传统可靠性干涉分析中的相关性信息遗失问题，建立能够表述共因失效（Common Cause Failure）这种系统相关性的估算模型，但迄今还尚未有人对可靠性设计变量间如何存在相关性做出合理分析。

3.3.2.2　应力－强度相关的研究

考虑到机械系统承受的载荷和自身强度不可能完全相关，但也非完全独立，因此可以将具有不确定相关程度的应力－强度控制变量转化为完全不相关的变量，再应用不相关变量理论建立机械系统可靠性的模型。当应力 S 和强度 δ 都服从正态分布时，变量不相关前提下的可靠度计算公式为：

$$\beta = (\mu_\delta - \mu_S) / \sqrt{\sigma_\delta^2 + \sigma_S^2}, R = \Phi(\beta) \tag{3-32}$$

由相关系数的定义可知，$\rho_{\delta S} = \dfrac{\mathrm{Cov}\ (\delta,\ S)}{\sigma_\delta \cdot \sigma_S}$，可将应力和强度都转化为服从标准正态

变量，即 $\tilde{\delta} = \dfrac{\delta - \mu_\delta}{\sigma_\delta}$，$\tilde{S} = \dfrac{S - \mu_S}{\sigma_S}$，从而 $\tilde{\delta} \sim N(0, 1)$，$\tilde{S} \sim N(0, 1)$，标准化后应力和强度的相关系数为 $\rho_{\delta S} = \mathrm{Cov}(\tilde{\delta}, \tilde{S})$。因此，将 δ 和 S 转化为非相关变量的过程可以由求标准化后 $\tilde{\delta}$ 和 $\tilde{S}$ 的非相关变量来代替。

设系统的基本变量为 $Z(\tilde{\delta}, \tilde{S})$，$\tilde{\delta}$ 和 $\tilde{S}$ 之间相关，则随机变量 Z 的 n 维正态概率密度函数为

$$f(Z) = \frac{1}{2\pi} |C_Z|^{-1/2} \exp\left[-\frac{1}{2}(Z - \mu_Z)^T C_Z^{-1}(Z - \mu_Z) \right] \tag{3-33}$$

其中，$C_Z = \begin{bmatrix} \mathrm{Cov}(\tilde{\delta}, \tilde{\delta}) & \mathrm{Cov}(\tilde{\delta}, \tilde{S}) \\ \mathrm{Cov}(\tilde{S}, \tilde{\delta}) & \mathrm{Cov}(\tilde{S}, \tilde{S}) \end{bmatrix}$ 称为随机变量 Z 的协方差矩阵，$|C_Z|$ 是协方差矩阵的行列式，C_Z^{-1} 是协方差矩阵的逆矩阵，$Z = \begin{Bmatrix} \tilde{\delta} \\ \tilde{S} \end{Bmatrix}$，$\mu_Z = \begin{Bmatrix} 0 \\ 0 \end{Bmatrix}$，$Z - \mu_Z = \begin{Bmatrix} \tilde{\delta} \\ \tilde{S} \end{Bmatrix}$。

根据线性代数的有关原理：

$$f_Z(AY + \mu_Z) |A|^{-1} = \frac{1}{2\pi}(\lambda_1 \lambda_2)^{-1/2} \cdot \exp\left[-\frac{1}{2}\left(\frac{\tilde{\delta}'^2}{\lambda_1} + \frac{\tilde{S}'^2}{\lambda_2} \right) \right]，\lambda_1，\lambda_2$$ 为矩阵 C_Z 的特征根，A 为正交矩阵，据此可以将相关的随机变量 $Z(\tilde{\delta}, \tilde{S})$ 变换为独立的二维随机变量 $Y(\tilde{\delta}', \tilde{S}')$。

协方差矩阵 C_Z 的特征方程为 $|\lambda I - C_Z| = (1 - \lambda)^2 - \rho_{\delta S}^2 = 0$，解得特征根为 $\lambda_1 = 1 + \rho_{\delta S}$，$\lambda_2 = 1 - \rho_{\delta S}$。得出相应的正交特征向量为 $A = \dfrac{\sqrt{2}}{2}\begin{pmatrix} 1 & 1 \\ -1 & 1 \end{pmatrix}$。

不相关变量 Y 的协方差矩阵为 $C_Y = A^T C_Z A = \begin{pmatrix} 1 - \rho_{\delta S} & 0 \\ 0 & 1 + \rho_{\delta S} \end{pmatrix}$。

则 $Z = AY = \dfrac{\sqrt{2}}{2}\begin{pmatrix} \tilde{\delta}' + \tilde{S}' \\ \tilde{S}' - \tilde{\delta}' \end{pmatrix}$，即 $\tilde{\delta} = \dfrac{\sqrt{2}}{2}(\tilde{\delta}' + \tilde{S}')$，$\tilde{S} = \dfrac{\sqrt{2}}{2}(\tilde{S}' - \tilde{\delta}')$。

由 $\tilde{\delta} = \dfrac{\delta - \mu_\delta}{\sigma_\delta}$，$\tilde{S} = \dfrac{S - \mu_S}{\sigma_S}$ 可得：

$$\left. \begin{aligned} \delta &= \tilde{\delta} \cdot \sigma_\delta + \mu_\delta = \frac{\sqrt{2}}{2}(\tilde{\delta}' + \tilde{S}') \cdot \sigma_\delta + \mu_\delta \\ S &= \tilde{S} \cdot \sigma_S + \mu_S = \frac{\sqrt{2}}{2}(\tilde{S}' - \tilde{\delta}') \cdot \sigma_S + \mu_S \end{aligned} \right\} \tag{3-34}$$

建立系统的功能函数为：

$$G = \delta - S = \frac{\sqrt{2}}{2}\left[(\sigma_\delta + \sigma_S)\tilde{\delta}' + (\sigma_\delta - \sigma_S)\tilde{S}' \right] + \mu_\delta - \mu_S \tag{3-35}$$

由于 $Y(\tilde{\delta}', \tilde{S}')$ 为正交矩阵线性变换后的不相关向量，可求得 $E\tilde{\delta}' = 0$，$E\tilde{S}' = 0$。故可求出考虑应力 – 强度相关的机械系统可靠度指标及可靠度为：

$$\beta = \frac{\mu_G}{\sigma_G} = \frac{\mu_\delta - \mu_S}{\sqrt{\sigma_\delta^2 - 2\rho_{\delta S}\sigma_\delta\sigma_S + \sigma_S^2}}，R = \Phi(\beta) \tag{3-36}$$

式中，$\rho_{\delta S}$ 为可靠性控制变量 δ 和 S 标准正态化后两者的相关系数。

3.3.3 零件相关性的研究

3.3.3.1 零件相关系数影响因素

机械系统是由多种类型的零件组成的复杂系统，不仅种类不同零部件间存在相互关联、相互制约的可能，而且同类型同型号的多个零件间也可能存在不同程度的相互关联，严重影响着系统可靠度的计算。影响机械零件可靠性及零件相关系数的因素有材料性能、几何尺寸和承受的载荷等。

对于复杂机械系统，零件一般是由大量不同材料组成，并各自安装在不同位置，因此材料性能不是造成零件失效相互关联和影响的主要因素。即使零件具有相同的材料组成，对两个零件而言，不同的装配位置、不同的环境条件、不同的受载情况通常致使同一材料表现出截然不同的特性，因而材料对零件相关性的影响甚微。机械系统在受到同一载荷源冲击时产生相同的应力作用于各零部件，随之可能造成多个零部件同时失效，这是零部件相关失效的一种重要形式，即共因失效。已有的研究和模拟结果表明，承受的应力是系统产生零部件相关失效的最基本原因，而载荷因素则是影响零件相关系数的决定因素。零件几何尺寸一般指为满足使用功能和工艺要求，相邻零件面与面之间的距离，以及直径、孔径等的长度，对相关系数的影响来源于不同零件间相互配合及尺寸公差。几何尺寸和公差配合不同，零件的应力应变、冲击负载也会不同，零件几何尺寸直接影响零件的受力情况，从而使零件间呈现不同程度的相关性。

3.3.3.2 零件相关系数的求解

目前在可靠性研究中，零件相关系数可以通过求解两两零件失效模式的相关系数来确定。对于两个相互关联的零件 x_i 和 x_j，由于具有多种不同的失效模式，求解相关系数需要建立关于零件多种失效模式的相关系数矩阵。

设零件 x_i 和 x_j 在试验及使用过程中分别有 s、m 种失效模式，定义零件 x_i 第 k 个失效模式 x_{ik} 与零件 x_j 第 l 个失效模式 x_{jl} 的功能函数依次为 G_k、G_l，功能函数的标准方差为 σ_k 和 σ_l，则两零件对应的失效模式 k，l 间的相关系数为：

$$\rho_{kl} = \frac{\mathrm{Cov}(G_k, G_l)}{\sigma_k \cdot \sigma_l} = \frac{E(G_k - \mu_k)(G_l - \mu_l)}{\sigma_k \cdot \sigma_l} \tag{3-37}$$

可以用两两零件多失效模式的相关系数矩阵综合表示机械零件间的相关性。令零件 x_i 与 x_j 失效模式的相关系数为 ρ_{i1j1}，ρ_{i1j2}，ρ_{i2j1}，…，ρ_{isjm}，以下简写为 ρ_{11}，ρ_{12}，ρ_{21}，…，ρ_{sm}，建立反映零件间相关性的相关系数矩阵 $\boldsymbol{A}_{ij}$：

$$\boldsymbol{A}_{ij} = \begin{matrix} & \begin{matrix} x_{i1} & x_{i2} & \cdots & x_{is} \end{matrix} & \\ \begin{bmatrix} \rho_{11} & \rho_{12} & \cdots & \rho_{1s} \\ \rho_{21} & \rho_{22} & \cdots & \rho_{2s} \\ \vdots & \vdots & \cdots & \vdots \\ \rho_{m1} & \rho_{m2} & \cdots & \rho_{ms} \end{bmatrix} & \begin{matrix} x_{j1} \\ x_{j2} \\ \vdots \\ x_{jm} \end{matrix} \end{matrix} \tag{3-38}$$

对于工作环境比较恶劣、承受应力比较复杂的多数机械零部件，通常具有较多数量的失效模式，而且这些失效模式往往是相关的。如果按照上述方法建立两两零件的 $m \times s$ 阶相关系数矩阵，需要求解任意两零件所有失效模式间的相关系数，计算工作量相当惊人。零件的失效模式相关系数 ρ_{kl} 对零件相关系数的影响程度有多大，多个模式相关系数又是如何影响零件相关系数，目前还没有任何研究给出合理的解释或明确的结论。在此提出简化机械零件相关系数求解过程的方法，即以各零件主要失效模式的相关系数代替零件相关系数。首先需要根据机械零件统计失效数据与 FMECA 求出零件正常工作情况下的主要失效模式，尔后分别建立各失效模式的功能函数并按相关系数的数学定义进行计算。

不失一般性，假设机械零件 x_i 与 x_j 的主要失效模式为 M_{ii} 和 M_{jj}，其功能函数分别为：

$$G_i = \delta_i - f_i(L_i, A_i, m_i)$$
$$G_j = \delta_j - f_j(L_j, A_j, m_j) \tag{3-39}$$

式中，δ_i，δ_j 分别为零件 x_i 与 x_j 主要失效模式的许用极限应力，即强度参数；L_i，L_j 为零件承受的外界载荷；A_i，A_j 为零件几何尺寸参数；m_i，m_j 为其他影响应力的参数，如温度、物理参数，时间等。关于上述所有参数的函数 f 表示零件综合应力。

则机械零件的相关系数可由式（3-40）表达：

$$\rho_{ij} = \frac{\mathrm{Cov}(G_i, G_j)}{\sigma_i \cdot \sigma_j} \tag{3-40}$$

地面作战车辆配备的机械传动装置，常采用齿轮、传动轴和花键等零件组合传递动力和力矩，这些零件不仅在空间结构上紧密联系，其失效模式间也具有相互关联和制约的特征。如齿轮的接触疲劳强度失效、键的挤压失效与传动轴的疲劳强度失效在一般情况下具有很明显的关联特征。求解不同零件间的相关性时，先确定各零件主要失效模式的功能函数，然后按照零件相关系数的表达式（3-40）进行计算。

在忽略零件几何尺寸及其他参数对应力的贡献，仅考虑载荷因素影响的特定情况下，齿轮接触疲劳强度失效的功能函数：

$$G_1 = \sigma_{\mathrm{Hlim}} - a_1 L \tag{3-41}$$

传动轴疲劳强度失效的功能函数：

$$G_2 = \sigma_{-1K} - a_2 L \tag{3-42}$$

花键的挤压失效的功能函数：

$$G_3 = [\sigma_{\mathrm{p}}] - a_3 L \tag{3-43}$$

其中，σ_{Hlim} 为齿轮接触疲劳极限；σ_{-1K} 为传动轴的对称疲劳强度极限；$[\sigma_{\mathrm{p}}]$ 为花键许用挤压应力；L 为零件承受的主要外界载荷；a_i 为相应的载荷修正系数。

由零件相关系数的表达式，可解出如下结果。

（1）齿轮与传动轴的相关系数为：

$$\rho_{12} = \frac{a_1 a_2}{2\sqrt{\bar{L}}} S_{\mathrm{L}}^2 \Bigg/ \left(\sqrt{S_{\mathrm{Hlim}}^2 + \frac{a_1^2 S_{\mathrm{L}}^2}{4\bar{L}}} \times \sqrt{S_{\sigma_{-1K}}^2 + a_2^2 S_{\mathrm{L}}^2} \right) \tag{3-44}$$

（2）齿轮与键的相关系数：

$$\rho_{13} = \frac{a_1 a_3}{2\sqrt{L}} S_{\mathrm{L}}^2 \Big/ \left(\sqrt{S_{\mathrm{Hlim}}^2 + \frac{a_1^2 S_L^2}{4\overline{L}}} \times \sqrt{S_{[\sigma_{\mathrm{p}}]}^2 + a_3^2 S_{\mathrm{L}}^2} \right) \tag{3-45}$$

（3）传动轴与键的相关系数：

$$\rho_{23} = a_2 a_3 S_{\mathrm{L}}^2 \Big/ \left(\sqrt{S_{\sigma_{-1\mathrm{K}}}^2 + a_2^2 S_{\mathrm{L}}^2} \times \sqrt{S_{[\sigma_{\mathrm{p}}]}^2 + a_3^2 S_{\mathrm{L}}^2} \right) \tag{3-46}$$

3.3.4　多失效模式相关性的研究

3.3.4.1　多模相关的系统可靠性理论

多失效模式相关，在某些文章中也称为多模式失效相关，统统可以简称为多模相关，与机械零件相关、可靠性设计变量相关一起并列为机械系统相关性的三个内容。

在实际应用中，由于各种不同的因素相互作用，机械系统使用时可能出现多种不同的失效模式，如压力容器可能同时存在屈服、疲劳、断裂等失效模式。以往研究机械系统失效模式时认为各个模式之间是彼此独立的，首先分别计算各个失效模式的失效概率，然后按照独立假设理论的概率连乘积方法，求得系统关于多种失效模式的可靠度。从目前对系统相关性的理解来看，这种可靠性研究方法是很不科学的，因为它脱离了系统多失效模式相关的基本前提。直到 20 世纪中后期，随着可靠性研究对机械系统相关性的认识逐渐加深，多项以多失效模式相关性为出发点的可靠性研究成果纷纷面世。多失效模式相关作为机械系统相关性的三种表现形式之一，反映了机械系统失效的重要内在特征。不幸的是，机械可靠性研究发展至今，该领域很少形成有影响力的重大学术成果，因而许多学者都已开始转向对该领域展开重点研究。

虽然人们已经意识到失效模式相关的重要性，但因相关性产生的内在机理还不清晰，对相关性还无法开展全面、深入的调查，学界对定量计算相关性的方法和原理也未达成一致意见。目前，分析多失效模式的系统可靠性，尤其是在考虑各失效模式间复杂的相关性时，通常采取先计算失效模式 i 的可靠度 R，然后根据一阶界限理论简单估算系统可靠度区间：

$$\prod_{i=1}^{k} R_i < R_{\mathrm{S}} < R_{\min} \tag{3-47}$$

式中　k——系统失效模式总数；

$R_{\min}$——系统所有失效模式中的可靠度最小值。

3.3.4.2　失效模式相关性影响因素

上文在讨论机械零件间相关性时，阐述了两两零件主要失效模式相关系数的影响因素。同样的，机械系统的承载情况、机械系统及零部件的几何尺寸、系统使用的材料性能的不确定性，不仅会导致系统出现多种失效模式，并且影响各失效模式的相关程度。

A　载荷的随机性

载荷指所考虑的机械系统或结构系统受到的周围环境或别的物体的作用，通常它的不确定性要比产品几何尺寸和材料性能的不确定性都大。载荷对机械产品的作用可以通过应力来表达，系统承受的应力分为内应力和外应力，载荷强弱的不确定，必然导致系统内外应力大小的随机性，从而诱发不同失效机理的故障类型。对于机械系统业已存在或即将出现的失效模式而言，应力表现出的随机性将决定与该模式相关的其他失效模式的发生概率。事实上，一种失效模式是否影响到另外的失效模式发生，就是所要讨论的模式间的相关性问题。由于可靠性研究是以一类特定产品的失效事件为研究对象，在确定的工作环境、不同的寿命阶段中，机械产品不同的应力背景导致的失效可能是完全不同的，各失效模式间存在何种相互关系与工作中承受的载荷或应力密不可分。

B 几何尺寸的随机性

在上一节中提到，机械零件的几何尺寸不仅包括零件的长度、厚度、直径、孔径等结构参数，还可以指代零件面与面之间的距离、孔径的公差配合等装配参数。通常情况下根据零件使用功能或加工工艺的要求，几何尺寸必须具有一定的散布性，因此，机械零件的几何尺寸是一个随机变量。加载于机械系统的应力水平在很大程度上影响各失效模式间的相关度，而承载对象的受力面积决定了应力的分布情况和详细特征，因此不确定的结构尺寸制约着机械产品应力的大小，致使系统在已知应力情况下产生不同的失效模式。

另一方面，机械零件配合间隙的随机性也会造成失效模式的不确定，使得设计研究人员难以断定不同失效模式间的相互关系。例如，转轴和轴瓦配合在工作过程中将逐渐磨损，最终导致配合失调而丧失工作能力，然而同时出现的还有其他失效模式。初始配合间隙过大，可能加速轴瓦冲击断裂的发生，间隙过小时，则可能出现两部件烧结的失效情况。对于这类配合而言，装配参数对磨损失效与其他失效模式的相关度起到一定影响作用。

C 材料性能的随机性

对于某一材料来说，在经过冶炼、轧制、铸锻造、机械加工、热处理等工艺过程之后，其机械性能指标必然出现分散性，呈现有随机变量的特性。材料学中定义的材料性能包括热学性能和力学性能，在机械产品研究中主要考虑的是力学性能，通过疲劳强度、抗拉强度、抗压强度等参数来表示。大量材料试验数据表明，金属材料的力学性能服从不同的统计分布规律：抗拉静强度服从正态分布，疲劳强度服从对数正态分布或威布尔分布，弯曲和剪切强度近似服从正态分布。系统失效的原因可以归结于施加的载荷超过构成材料所能承受的极限，材料强度的随机分布意味着机械结构抵抗载荷作用的能力的不稳定性，由此出现的失效事件具有一定随机性，模式间的相互联系、相互作用也受到材料性能不确定的影响。

3.3.4.3 多模失效相关系数的求解

在《可靠性维修性术语》(GB/T 3187—1994) 中，对失效（故障）模式的定义为：相对于给定的规定功能，故障产品的一种状态。更确切地说，失效（故障）模式一般是对产品所发生的、能被观察或测量到的非正常工作现象的规范描述。过去学者在研究机械产品可靠性时，往往只针对零部件的失效展开讨论，不涉及系统的各种失效模式。这是由于机械系统工作能力的丧失或退化与系统组件的工作环境、综合载荷、组件的装配质量、复杂程度以及各种非机械因素有关，而现有条件难以对这些失效事件的表现形式加以准确的描述。

如 "发动机异响" 和 "发动机冒白烟" 这两种失效模式，目前根本无法从系统的角度做出显式地定量表达。尤其在研究两两模式相关性时，需要建立单个失效模式的极限状态方程或功能函数表达式，尔后才能根据相关系数的定义施以解决。从现有的研究结果来看，产品的失效模式是具有层次性的，针对产品结构的不同层次，其失效模式有互为因果的关系。零部件的若干故障模式可能成为子系统失效的原因，子系统存在的失效模式同时又作用产生更高层失效。因此，对于使用过程中非人为因素引起的机械系统失效模式，可通过故障树分析（FTA）的方法，逐级向下追查到子系统级、零部件级的失效模式，并由下层零部件失效模式的相互关系代替相对应系统各失效模式间的相互关系。

机械系统由于组成零件数量多，标准化程度低，制造工艺参差不齐，工作环境复杂，承受的载荷难以事先确定等因素影响，在寿命周期内具有多种失效模式。据不完全统计显示，某型坦克的传动系统在使用过程中累计发生 40 多种失效模式，但这相对该型坦克动力、火控、操纵、行动等机械子系统的失效模式总数，仅占 5.8%。可见，如果需要在考虑所有失效模式两两相关性的基础上计算该型坦克可靠性，即使编制计算机程序进行求解也会出现无法想象的工作量。为此，有必要在不导致系统可靠度重大误差的前提下，适当调整相关系数计算过程。以下为首次提出的机械系统失效模式简化筛选原则：

（1）以串联机械系统的可靠性为主要研究对象，因此在绘制系统可靠性框图时，可以默认系统各失效模式之间为串联关系。

（2）对于正常使用状况下的机械系统，部分发生概率极低（模式的不可靠度低于要求的计算精度，如要求的精度为 0.999 时，不可靠度为 0.0001 即认为发生概率极低）的失效模式可认为系统可靠性较好，在计算时从略考虑这类失效模式，设定其失效率为 0。由于仅研究机械系统的基本可靠性模型，即使那些一旦出现即有可能影响任务完成，引发经济和安全上重大后果的小概率、高风险失效事件，简化原则亦不加以考虑。

（3）对一些能够明确地判定不存在相关性的失效模式（例如传动轴的振动失效模式与其他失效模式间不具有相关性），在计算系统相关系数时不作考虑，认为其具有相对独立性，最后与有相关性的模式按照独立假设理论进行综合计算。

（4）由同一零件相同故障原因导致的系统不同的失效模式，认为所有失效模式完全相关，即相关系数为 1，建立系统可靠性模型时根据薄弱环节理论取失效概率最高者代入计算。

（5）由于不考虑使用过程的系统固有可靠性，因此仅考虑系统使用过程出现的由产品设计和制造缺陷造成的失效模式。

经过对系统失效原因的 FTA 零部件故障定位，以及上述原则的简化与筛选过程，最终参与系统可靠度计算的失效模式数目不仅将大大减少（$j < n$，且 $j \ll m$），而且系统失效模式间的相关性分析也能够转化为相应零件主要失效模式的相关性分析，从而使得相关系数以及系统可靠度的计算成为可能（如图 3-6 所示）。

由上面的分析可以知道，求解机械系统多个失效模式相关系数的过程也就是判定对应的零件故障模式，并求解相关系数的过程。需要指出的是，虽然机械系统多失效模式相关

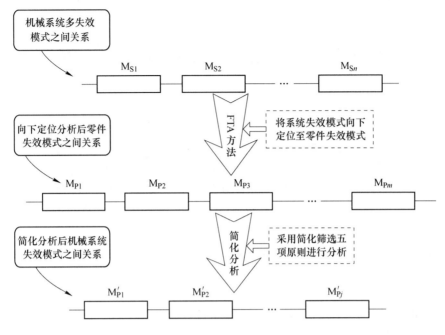

图 3-6　机械系统多失效模式简化考虑过程

系数可以经过 FTA 分析和简化筛选后，最终按零件失效相关来计算，但并不表明机械系统失效模式相关性等同于零件失效模式相关性，两者绝不能混为一谈，这是必须要加以区别和注意的。

第4章　工程装备可靠性分析

在可靠性工作中，通过数理统计与数学方法，发现产品的薄弱环节，研究导致薄弱环节的内外因，研究导致薄弱环节的机理，找出规律，提出改进措施，这些工作称为可靠性分析。系统可靠性分析是新产品开发过程中必不可少的环节，它被用来分析系统功能和组成系统其零部件之间的可靠性功能关系，找出系统失效原因的组合方式，从而可有针对性地加强和改进造成系统失效的薄弱环节，提高系统的可靠性和使用寿命。

从对工程装备可靠性设计流程中可以看出，一项新装备从立题论证开始到批量生产整个过程，贯穿整个可靠性设计工作中的最多的就是各个阶段的可靠性分析工作，只有通过可靠性分析，才能从各个阶段反映出可靠性指标的完成情况，为下一步开发提供数据和概念的支撑。总体而言，工程装备的可靠性设计工作绝大部分都是建立在可靠性分析的基础之上，运用适当的可靠性分析方法可以更好地服务于可靠性设计，其作用主要有：

（1）可靠性分析为可靠性预计与可靠性分配提供数据和方法支撑；

（2）可靠性分析为可靠性设计提供正确的理论依据和设计思想；

（3）可靠性分析为可靠性试验与可靠性鉴定提供方法依据；

（4）可靠性分析为可靠性管理提供体系与思路；

（5）可靠性分析为可靠性设计提供宝贵的数据支撑。

随着国防科技的迅速发展，工程装备的技术含量越来越高，产品结构越来越复杂，一些问题的定性特征更甚于定量特征，一些问题的度量更加困难，对可靠性设计分析技术也提出了更高的要求。工程装备是一个集机械、电子、液压等为一体的极为复杂的系统，同时它又包括诸多子系统。现今的可靠性分析方法研究，大都只针对个别独立系统采用单一的可靠性分析方法进行研究，普遍存在界线不清、概念模糊、不尽全面的问题，没有针对具体系统的全寿命周期过程形成一个有效的、系统的可靠性分析方法体系。在对工程装备进行可靠性分析时，如果只针对个别子系统来以偏概全，极易造成分析结果的不准确和资源的浪费，因此有必要根据各个子系统的特点有针对性地提出适用的可靠性分析方法，做到具体问题具体分析，以最小的资源和成本得到最精确的分析结果。

鉴于以上原因，传统可靠性设计分析技术并不能完全胜任工程装备可靠性分析工作的需要，有必要研究新的复杂系统建模与设计分析方法。为了提高工程装备的综合效能，缩短装备的研制周期，降低装备的全寿命周期费用，就需要有强有力的分析工具，把可靠性分析技术与性能分析技术真正融为一体。从工程装备功能结构分析入手，按照工程装备实现其功能的主要结构，将整机系统划分为发动机子系统、传动子系统、液压子系统、电气子系统、工作装置子系统和其他子系统，然后针对不同系统的结构特点，功能特性采用适用方法进行可靠性分析，从而为工程装备的可靠性设计提供数据和方法支撑。

4.1 传统可靠性分析方法

在人们对系统进行可靠性分析的过程中，提出了许多可靠性分析方法，它们的共同特点是根据可靠性分析结果对系统进行评价。目前，对系统进行定性分析的方法主要有：

（1）可靠性框图法（Reliability Block Diagram，RBD）；

（2）故障模式与影响分析法（Fault Modes and Effects Analysis，FMEA）；

（3）故障树分析方法（Fault Tree Analysis，FTA）；

（4）GO 法（GO methodology）；

（5）疲劳可靠性分析方法（Fatigue Reliability Analysis，FRA）。

对系统进行定量分析的方法主要有：

（1）故障树分析方法；

（2）GO 法；

（3）疲劳可靠性分析方法（Fatigue Reliability Analysis）。

4.1.1 可靠性框图法（RBD）

系统的各部分由元件、部件、组合件、单机、机组、装置、分系统构成。系统的可靠性依赖于每一部分的可靠性，也依赖于每一部分的组合方式。因此，研究系统的可靠性，一方面要研究各部分的组合方式，另一方面要研究每一部分的可靠性与整个系统可靠性的关系，即可靠性逻辑关系。常见的可靠性逻辑关系有串联连接、并联连接、混合连接、桥形连接及复杂的网络系统等。可靠性框图法就是表示这些逻辑关系的工具。建立系统可靠性框图的一般步骤如下：

（1）明确系统的正常运行状态；

（2）确定系统输入、输出和初始状态；

（3）仔细分析系统原理图、线路图所表示的各元、部件之间的相互关系及元、部件故障与系统成功的关系，建立可靠性框图；

（4）研究可靠性框图，确保图中已包含了可能导致系统成功的所有通路。根据可靠性框图可以得到各组成部分的可靠性与产品可靠性之间的关系，即数学模型，称为可靠性模型。根据它可以计算出相应的可靠性指标，例如可靠度、平均故障间隔时间、故障率等。它是分配及预计产品可靠性的基础。对于简单的系统，功能关系比较清楚，可靠性框图也容易画出，但对复杂系统要搞清其功能关系需要一定的方法和技巧。

4.1.2 故障模式与影响分析法（FMECA）

在系统设计过程中，通过对系统各组成部分的潜在的各种故障模式及其对系统功能的影响进行分析，并把每一个潜在故障模式按它的严酷程度进行分类，提出可以采取的预防措施，以提高系统的可靠性。FMEA 实施的一般流程如下：

（1）建立系统的逻辑框图，明确系统的各种功能要求；

（2）列出各组成部分的潜在的故障模式；

（3）分析各种故障模式的后果；

（4）分析故障模式可能的原因、机理及其出现的概率；

（5）分析现行的设计控制方法对防止这些原因与机理导致失效出现的有效性；

（6）确定应当采取措施的项目并提出改进措施；

（7）实施改进，评价改进措施的效果。

由以上分析可知，利用 FMEA 很容易分析系统各层次之间的因果关系，但在反映人为因素、环境因素或多种因素相互组合对系统可靠性的影响方面具有局限性，FTA 可弥补这些不足。

4.1.3　故障树分析方法（FTA）

故障树分析方法产生于 20 世纪 60 ~ 70 年代后期被发展起来，用于各种系统的可靠性、安全性分析和风险评价。它是一种自上而下逐层展开的图形演绎分析方法，是故障事件在一定条件下发生的逻辑规律。它是以系统的某一不希望发生的事件（顶事件）作为分析目标，向下逐层追查导致顶事件发生的所有可能原因，直到基本事件（底事件）。通过对可能造成系统故障的各种因素（包括硬件、软件、环境、人为因素等）进行分析，画出一种特殊的倒立树状逻辑因果关系图（即故障树）。然后确定系统故障原因的各种可能组合方式及其发生概率，计算系统的故障概率。根据计算结果采取相应的改进措施，提高系统的可靠性。

故障树实施的基本步骤如下：

（1）确定要分析的系统及其边界条件；

（2）定义不希望发生的顶事件或系统的故障状态；

（3）在单元层次上，推导这样一些故障，即只有这些故障发生时才能导致定义的不希望发生的顶事件出现；

（4）画出故障树图。

使用 FTA 方法的优点包括：

（1）它可以找出导致系统或设备出现故障的全部故障模式，还可以围绕一个或几个关键的失效模式作层层深入地分析，而且比较直观，这是它的最基本特点；

（2）由于 FTA 能指出产生系统或设备的故障模式中的各种原因中的关键原因，并做出正确的逻辑推理，因此对改进系统或设备可靠性指出了方向；

（3）FTA 是一种逻辑推理的直观图形，因此对于没有参与系统或设备设计的管理使用者和维修人员来说是一个形象化的管理、使用和维修指南；

（4）使用 FTA 通过逻辑推理图及对系统或设备故障概率的计算，不但可以对系统或设备的可靠性做出定性分析，而且还可以做出定量分析。

FTA 方法的缺点包括：

（1）FTA 方法建模人为因素影响较大，不同的人建的故障树可能会有很大差别，互相之间不易核对，并且容易发生遗漏或重复；

（2）故障树模型是分层次的逻辑图，完全不同于系统原理图，通常故障树图层次多，体积较大；

（3）FTA 方法对两状态（成功和故障）和无时序的系统的分析十分方便，但对多状态和有时序的系统则分析起来非常复杂，有时甚至无能为力。

4.1.4 GO 法

GO 法作为一种较新概念的系统可靠性分析技术，对于有多状态、有时序的系统，尤其是有实际物流如气流、液流、电流的生产过程的安全性分析更为适合。GO 法产生于 20 世纪 60 年代中期，用于解决武器系统的可靠性问题。经过长时间不断研究和发展，GO 法的功能得到进一步完善。GO 法的功能可概括为以下几方面：

（1）提供系统可靠度和可用度的精确有效的定量信息，评价系统的可靠性或可用性；

（2）分析导致系统故障的部件事件的集合，确定系统故障的最小割集；

（3）确定系统部件对系统故障的贡献，鉴别关键部件对系统性能影响的重要性，并按重要度进行分级；

（4）进行系统的不确定性分析和共因失效分析，评价系统内部部件的共因失效对系统运行的影响，确定冗余系统的安全设计准则。

与 FTA 方法相比，GO 法的优点包括：

（1）GO 图中的操作符和系统的部件几乎是一一对应的，并模拟了系统和部件的相互作用和相关性，GO 图的模拟是紧凑的，易于检查和更改；

（2）GO 法以成功为导向，直接进行系统的成功或故障概率分析，和常规的工程分析、正常的流动过程分析相类似，易于一般工程技术人员的理解和接受；

（3）GO 法不仅分析系统和部件的成功状态概率，而且分析系统和部件故障状态的概率，GO 操作符和信号流都可以表示系统的多个状态，因此 GO 法可用于有多状态的系统可靠性分析；

（4）GO 法可以描述系统和部件在各个时间点的状态和状态的变化，可用于有时序的系统的成功或故障概率分析；

（5）GO 法不只是评价导致系统故障的事件组合，而是分析系统所有可能状态的事件的组合，因此 GO 法可以求系统成功的路集和系统故障的割集。GO 法的优点也造成 GO 法使用的缺点，主要表现为：GO 操作符类型多，使用复杂；系统图建立 GO 图时，要求分析人员不仅对系统有充分的熟悉，而且对 GO 法应有足够的理解。GO 法分析系统所有可能状态的事件组合，使 GO 法程序的开发比较复杂，并且目前还没有比较完备的 GO 法软件。

4.1.5 疲劳可靠性分析（FRA）

疲劳可靠性研究旨在从经济性和维修性要求出发，在规定工作条件下、在完成规定功能下、在规定使用期间内，使结构因疲劳或断裂而失效的可能性减至最低程度。疲劳可靠性分析的内容主要包括两个方面：（1）分析和计算交变载荷作用下，在一定时期内构件或结构发生疲劳失效的概率或不因疲劳而失效的概率（即疲劳可靠度）；（2）计算在交变载荷作用下构件或结构给定可靠度下的使用期限（即可靠寿命）。由于疲劳可靠性分析时要考虑各种与疲劳有关的随机因素的影响，因此，疲劳可靠性分析无论是应力的随机性分析还是强度的随机性分析都比常规的疲劳分析方法复杂得多，特别是疲劳可靠性分析还与寿命及其概率分布有关，为了取得统计数据需要耗费大量的人力、物力，针对以上问题，现今疲劳可靠性分析大都采用有限元分析的方法，更加直观地进行疲劳可靠性分析。

综合来说，有限元法的优点是显而易见的：

（1）整个系统离散为有限个单元，并将整个系统的方程转换成一组线性联立方程，从而可以用多种方法对其求解。

（2）边界条件不进入单个有限单元的方程，而是在得到整体代数方程后再引入边界条件，这样，内部和边界上的单元都能够采用相同的场变量模型。而且，当边界条件改变时，内部场变量模型不需要改变。

（3）有限元法考虑了物体的多维连续性，不仅在离散过程中把物体看成是连续的，而且不需要用根本的插值过程把近似解推广到连续体中的每一点。

（4）有限元法不需要适用于整个物体的插值函数，而只需要对每个子域单元采用各自的插值函数要用分别的插值过程把近似解推广到连续体中的每一点。

（5）该方法能够很容易求解非均匀连续介质，而其他方法处理非均匀性则很困难。

（6）适用于线性或者非线性场合。

（7）该方法能够在不同层面上得到阐述或理解，对有较深数学知识的人来说，完全可以用数学语言来描述，并获得严格推理，而对于一般工科学生来说，可以只从物理层面上得到理解。

但是有限元法也有其不足，最主要体现在应用上：

（1）有限元计算，尤其是在对复杂问题的分析上，所耗费的计算资源是相当惊人的，计算资源包括计算时间、内存和磁盘空间。

（2）对无限区域问题，有限元法较难处理尽管现在的有限元软件提供了自动划分网格的技术，但到底采用什么样的单元，网格的密度多大才合适等问题完全依赖于经验。

（3）有限元分析所得结果并不是计算机辅助工程的全部，而且一个完整的机械设计不能单独使用有限元分析完成，必须结合其他分析和工程实践来完成整个工程设计。

（4）由于有限单元法具有牢固的理论基础，是一个广泛的数值分析工具，非常适合于分析计算复杂形状的零部件的受力变形问题。

通过以上分析，可以看出，每种可靠性分析方法的目的都是为了提高系统的可靠度，但分析的过程和所消耗的资源是不一样的，现今的可靠性分析方法研究，只是针对个别独立系统采用单一的可靠性分析方法进行研究，而现今的可靠性分析方法大都存在界线不清、概念模糊、不尽全面的问题，没有一个形成有效的、系统的可靠性分析方法体系，在对大型复杂系统进行可靠性分析时，由于大多数复杂系统往往存在各个独立的小系统，每个独立系统的结构组成以及功能又有所不同，如果只针对个别小系统来以偏概全，极易造成分析结果的不准确和资源的浪费。非常有必要就某一复杂系统有针对性地提出可靠性分析方法体系，做到具体问题具体分析，以最小的资源和成本得到最精确的分析结果。

4.2　工程装备组成结构及功能分析

4.2.1　功能分析

现代野战条件下，工程装备遂行保障机动作业具有多样性需求，以军用工程机械完成野战条件下道路保障为例，推土、铲运、装载和压实等主要作业方式，都是以机械行走部分的牵引力以及车辆自重作为完成作业的重要条件，作业原理基本一致，具有统一的主导性结构参数，而各型工程装备在工作方式上有其个性化的功能需求，对于工程装备的通用功能需求和个性化功能需求总结见表4-1。

表4-1 工程装备的通用功能与个性化功能需求

通用功能需求	个性化功能需求
1. 具有较大功率（动力源）； 2. 传递动力效率高； 3. 机动速度高； 4. 操纵车辆舒适、方便、灵活（起动、换挡、变速）； 5. 制动效果好； 6. 转向、高速行驶车辆稳定； 7. 作业效率高； 8. 能倒退行驶； 9. 零部件具有很强生产与保障通用性； ⋮	推土平路功能：具有推土功能的工具，推土过程中能升降该工具，调整工具倾角
	铲装运载功能：具有铲装功能的工具，铲土过程中能升降工具，装载时能倾倒土石；运输过程中能保持工具不倾翻
	压实路面功能：压实效果好，压实效率高； 行驶时车辆具有滚动支撑功能，工作时能转换为压路工具功能
	⋮

根据通用功能需求与个性化功能需求对应的细分装备定义见表4-2，这里只定义三种细分装备，可以扩展。

表4-2 工程装备细分装备定义

工程装备		主要作业功能与实现任务
军用工程机械	推土机	作业功能：推土、平路及松土； 实现任务：用于构筑、抢修军用道路和坦克、火炮等技术兵器掩体
	装载机	作业功能：铲土、装载、运载及抓取； 实现任务：用于构筑、抢修道路和野战工事中的装载作业
	压路机	作业功能：快速压实抢修的军用道路； 实现任务：在构筑道路等工程中进行压实作业
渡河桥梁装备	…	…
	…	…
	…	…
⋮	⋮	⋮

4.2.2 功能建模

4.2.2.1 功能分解

根据 4.2.1 节对工程装备的功能分析，对各细分装备进行功能建模，并建立工程装备统一功能模型。

首先对装载机进行功能分解。根据对装载机需要的总功能是"铲装运载"，对装载机进行功能分解，如图 4-1 所示。总功能被划分为以下八个一阶子功能，即：

（1）提供动力，即随时随地为车辆行驶和作业提供足够功率的动力以驱动车辆行驶和作业，并具有起动、停止、调整和输出动力功能。

（2）车辆推进，即将动力通过一定形式传递或转化，能驱动车轮转动以推进车辆行驶，并具有能改变、切断和结合输入转速和转矩的功能，以满足不同的行驶和作业要求。

（3）车辆制动，即将动力通过一定形式传递或转化，能阻止车轮转动以制止车辆行驶。并具有能改变、切断和结合该制动动力的功能，以满足不同的行驶和作业要求。

（4）车辆转向，即将动力通过一定形式传递或转化，能使车辆的前后车架绕铰接点转动以使车辆行驶方向转变，并具有改变该转动角度的功能，以满足不同的行驶和作业要求。

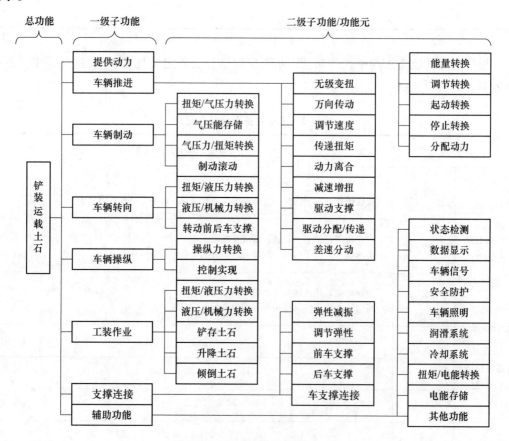

图 4-1 装载机功能分解图

（5）工装作业，即将动力通过一定形式传递或转化，能使工作装置完成所需的功能，如实现铲装、升降、倾倒铲土的功能。

（6）车辆操纵，即将人的操纵力转化为操纵或控制信号（信号可以是多种形式），实现对动力的起停与调整、车辆推进动力的改变与离合、车辆制动动力的改变与离合、车辆转向的角度、工作装置作业的各种功能的操纵与控制。

（7）支撑连接，即具有滚动支撑功能以实现车辆行驶；具有前后桥支撑功能以实现车辆的平衡负载；具有弹性支撑功能以实现弹性减振，同时要求其可调以适应不同的行驶与作业要求；具有连接车辆各结构部件功能，以实现整机共同发挥系统功能。

（8）辅助功能，即除上述基本功能以外的辅助功能，如照明、信号、润滑、冷却、防护以及其他功能。

一级子功能的定义多数还比较抽象，偏重于概念上的手段功能。由此出发，根据"用什么办法实现"形成下位手段功能，从而分解为二级子功能。从对现有工程装备分析来看，实现二级子功能的大多数技术方案已基本形成。因此，二级子功能可以作为功能分解的截止点，将其定义为功能元。

按照上述方法将推土机、压路机的总功能进行分解，具体分解过程与装载机类似，分解结果如图4-2和图4-3所示。

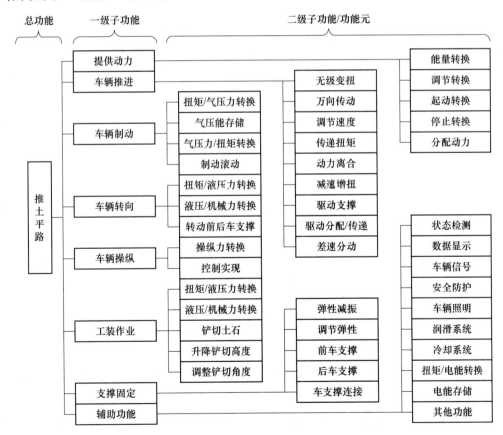

图 4-2　推土机功能分解图

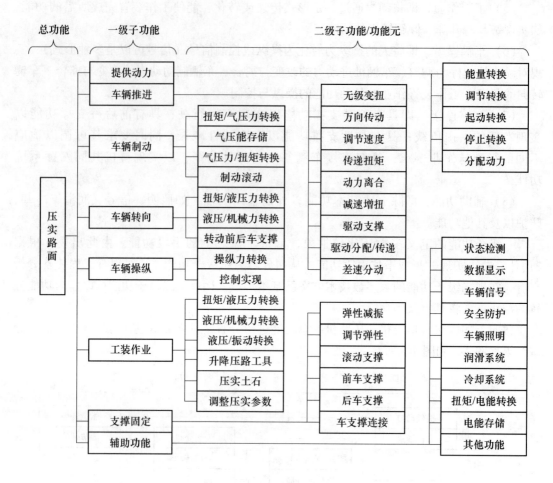

图 4-3 压路机功能分解图

4.2.2.2 创建功能结构图

在功能分解的基础上，创建各细分装备的功能结构图，分别如图 4-4 ~ 图 4-6 所示。最后综合形成工程装备功能结构图，如图 4-7 所示。

4.2.3 组成结构分析

从 4.2.1 节的工程装备的功能分析可知，将工程装备作为一个系统实现其任务功能，都是以机械行走部分的牵引力以及车辆自重作为完成作业的重要条件，作业原理基本一致，具有统一的主导性结构参数，而各型工程装备在工作装置上有其个性化的功能需求。因此，根据工程装备实现其功能的主要结构，将整机系统划分为发动机子系统、传动子系统、液压子系统、电气子系统、工作装置子系统和其他子系统（见图 4-8），并根据不同系统的结构特点、功能特性采用适用可靠性分析方法进行可靠性分析。

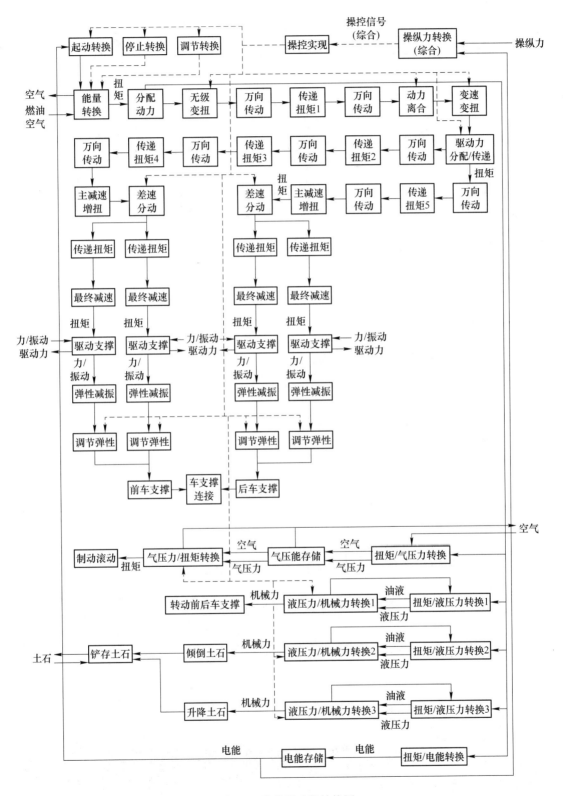

图 4-4 装载机功能结构图

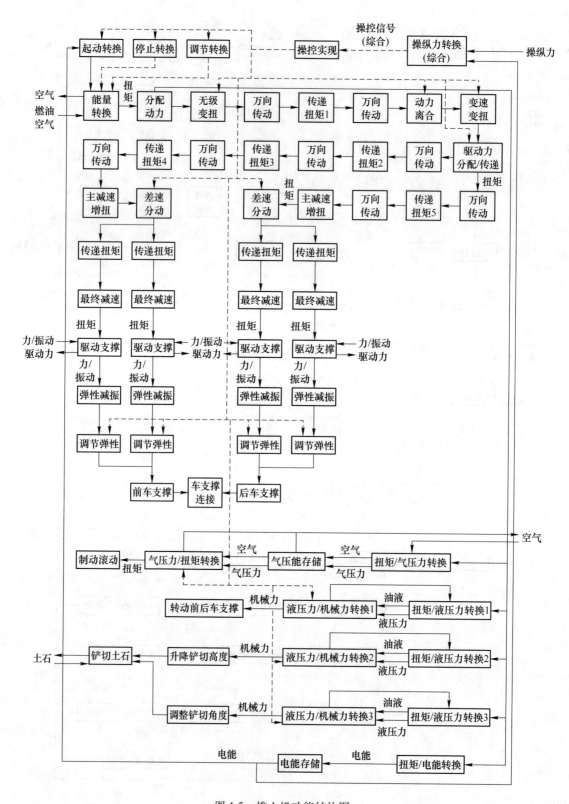

图 4-5 推土机功能结构图

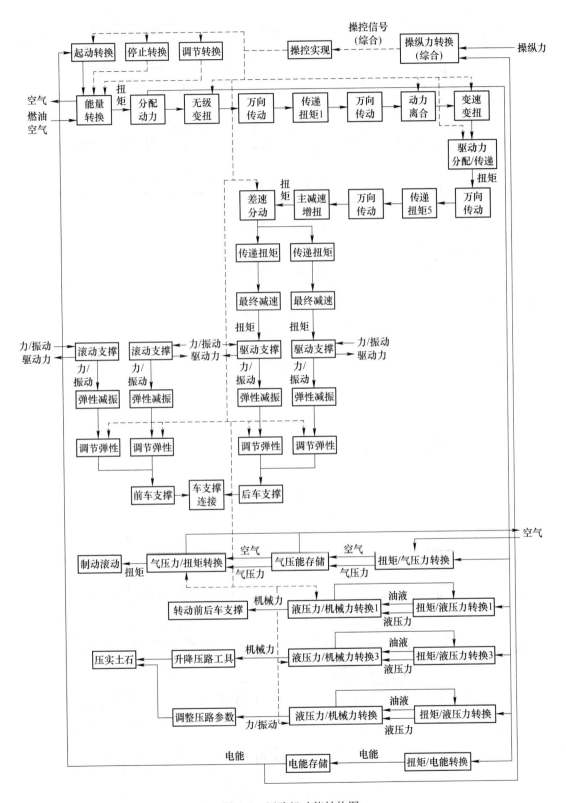

图 4-6 压路机功能结构图

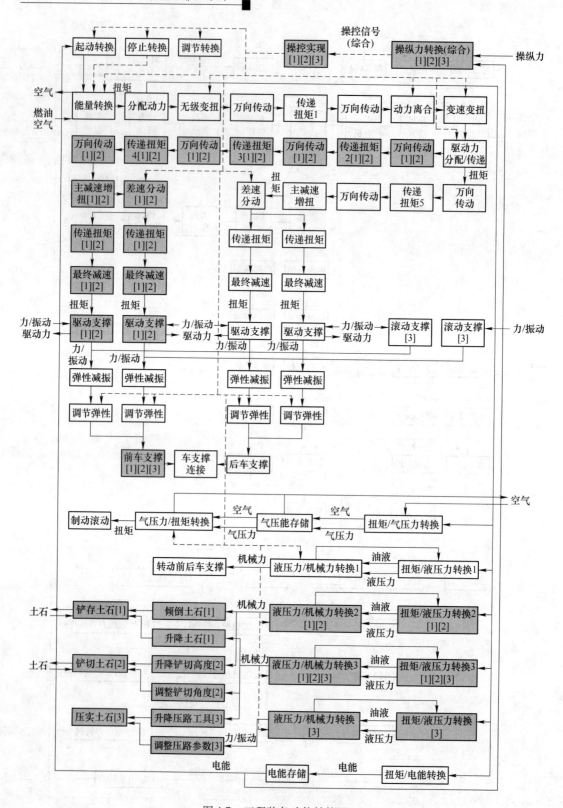

图 4-7 工程装备功能结构图

[1] 装载机；[2] 推土机；[3] 压路机

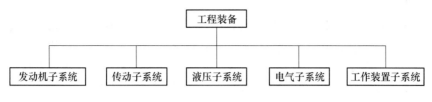

图 4-8　工程装备系统划分

4.3　工程装备整机系统的可靠性分析

工程装备不仅要具备良好的作业效能，还要有较好的机动能力和完成多样化任务的能力，即前文所说的基本可靠性和任务可靠性。基本可靠性与规定的条件有关，即与产品所处的环境条件、应力条件、寿命周期有关。如工程装备系统的基本可靠性反映了整机系统及其子系统可能发生的故障引起的维修及保障要求。任务可靠性是产品在规定的任务剖面和时间内，完成规定功能的能力。任务可靠性能力模型用以估计产品在执行任务过程中完成规定功能的概率，描述完成任务过程中产品各个单元预定作用，度量工作有效性。因此工程装备整机系统可靠性分析可以分为基本可靠性分析与任务可靠性分析。这里以郑州宇通重工生产并装备部队的某型装载机（简称军用装载机）为例，首先分析军用装载机的系统组成和结构，分别建立基本与任务可靠性框图，然后将模糊数学理论与可靠性理论相结合，研究基于专家经验的系统可靠性模糊评价方法，探讨了综合评分的模糊方法，最后从基本可靠性和任务可靠性两方面对军用装载机整机系统进行模糊分析与评价。

4.3.1　可靠性框图的建立

4.3.1.1　军用装载机的系统组成和功能

A　柴油发动机

军用装载机采用的发动机为康明斯 M11 – C225 型直列六缸增压中冷四冲程柴油机。

B　传动系统

军用装载机行走部分为液力机械传动，主要由液力变矩器、变速箱、传动轴、驱动桥、轮边减速器等部件组成。传动系统的主要作用是将发动机的动力传递给车轮，使装载机前进后退、改变行驶速度和牵引力。

C　液压系统

军用装载机的液压系统用于控制铲斗的动作。它的主要组成组件包括：双向泵（主泵和辅助泵）、分配阀、流量转换阀、双作用安全阀、动臂油缸、转斗油缸、油箱、油管等。

D　电气系统

军用装载机全车电气设备主要由电源系统、电起动系统、照明与信号系统、电子监测仪表系统、保护报警系统、电液操纵控制系统、空调系统、雨刮系统与辅助系统组成。电气系统额定电压 24V，单线制、负极搭铁，所有的电器设备均为并联连接。

E 工作装置

军用装载机采用双摇臂反转四连杆机构。其工作机构主要由铲斗、动臂、连杆、上下摇臂、转斗缸、举升缸、液压系统等组成。各构件之间由铰销连接，有相对转动。动臂上铰点铰接装载机前车架，提供举升动力，中部铰点与举臂油缸铰接，摇臂上铰点与翻斗油缸铰接，提供铲斗翻转动力，如图 4-9 所示。

图 4-9 某型军用装载机

4.3.1.2 基本可靠性模型的建立

由串、并联定义可知，军用装载机的基本可靠性模型是一个串联模型。图 4-10 为军用装载机系统基本可靠性模型。

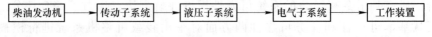

图 4-10 装载机基本可靠性模型

数学模型为：

$$R_a = R_1 R_2 R_3 R_4 R_5 = \prod_{i=1}^{5} R_i \qquad (4-1)$$

式中，R_a 为系统的可靠度；R_1、R_2、R_3、R_4、R_5 为各子系统的可靠度。

4.3.1.3 任务可靠性模型的建立

由于任务可靠性模型是用来估计系统在执行任务过程中完成规定功能的能力，任务可靠性强调规定的任务剖面和完成任务的能力，因此，在进行任务可靠性分析时，要根据具体的任务剖面来进行分析，以军用装载机在完成制动任务时为例，绘制其任务可靠性框图如图 4-11 所示。

军用装载机制动系统采用双管路气顶油四轮固定钳盘式制动，制动过程如下：由发动机带动的空气压缩机排出的压缩空气经卸荷阀后向两个储气筒充气，从储气筒出来的气体分别通过双腔气制动总阀的两个进气口进入Ⅰ腔和Ⅱ腔。制动时，踩下制动踏板，由气制动总阀出来的两路气体分别通前后加力器，加力器排出高压制动液，通过管路充入轮边制动器的分泵，推动活塞将摩擦片与制动盘压紧而实施制动，另外通往后加力器的压缩空气中分出一路去变速器切断阀，使变速器脱挡，切断动力。

由图 4-11 可知，军用装载机行走制动系统是一个串并联混合的系统，它的数学模型为：

$$R_0 = R_1 R_2 R_3 R_{10} R_{11} \left[1 - (1 - R_4 R_6 R_8)(1 - R_5 R_7 R_9) \right] \tag{4-2}$$

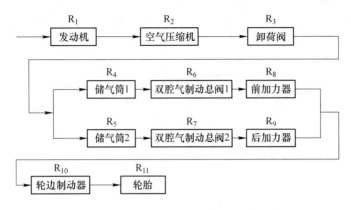

图 4-11 军用装载机行走制动任务可靠性框图

4.3.2 基于模糊数学理论的可靠性分析

模糊数学理论产生于 1965 年，由美国控制论专家 LA. Zadeh 创立，从而把数学的应用范围从精确定义的"非此即彼"的清晰现象扩大到"亦此亦彼"的模糊现象，由此产生了一系列的工程应用学科：模糊控制及应用、模糊专家系统、模糊机器人及模糊计算机、模糊模式识别与模糊故障诊断等。这些方面有些已取得了显著成效，有的更是当前热门的研究课题。

把模糊数学和可靠性理论相结合的模糊可靠性设计研究起源于 20 世纪 80 年代，目前仍是研究的热门课题。模糊可靠性设计要从理论走向实用，首先必须解决好如何将模糊数学和可靠性理论相结合的难题。常规可靠性理论的应力强度干涉模型是其核心内容，但该模型难以解决设计中普遍存在的模糊现象。模糊可靠性理论主要研究内容是在常规可靠性理论的基础上，将模糊数学方法与随机方法结合起来，研究具有模糊现象或随机现象的零部件和系统的设计方法的一门学科。模糊可靠性分析方法是系统中存在不容忽视的模糊现象时，对常规可靠性分析方法的一个有益的补充，它将为常规可靠性分析处理模糊现象提供又一途径。本节运用模糊数学方法，针对不同的任务模式，对军用装载机进行模糊可靠性分析，为工程装备的可靠性分析提供了一种新的方法。

4.3.2.1 系统可靠性的模糊分析与模糊评价方法

A 模糊系统可靠性分析

以模糊数来表示系统单元的可靠度，则系统的可靠度为：

$$\tilde{R} = \tilde{R}_1 \times \tilde{R}_2 \times \cdots \times \tilde{R}_n = \prod_{i=1}^{n} \tilde{R}_i \tag{4-3}$$

式中，$\tilde{R}_i$ 为第 i 个系统单元的模糊可靠度；n 为单元个数；$\tilde{R}$ 为系统模糊可靠度。

当已知并联系统各单元的模糊可靠度时，如果为并联系统时，模糊可靠度为：

$$\tilde{R} = 1(-) \prod_{i=1}^{n} (1 - (-) \tilde{R}_i) \tag{4-4}$$

B　系统可靠性的模糊评价

人类思维和决策过程具有一定的客观模糊特性，如果要全面进行系统的综合评价，就必须利用模糊数学的方法。在分析系统功能时，可将系统完成规定功能的能力分为若干离散状态，由此可得到系统可靠评价的评语集。

$$V = \{好, 较好, 一般, 较差, 差\} = \{V_1, V_2, V_3, V_4, V_5\}$$

可采用专家调查法得到系统可靠性属于评语 V_i 的隶属度 μ_i。

设评语 $V_i(i = 1, 2, \cdots, 5)$ 为论域 U 上的模糊子集，它表明系统完成规定功能的程度，其中 U 为系统完成规定功能的论域。若系统以评语 V_i 完成规定功能的概率为 P_i，则系统完成规定功能的可靠度为：

$$R = \sum_{i=1}^{5} u_i \times p_i \tag{4-5}$$

若系统以评语 V_i 完成规定功能的概率为模糊数，则系统完成规定功能的可靠度为事件的模糊概率，即：

$$\tilde{R} = \sum_{i=1}^{5} u_i \times \tilde{p}_i \tag{4-6}$$

C　确定综合评分数的模糊方法

a　确定因素集

影响军用装载机可靠性综合评分的因素很多，这里考虑技术水平 a_1、重要程度 a_2、复杂程度 a_3、环境条件 a_4 等四个因素，记为：$a = (a_1, a_2, a_3, a_4)$。

b　确定因素的权重集

在这采用专家打分统计方法建立各因素间的权重分配，记为：$d = (d_1, d_2, \cdots, d_n)$，且满足：$\sum_{i=1}^{n} d_i = 1, d_i > 0$。

c　建立模糊关系矩阵

因素集各因素所处的状态，可用"高、较高、一般、较低"，"好、较好、一般、较差、差"，或其他离散等级表示。各因素的等级集记为 $v_i = (v_{i1}, v_{i2}, \cdots, v_{in})(i = 1, 2, \cdots, n)$，每个等级都有一个相对隶属度，其取值由各因素对综合评分数的权重确定。所有等级的相对隶属度组成一个集合，可记为：

$$S = (s_1, s_2, s_3, s_4, s_5) = (0.2, 0.4, 0.6, 0.8, 1)$$

与集合 S 中各隶属度对应的各因素的等级排列见表 4-3。

表 4-3　因素等级

因素	相对隶属度				
	0.2	0.4	0.6	0.8	1
技术水平	高	较高	一般	较低	低

因素	相对隶属度				
	0.2	0.4	0.6	0.8	1
重要程度	重要	较重要	一般	不太重要	不重要
复杂程度	低	较低	一般	较高	高
环境条件	好	较好	一般	较差	差

对任一因素 $a_i(i=1,2,3,4)$，采用专家评分法，获得对因素 a_i 的评价。在应用中，应归一化处理专家评分，其结果为：

$$r_i = (r_{i1}, r_{i2}, r_{i3}, r_{i4}, r_{i5})$$

对单元所有因素评价后就可获得模糊关系矩阵，记为：

$$\tilde{R} = (r_1, r_2, r_3, r_4)^\mathrm{T} = \begin{bmatrix} r_{11} & r_{12} & r_{13} & r_{14} & r_{15} \\ r_{21} & r_{22} & r_{23} & r_{24} & r_{25} \\ r_{31} & r_{32} & r_{33} & r_{34} & r_{35} \\ r_{41} & r_{42} & r_{43} & r_{44} & r_{45} \end{bmatrix} \tag{4-7}$$

式中，r_{ij} 为因素 a_i 与因素等级 v_{ij} 之间模糊关系等级，即隶属度。

d 确定单元综合评分数

模糊综合评判模型为：

$$\tilde{B} = \tilde{d} \cdot \tilde{R} = (b_1, b_2, b_3, b_4) \tag{4-8}$$

若用实数加乘法计算模型 $M(\cdot, +)$ 计算，则有：

$$b_i = \sum_{j=1}^4 d_j \times r_{ji} \quad (i = 1, 2, 3, \cdots, n) \tag{4-9}$$

式（4-10）为单元的综合评分数的计算公式：

$$\omega = \tilde{B}\tilde{S}^\mathrm{T} \tag{4-10}$$

在各单元的综合评分数 $\omega_i(i=1,2,\cdots,n)$ 确定后，就可对系统的可靠性进行计算和评价。

4.3.2.2 实例分析

A 系统基本可靠性的模糊分析

如图4-8所示，军用装载机系统可分为发动机系统、液压系统、传动系统、工作装置、电气系统以及其他系统，各系统之间成串联分布。当系统单元的可靠度以模糊数学表示时，其可靠度为：

$$\tilde{R} = \tilde{R}_1 \times \tilde{R}_2 \times \cdots \times \tilde{R}_n = \prod \tilde{R}_i \tag{4-11}$$

式中，$\tilde{R}_i$ 为第 i 个系统单元的可靠度，为一模糊数，可表示为 $\tilde{R}_i = (m_i - \alpha_i, m_i, m_i + \beta_i)$；

n 为一共有子系统数量；$\tilde{R}$ 为系统的模糊可靠度。可得到军用装载机的基本模糊可靠度为：

$$\tilde{R} = (m_1 - \alpha_1, m_1, m_1 + \beta_1) \times (m_2 - \alpha_2, m_2, m_2 + \beta_2) \times \cdots \times (m_n - \alpha_n, m_n, m_n + \beta_n)$$

$$= \left[\prod_1^n (m_i - \alpha_i), \prod_1^n (m_i), \prod_1^n (m_i + \beta_i) \right] \tag{4-12}$$

设已知军用装载机发动机系统可靠度 R_1 为 0.96，液压系统可靠度为 0.97，传到系统可靠度为 0.96，工作装载系统可靠度为 0.98，电气系统可靠度为 0.98，其他子系统可靠度为 0.97，取 $\alpha = \beta = 0.00556m$，则各子系统的模糊可靠度为：

$$\tilde{R}_1 = (0.954, 0.96, 0.996), \tilde{R}_2 = (0.964, 0.97, 0.976), \tilde{R}_3 = (0.954, 0.96, 0.956)$$

$$\tilde{R}_4 = (0.974, 0.98, 0.986), \tilde{R}_5 = (0.974, 0.98, 0.986), \tilde{R}_6 = (0.964, 0.97, 0.976)$$

则军用装载机系统的模糊可靠度为：

$$\tilde{R} = \tilde{R}_1 \times \tilde{R}_2 \times \cdots \times \tilde{R}_6 = (0.8024, 0.8328, 0.9187)$$

B　系统任务可靠性模糊分析

任务可靠性模型是用来估计系统在执行任务过程中，完成其规定功能的能力。军用装载机区别于民用装载机就在于其不仅要具备良好的挖掘作业效能，还要有较好的机动能力和完成多样化任务的能力。其任务可靠性模糊分析如下：

a　军用装载机任务剖面分析

参考工兵团军用装载机使用情况，其任务剖面可分为：（1）机动任务剖面；（2）训练任务剖面；（3）作业任务剖面。

b　军用装载机任务可靠性的模糊分析与评价

军用装载机任务可靠性结果具有一定的模糊性，因此本小节采用模糊数学的方法来加以评定，由 4.3.2.1 节中对评语集的定义与阐述，可得到军用装载机的模糊评语集为：$V = \{好, 较好, 一般, 较差, 差\} = \{V_1, V_2, V_3, V_4, V_5\}$。系统的隶属度 u_1 主要是由专家经验确定。

由于军用装载机系统的设计要满足多种工程任务需求，即其功能包括 $\{f_1, f_2, \cdots, f_m (j = 1, 2, \cdots, m)\}$，且第 j 项任务的权重数为 ω_j，并满足 $\sum\limits_{j=1}^{m} \omega_j = 1$，则军用装载机系统的综合任务可靠度为：

$$\tilde{R} = \sum_{j=1}^{m} \omega_j \times \left(\sum_{i=1}^{5} u_{ji} \times \tilde{P}_{ji} \right) \tag{4-13}$$

由工兵团任务可知，装载机任务剖面主要有机动任务 f_1、驾驶训练任务 f_2、挖掘装载任务 f_3、短距离搬运任务 f_4、特殊作业任务 f_5 等。根据某工兵团平均年度使用军用装载机完成任务情况确定对应任务权重数 $\omega_j = \{0.15, 0.25, 0.4, 0.15, 0.05\}$。

根据部队调研与专家的评分结果，军用装载机完成其所规定任务的评语 V_i 中各项内容所对应的隶属度 μ_i 可表示为：

$$u_{f1} = (0.85, 0.90, 0.65, 0.40, 0), u_{f2} = (0.90, 0.85, 0.60, 0, 0)$$

$$u_{f3} = (0.40, 0.65, 0.85, 0.40, 0), u_{f5} = (0.30, 0.60, 0.90, 0.25, 0.10)$$

$$u_{f6} = (0.65, 0.85, 0.95, 0.85, 0.35)$$

评语 V_i 完成规定任务的模糊概率可为:

$$P_{f1} = (0.3, 0.5, 0.1, 0.08, 0.02), P_{f2} = (0.4, 0.3, 0.2, 0.1, 0)$$

$$P_{f3} = (0.3, 0.45, 0.15, 0.1, 0), \quad P_{f4} = (0.2, 0.3, 0.4, 0.06, 0.04)$$

$$P_{f5} = (0.1, 0.3, 0.5, 0.1, 0)$$

对第一任务,评语 V_i 完成规定任务的模糊概率以模糊数表示,取 $\alpha = \beta = 0.0556m$,由式(4-6)求得各单项任务的模糊可靠度为:

$$\tilde{R}_1 = (0.7529, 0.8085, 0.8641), \tilde{R}_2 = (0.6794, 0.7350, 0.7906)$$

$$\tilde{R}_3 = (0.5524, 0.5800, 0.6356), \tilde{R}_4 = (0.5634, 0.6190, 0.6746)$$

$$\tilde{R}_5 = (0.8424, 0.8800, 0.9356)$$

再根据式(4-13)求得军用装载机综合可靠度为:

$$\tilde{R} = \sum_{j=1}^{m} \omega_j \times \left(\sum_{i=1}^{5} u_{ji} \times \tilde{P}_{ji} \right) = (0.6183, 0.6739, 0.7259)$$

4.4 发动机子系统的可靠性分析

根据相关实验数据,发动机子系统与传动子系统的故障数占总故障数比例分别为 23.07% 和 20.09%,所占故障比例相对其他子系统故障比率较大;同时发动机与传动子系统结构复杂,零部件众多,系统故障既有"纵向性",又有"横向性",对其进行可靠性分析时,很难做到精确化。近期针对这两个系统的可靠性分析的研究,大多采用故障树(FTA)的方法,即通过建立直观的发动机故障树,在有限数据和计算机的支持下,进行可靠性分析。

但是传统故障树方法是基于经典概率统计方法进行分析的,即各个底事件的失效率需要基于大样本数据的概率模型和统计方法,而随着发动机子系统和传动子系统结构越来越复杂,各部件的故障概率很难精确量化,经常出现可靠性数据严重短缺问题,无法获取统计需要的充足数据;另一方面,工程装备工作时由于受环境应力、随机干扰和时间应力等因素的影响,使得系统除了正常和失效两种状态,还会出现大量的"失常态",如间歇态、瞬态效应等,即零部件的失效行为常含有大量随机性、模糊性和不确定性因素。因此,基于概率论的传统 FTA 模型无法对系统进行有效分析。模糊 FTA 模型用模糊数代替精确概率,虽较好地解决了传统 FTA 模型的概率假设问题,但没有解决二态假设问题。而 Pawlak 教授提出的 Vague 集通过其隶属函数表示对一个对象的支持度、反对度和未知度 3 种信息,为不确定性数据的表达和分析提供了有效手段,目前已在国外被成功地应用于决策分析及故障诊断等领域,取得了较好的效果。将 Vague 集理论引入到发动机子系统可靠性分析中,用定义在 [0, 1] 上的三角形 Vague 集来刻画底事件的正常态、失效态和失常态行为,从而建立了一种 Vague 故障树分析(Vague Fault Tree Analysis, VFTA)模型。通过实例分析,证明了该方法比其他故障树方法更具有灵活性与适用性,对于工程装备的发动机子系统和传动子系统的可靠性分析与设计,此方法具有更重要的实用价值。

4.4.1   Vague 故障树模型

4.4.1.1   Vague 集定义

定义 1   设论域 $X = \{x_1, x_2, \cdots, x_n\}$，$X$ 上 Vague 集 A 由真隶属函数 t_A 和假隶属函数 f_A 来描述：

$$t_A: X \rightarrow [0,1], f_A: X \rightarrow [0,1]$$

其中，$t_A(x_i)$ 是由支持 x_i 的证据所导出的肯定隶属度的下界；$f_A(x_i)$ 是由反对 x_i 的证据所导出的否定隶属度的下界；$t_A(x_i) + f_A(x_i) \leqslant l$。元素 x_i 在 Vague 集 A 中的隶属度被区间 $[0, 1]$ 上的子区间 $[t_A(x_i), 1 - f_A(x_i)]$ 所界定，称该区间为 x_i 在 A 中的 Vague 值，记为 $v_A(x_i)$。

对 $\forall x \in X$，称 $\pi_A(x) = 1 - t_A(x_i) - f_A(x_i)$ 为 x 相对于 Vague 集 A 的 Vague 度，它刻画了 x 相对于 Vague 集 A 的踌躇程度，是 x 相对于 A 的未知信息的一种度量。

4.4.1.2   Vague 模糊算子

在传统 FTA 模型中，与/或门算子分别为：

$$q_{AND} = \prod_{i=1}^{n} q_{ANDi} \tag{4-14}$$

$$q_{OR} = 1 - \prod_{i=1}^{m} (1 - q_{ORi}) \tag{4-15}$$

其中，q_{ANDi} 为该与门所含事件 i 发生的概率；q_{ORi} 为该或门所含事件 i 发生的概率；n 为该与、或门所含事件的个数。类似地，在 Vague 故障树模型中，事件 i 的发生概率 X_i 用三角形 Vague 集来表示为 $X_i = \{[(a'_1, b_1, c'_1); \mu_1], [(a_1, b_1, c_1); \mu_2]\}$，提出将与门模糊算子分为最大与门算子 $\tilde{q}_{ANDmax}$（该与门所含事件 i 发生的最大概率）和最小与门算子 $\tilde{q}_{ANDmin}$（该与门所含事件 i 发生的最小概率）如式（4-16）和式（4-17）所示，或门算子如式（4-18）所示，此时可计算出顶事件的发生概率上限值与下限值，从而使系统的模糊不可靠度的结果更准确。

$$\tilde{q}_{ANDmax} = \left\{ \left[\left(\prod_{i=1}^{n} a'_{ANDi}, \prod_{i=1}^{n} b_{ANDi}, \prod_{i=1}^{n} c'_{ANDi} \right); \min(\mu^1_{AND1}, \mu^1_{AND2}, \cdots, \mu^1_{ANDn}) \right], \right.$$
$$\left. \left[\left(\prod_{i=1}^{n} a_{ANDi}, \prod_{i=1}^{n} b_{ANDi}, \prod_{i=1}^{n} c_{ANDi} \right); \max(\mu^2_{AND1}, \mu^2_{AND2}, \cdots, \mu^2_{ANDn}) \right] \right\} \tag{4-16}$$

$$\tilde{q}_{ANDmin} = \left\{ \left[(\min(a'_1, a'_2, \cdots, a'_n), \min(b_1, b_2, \cdots, b_n), \min(c'_1, c'_2, \cdots, c'_n)); \right. \right.$$
$$\max(\mu^1_{AND1}, \mu^1_{AND2}, \cdots, \mu^1_{ANDn})], [(\min(a_1, a_2, \cdots, a_n), \min(b_1, b_2, \cdots, b_n),$$
$$\left. \min(c_1, c_2, \cdots, c_n)); \max(\mu^2_{AND1}, \mu^2_{AND2}, \cdots, \mu^2_{ANDn})] \right\} \tag{4-17}$$

$$\tilde{q}_{OR} = 1 - \prod_{i=1}^{m} (1 - \tilde{q}_i) = 1 - (1 - \tilde{q}_1) \times (1 - \tilde{q}_2) \times \cdots \times (1 - \tilde{q}_m)$$

$$= 1 - \left\{ \left[\left(\prod_{i=1}^{m} (1 - a'_{ORi}), \prod_{i=1}^{m} (1 - b_{ORi}), \prod_{i=1}^{m} (1 - c'_{ORi}) \right); \min(\mu^1_{OR1}, \mu^1_{OR2}, \cdots, \mu^1_{ORm}) \right], \right.$$

$$\left[\left(\prod_{i=1}^{m}(1-a_{\mathrm{OR}i}),\prod_{i=1}^{m}(1-b_{\mathrm{OR}i}),\prod_{i=1}^{m}(1-c_{\mathrm{OR}i})\right);\min(\mu_{\mathrm{OR}1}^{2},\mu_{\mathrm{OR}2}^{2},\cdots,\mu_{\mathrm{OR}m}^{2})\right]\right\}\quad(4\text{-}18)$$

4.4.1.3 模糊重要度分析

定义 2 设 $\tilde{F}_{\mathrm{Top}}$ 为 Vague 故障树顶事件的模糊发生概率，$\tilde{F}_i$ 为 Vague 故障树中删除底事件 i 后计算得到的顶事件的模糊发生概率，则底事件 X_i 的模糊重要度 FI_i 定义为：

$$FI_i=(a_{\mathrm{Top}}'-a_i')+(a_{\mathrm{Top}}-a_i)+(b_{\mathrm{Top}}-b_i)+(c_{\mathrm{Top}}-c_i)+(c_{\mathrm{Top}}'-c_i')\quad(4\text{-}19)$$

其中，$\tilde{F}_i=\{[(a_i',b_i,c_i');\mu_i^1],[(a_i,b_i,c_i);\mu_i^2]\}$；$\tilde{F}_{\mathrm{Top}}=\{[(a_{\mathrm{Top}}',b_{\mathrm{Top}},c_{\mathrm{Top}}');\mu_{\mathrm{Top}}^1],[(a_{\mathrm{Top}},b_{\mathrm{Top}},c_{\mathrm{Top}});\mu_{\mathrm{Top}}^2]\}$。

若 $FI_i>FI_j$，则说明底事件 X_i 对顶事件的影响大于底事件 X_j 对顶事件的影响。因此，要提高系统的可靠性，首先应考虑改进底事件 X_i。

4.4.1.4 发动机系统层次分类模型

发动机系统是一个多子系统多零部件的复杂系统。只有将发动机系统分解成若干个相对独立的子系统，才能更好地分析和建立 Vague 故障树。这里以康明斯 M11-C225 型直列六缸增压中冷四冲程柴油发动机作为研究对象，按故障分解和结构分解相结合的方式对发动机系统进行分解，系统层次分类模型如图 4-12 所示。该模型总共分为 4 层。顶层为发动机故障现象，即主系统。第二层为发动机的 7 个子系统，分别为机体及曲柄连杆机构、配气机构、进排气系统、冷却系统、润滑系统、燃油供给系统和起动系统，即结构功能层。第三层为各

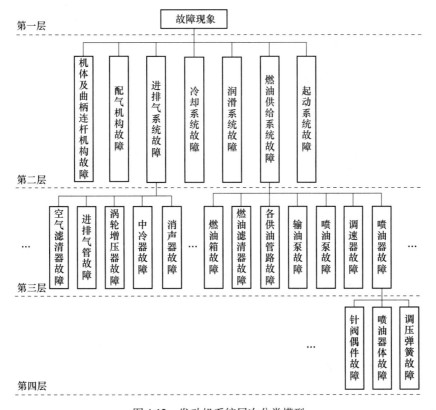

图 4-12 发动机系统层次分类模型

个子系统所包含的装置及部件组成。第四层为子系统中某些组成装置的内部零部件，在这里第四层可理解为第三层的内部细化。第三、第四两层的输出结果均可视为故障原因层。

该层次分类模型的优点在于将分析对象（发动机系统）由高层次的普遍模式（各种故障）向低层次的具体模式（结构组成）逐层分类，将任一发动机故障统一分解成深度最多为四层的分析模型，减少了分类中的模式匹配搜索量，有效解决了分类空间的组合爆炸问题，因而适用于发动机这样的复杂系统的模糊故障树分析。

4.4.2 实例分析

通过分析，建立了以"发动机动力不足"为顶事件的故障树（见图 4-13）。

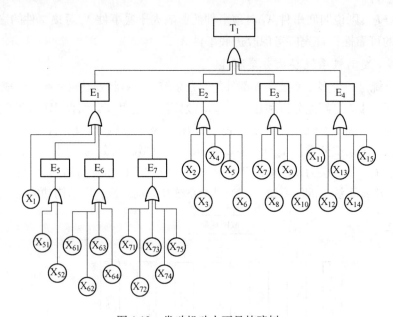

图 4-13 发动机动力不足故障树

其中，用"T"表示顶事件（这里以具体故障表现为顶事件），"E"表示中间事件，"X"表示底事件。该系统故障树具体编码如下：

T_1：发动机动力不足；

E_1：燃油供给系统故障；

E_2：气缸及配气机构故障；

E_3：进排气系统故障；

E_4：冷却系统故障；

E_5：调速器故障；

E_6：喷油器故障；

E_7：喷油泵故障；

X_1：高压油管堵塞、破裂或接头处漏油；

X_2：活塞和缸套磨损使气缸压缩力下降；

X_3：正时齿轮装配误差；

X_4：凸轮轴磨损；

X_5：气门间隙过大/过小或气门弹簧锈蚀/折断；

X_6：气门损坏或气门座圈损坏/腐蚀；

X_7：空气滤清器堵塞；

X_8：废气涡轮增压器卡死；

X_9：排气管路受阻；

X_{10}：进气管路受阻；

X_{11}：节温器损坏而失灵；

X_{12}：分水管腐蚀；

X_{13}：风扇皮带松弛或因油污而打滑；

X_{14}：散热器通风道被堵塞；

X_{15}：水泵损坏；

X_{51}：调速器弹簧弹力不足或损坏；

X_{52}：调速器内部润滑不良或内部机油过脏或过少；

X_{61}：针阀咬死；

X_{62}：调压弹簧折断或弹簧弹力不足；

X_{63}：喷油嘴堵塞或磨损；

X_{64}：喷孔堵塞；

X_{71}：喷油泵柱塞偶件故障或磨损；

X_{72}：出油阀偶件故障或磨损；

X_{73}：柱塞弹簧折断或锈蚀；

X_{74}：凸轮或滚轮挺柱磨损过甚；

X_{75}：调节齿杆固定螺钉调整不当或松动。

4.4.2.1 定量分析

采用某研究所的康明斯 M11 – C225 型发动机在试验阶段的底事件故障率作为本故障树的底事件故障率。并将其转化为三角形 Vague 集表示，由式（4-19）可计算得到各底事件的重要度，结果如表 4-4 所示。

则顶事件发生概率为：

$$\tilde{F}_{\text{Topmax}} = \{[(0.439, 0.544, 0.646), 0.60]; [(0.344, 0.544, 0.742), 0.65]\}$$

$$\tilde{F}_{\text{Topmin}} = \{[(0.478, 0.602, 0.702), 0.60]; [(0.377, 0.602, 0.889), 0.65]\}$$

表 4-4　故障树各底事件 Vague 集描述与重要度

序号	a_i	a_i'	b_i	c_i'	c_i	μ_1	μ_2	重要度
X_1	0.0423	0.0483	0.0604	0.0695	0.0755	0.85	0.95	0.2356
X_2	0.0095	0.0107	0.0134	0.0154	0.0168	0.80	0.85	0.0497
X_3	0.0022	0.0026	0.0032	0.0037	0.0040	0.90	1.00	0.0118
X_4	0.0022	0.0026	0.0032	0.0037	0.0040	0.90	1.00	0.0118

序号	a_i	a_i'	b_i	c_i'	c_i	μ_1	μ_2	重要度
X_5	0.0073	0.0083	0.0104	0.0120	0.0130	0.80	0.90	0.0385
X_6	0.0055	0.0062	0.0078	0.0090	0.0098	0.65	0.80	0.0288
X_7	0.0329	0.0376	0.0470	0.0541	0.0588	0.65	0.85	0.1807
X_8	0.0055	0.0062	0.0078	0.0090	0.0098	0.65	0.80	0.0288
X_9	0.0022	0.0026	0.0032	0.0037	0.0040	0.90	1.00	0.0188
X_{10}	0.0055	0.0062	0.0078	0.0090	0.0098	0.65	0.80	0.0288
X_{11}	0.0012	0.0016	0.0022	0.0027	0.0030	0.90	1.00	0.0068
X_{12}	0.0012	0.0016	0.0022	0.0027	0.0030	0.90	1.00	0.0068
X_{13}	0.0012	0.0016	0.0022	0.0027	0.0030	0.90	1.00	0.0068
X_{14}	0.0022	0.0026	0.0032	0.0037	0.0040	0.90	1.00	0.0118
X_{15}	0.0012	0.0016	0.0022	0.0027	0.0030	0.90	1.00	0.0068
X_{51}	0.0035	0.0040	0.0050	0.0058	0.0063	0.60	0.70	0.0207
X_{52}	0.0035	0.0040	0.0050	0.0058	0.0063	0.60	0.70	0.0207
X_{61}	0.0235	0.0269	0.0336	0.0386	0.0420	0.80	1.00	0.1273
X_{62}	0.0282	0.0322	0.0403	0.0464	0.0504	0.75	0.90	0.1099
X_{63}	0.0188	0.0214	0.0268	0.0308	0.0335	0.90	1.00	0.1009
X_{64}	0.0035	0.0040	0.0050	0.0058	0.0063	0.60	0.70	0.0207
X_{71}	0.0291	0.0333	0.0416	0.0478	0.0520	0.80	0.90	0.1590
X_{72}	0.0055	0.0062	0.0078	0.0090	0.0098	0.65	0.80	0.0288
X_{73}	0.0055	0.0062	0.0078	0.0090	0.0098	0.65	0.80	0.0288
X_{74}	0.0035	0.0040	0.0050	0.0058	0.0063	0.60	0.70	0.0207
X_{75}	0.0035	0.0040	0.0050	0.0058	0.0063	0.60	0.70	0.0207

通过收集此型发动机各子系统实际故障数据（见表 4-5），可得顶事件发动机动力不足的实际故障率为 0.5549%。由此可见该方法具有正确性和可行性。

表 4-5 各子系统的实际故障率

序号	故障名称	故障率/%
E_1	燃油供给系统故障	0.1865
E_2	气缸及配气机构故障	0.0912

序号	故 障 名 称	故障率/%
E_3	进排气系统故障	0.0916
E_4	冷却系统故障	0.0067
E_5	调速器故障	0.0724
E_6	喷油器故障	0.0604
E_7	喷油泵故障	0.0461

4.4.2.2 仿真对比分析

运用 Posbist 方法、Crisp 方法、模糊故障树方法，分别对此实例作了分析，则顶事件在不同 α 截集下的隶属函数分布见表 4-6，各方法的仿真结果如图 4-14 所示。

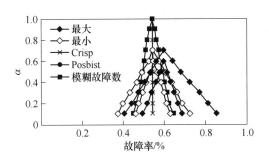

图 4-14 四种方法的仿真结果

表 4-6 四种故障树模型的结果比较

α	模糊故障树	Crisp 方法	Posbist 方法	Vague 故障树方法									
				最大与门算子					最小与门算子				
				a	a'	b	c'	c	a	a'	b	c'	c
1.0	(0.544,0.544,0.544)	0.544	0.056										
0.9	(0.532,0,544,0.556)	0.544	0.056										
0.8	(0.521,0.544,0.565)	0.544	0.056										
0.7	(0.511,0.544,0.578)	0.544	0.056	0.544		0.544		0.544	0.602		0.602		0.602
0.6	(0.502,0.544,0.586)	0.544	0.056	0.524	0.544	0.544	0.544	0.582	0.568	0.602	0.602	0.602	0.643
0.5	(0.497,0.544,0.598)	0.544	0.056	0.492	0.534	0.544	0.568	0.609	0.536	0.583	0.602	0.619	0.683
0.4	(0.488,0.544,0.604)	0.544	0.056	0.466	0.512	0.544	0.586	0.636	0.503	0.562	0.602	0.634	0.726
0.3	(0.476,0.544,0.616)	0.544	0.056	0.433	0.498	0.544	0.601	0.664	0.476	0.538	0.602	0.652	0.771
0.2	(0.465,0.544,0.624)	0.544	0.056	0.401	0.477	0.544	0.614	0.688	0.442	0.518	0.602	0.668	0.812
0.1	(0.450,0.544,0.647)	0.544	0.056	0.376	0.458	0.544	0.632	0.725	0.408	0.498	0.602	0.687	0.855
0.0	(0.439,0.544,0.645)	0.544	0.056	0.344	0.439	0.544	0.646	0.742	0.377	0.478	0.602	0.702	0.889

通过比较分析，可得出以下结论：

（1）Posbist 方法选择了底事件的最大失效率，因此得到了不全面的结论；

（2）由于 VFTA 模型充分考虑了置信区间，因此其分析结果更灵活；

（3）在不同截集 α 下，4 种 FTA 模型的可靠性分析结果与实际故障率趋势一致，但 VFTA 模型的结果差距更小，因此，其分析结果更有效；

（4）采用的两种与门算子计算结果曲线很好的覆盖了模糊故障树方法和 Crisp 方法，并且从图 4-14 中可以看出最大与门算子所得曲线与两种方法更一致，而最小与门算子则可以得到更保守的结论，所以可根据不同实际需要应用不同的算子计算。

4.5　液压子系统可靠性分析

GO 法是图形化的系统可靠性分析方法，通过系统分析，以图形形式来描述系统，然后进行可靠性定性、定量分析。它直接用系统的流程图、原理图、工程图或结构图，通过操作符来描述具体设备的运行、相互关系和逻辑关系，最后用计算机来定量分析系统可靠性。GO 法是一种以成功为导向的系统可靠性分析方法，其特点适合于有多状态、有时序功能变化、有环境因素考虑的系统可靠性分析。GO 法最初是在 20 世纪 60 年代中期由美国 Kaman 科学公司提出。1967 年，美国军方为了分析核武器和导弹系统的安全性和可靠性，资助 Kaman 科学公司的 3 位科学家 Bill Gateley、Larry Williams 和 Dan Stoddard 共同开发了 GO 法，同时也开发了相应的 GO 法分析程序。

GO 法作为一种系统可靠性的分析方法，它的分析过程是从输入事件开始，经过一个 GO 模型的计算确定系统的最终概率。这个最终概率是把这个 GO 模型内所有描述系统运行情况的事件概率综合起来得到的，事件概率的综合是通过事件树的特定处理过程而进行的。GO 模型内的每个事件代表着一个部件或子系统的一种特定的运行状态，例如，某流体系统内一台泵的特定状态可能是"正常运行"或"故障关闭"。流体系统的"成功运行"或"故障"就是系统内所有部件的两种可能状态组合的结果，这两种结果的概率将取决于流体源、电源、工作泵、阀门和其他设备的状态概率。最初的 GO 法分析过程是计算所有部件状态每一种组合的联合概率，这种计算需要重复不断地进行，直到将所有部件的各种状态都进行了计算为止。当所有的部件状态组合都得到评价后，把所有"成功"组合的联合概率相加，就能计算出系统成功运行的概率。GO 法适用于有实际物流如气流、液流、电流的生产过程的可靠性分析，相比其他可靠性分析方法具有更大的优势，而工程装备的液压和电气系统满足其适用条件，以军用装载机的液压操纵系统为研究对象，首先分析该系统的结构组成；建立 GO 分析图，进行可靠性定量和定性的分析，并对共有信号的问题进行了处理；通过实例证明该分析方法建立在工作流程的基础上，分析过程简单明了，适用于工程装备中液压和电气系统的可靠性分析。

4.5.1　GO 法原理

GO 法是从事件树理论发展起来的，它以系统每个基本单元为基础，将可能发生的各种情况及系统中各部件的相互逻辑关系合并后集中到操作符上，使模型得到简化，通过对系统的分析来建立相应的模型。模型用操作符来表示具体的部件，例如变压器、开关或逻辑关系；用信号流来连接操作符，表示具体的物流。所以，GO 模型可以很好地反映系统的原貌并表达系统各部件之间的物理关系和逻辑关系。

4.5.1.1 操作符

在 GO 法中有 17 种标准操作符，以类型 1~17 表示（见图 4-15），数据和运算规则具有不同的类型属性，根据单元功能的不同在 GO 法中采用不同的操作符表示，并有相应的单元要求和规定的运算规则。常用 GO 操作符的概率定量计算公式是根据其物理定义获得的。

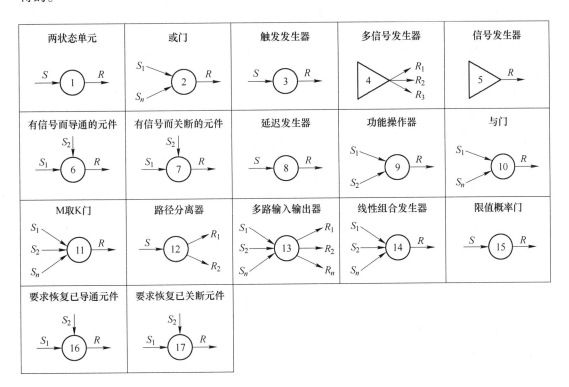

图 4-15 GO 法 17 种标准的操作符

4.5.1.2 GO 法的分析过程

根据 GO 法的基本原理，GO 法在系统可靠性分析的具体过程主要包括七个步骤，如图 4-16 所示。

4.5.1.3 GO 法在电气及液压系统中的功能和用途

GO 法在电气及液压系统中的功能和用途可概括为以下几个方面：

（1）可以通过定量计算对电气及液压系统进行精确的可靠性评价，分析系统的安全性与可用性。

（2）通过定性分析可以找出这两个系统成功与故障的所有事件的集合，暴露可靠性设计中的缺陷和潜在的故障模式，提高系统运行的可靠性。

（3）确定各系统组成单元对系统故障发生的影响程度，可以对关键部件的影响程度进行排序，鉴别系统的关键设备，建立系统维修管理体系。

（4）进行系统的不确定分析和共因失效分析，用于评价系统设计参数对系统可靠性的影响，评价系统内部部件的共因失效对系统运行的影响，确定冗余系统的安全性设计准则。

4.5.2 液压操纵系统结构分析

军用装载机的液压操纵系统主要用于控制工作装置的动作，以完成作业的任务。在作业过程中，铲斗需正、反转，故控制铲斗的换向阀一般为三位置阀；动臂的动作有升、降和浮动，故控制动臂的换向阀应是四位置阀。

军用装载机液压操纵系统主要由工作泵、分配阀、双作用安全阀、转斗油缸及油管等部件组成，其结构如图4-17所示。

军用装载机液压操纵系统由柴油发动机的动力通过变矩器上的分动齿轮带动主油泵传动被动齿轮，主泵专门向工作装置供油。军用装载机液压操纵系统是以液压油的流向为系统的输入导向，其系统成功的准则是各油缸能够正常的输出机械能。

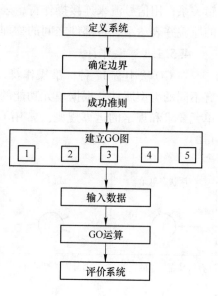

图 4-16　GO 法分析过程

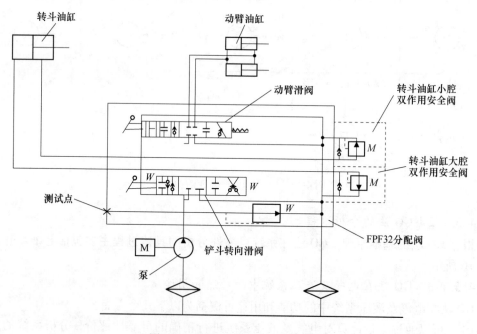

图 4-17　液压操作系统工作结构图

4.5.3 可靠性分析

4.5.3.1 建立 GO 图

油箱供油、传动轴、转斗操纵杆、动臂操纵杆，作为系统的输入，均有成功和故障两个状态，成功状态表示正常输入相关信号，故障状态表示系统无相关信号的输入或输入不相关的信息，所以用类型 5 操作符代表。滤油器、安全阀、油管、双作用安全阀、铲斗液压缸、动臂液压缸这些装置也有成功与故障两种状态，它们为系统的中间部件，成功状态表示其部件无故障，可以用类型 1 操作符代表。主泵、辅助泵都有两个不同的信号输入流，分有主次，与之相对应的滤油器输出的油为主输入信号，与之相对应的传动轴传出的力为次输入信号。当油泵能够接收到传动轴传出的正确的动力时，并且油泵处于无故障状态，滤油器才能传出液压油。由于油泵本身具有成功与故障两种状态，同时接收到传动轴传出的力才能正常导通，因此可以用类型 6 操作符表征。同理，铲斗转动滑阀、动臂滑阀也有两个输入信号流，主输入信号来自各油管的输出，次输入信号分别是控制各个阀的转斗操纵杆、动臂操纵杆和转向器的输出，因此也用类型 6 操作符代表。由流量控制阀输出的油随发动机转速的不同而分别通向不同的油路，因此流量控制阀用类型 12 路径分离器操作符代表。

通过以上分析，用 GO 方法中相应的操作符来表示液压操纵系统中相关的部件，以液压油流动的方向为系统成功的导向，生成 GO 图，如图 4-18 所示。

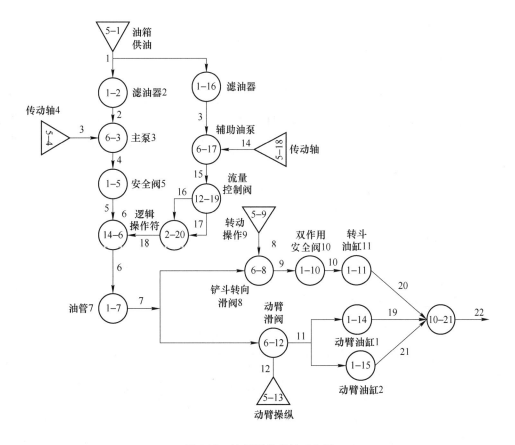

图 4-18　液压操作系统 GO 图

图 4-18 中操作符号内，编号以 $k-i$ 来表示，其中，k 表示操作符类型；i 表示部件的编号信号流上的数字编号，相关编号与可靠性参数如表 4-7 所示。

表 4-7 各操作符类型、名称及失效概率

编号	名称	类型	故障概率	编号	名称	类型	故障概率
1	油箱供油	5	0.001	12	动臂滑阀	5	0.01
2	滤油器	1	0.002	13	动臂操纵杆	5	0.001
3	主泵	6	0.03	14	动臂液压缸 1	1	0.01
4	传动轴 1	13	0.005	15	动臂液压缸 2	1	0.01
5	安全阀	1	0.007	16	滤油器	1	0.002
6	逻辑操作符	5	0	17	辅助油泵	6	0.02
7	油管	1	0.01	18	传动轴 2	5	0.01
8	铲斗转动滑阀	5	0.02	19	流量控制阀	12	0.02
9	转斗操纵杆	5	0.001	20	逻辑操作符		
10	双作用安全阀	1	0.006	21	逻辑操作符		
11	铲斗液压缸	1	0.02				

4.5.3.2 定量计算

设信号流成功状态累积概率为 $P_{si}(1)$，故障状态累积概率为 $P_{si}(2)$；操作符成功状态概率为 $P_{cj}(1)$，故障状态概率为 $P_{cj}(2)$；且有 $P_{cj}(1) + P_{c2}(1) = 1$。式中，$i$ 代表信号流编号，j 代表操作符编号，$j = 1，2，\cdots，21$，且 $j \neq 6，20，21$。其液压操纵系统最终成功概率的推导过程如下：

$$P_{s1} = P_{c1}(1)；P_{s3}(1) = P_{c4}(1)；P_{s8}(1) = P_{c9}(1)；P_{s14}(1) = P_{c18}(1)$$
$$P_{s2}(1) = P_{s1}(1)P_{c2}(1) = P_{c1}(1)P_{c2}(1)$$

同理： $P_{s5}(1) = P_{c1}(1)P_{c2}(1)P_{c3}(1)P_{c4}(1)P_{c5}(1)$

$P_{s3}(1) = P_{c1}(1)P_{c16}(1)$

$P_{s15}(1) = P_{c1}(1)P_{c16}(1)P_{c17}(1)P_{c18}(1)$

$P_{s16}(1) = P_{s15}(1)P_{c19}$

$P_{s17}(1) = P_{s15}(1)P_{c19}$

$$P_{s18}(1) = P_{s16}(1) + P_{c17}(1) - \frac{P_{s16}(1)P_{c17}(1)}{P_{s15}(1)}$$

$$= 2P_{s15}(1)P_{c19} - \frac{(P_{c15}(1)P_{c19}(1))^2}{P_{c1}(1)P_{c16}(1)P_{c17}(1)P_{c18}(1)}$$

$P_{s6}(1) = P_{s5}(1)P_{s18}(1)$

$$= P_{c1}(1)P_{c16}(1)P_{c17}(1)P_{c18}(1)\left[2P_{c15}P_{c19} - \frac{(P_{c15}(1)P_{c19}(1))^2}{P_{c1}(1)P_{c16}(1)P_{c17}(1)P_{c18}(1)}\right]$$

$P_{s7}(1) = P_{s6}(1)P_{c7}(1)$

$P_{s20}(1) = P_{s7}(1)P_{c8}(1)P_{c11}(1)P_{c9}(1)P_{c10}(1)$

$$P_{s11}(1) = P_{s7}(1)P_{c13}(1)P_{c12}(1)P_{c14}$$

$$P_{s21}(1) = P_{s7}(1)P_{c13}(1)P_{c12}(1)P_{c15}$$

$$P_{s22}(1) = \frac{P_{s19}(1)P_{s20}(1)}{P_{s11}(1)}P_{s21}(1)/P_{s7}(1)$$

由图 4-18 所示，信号发生器 1、7、11 的输出信号与多个操作符相连接，即为"共有信号"。此类共有信号以几个或多个操作符进行输入，各操作符的输出信号状态概率由操作符自身的状态概率和这些共有信号的状态概率按状态概率公式计算。由此可见，在上式的计算过程中，共有信号都被重复使用。在用概率公式进行计算时需要消除此类共有信号对其的影响。具体的计算过程可将最终概率表达式完全展开，将共有信号所表征的高效项用其一次项来表示，使其不能对最终的运算结果重复作用，修正后的概率表达式表示这些事件同时发生的概率就是正确的。对共有信号的处理后，最终得到系统的可靠度计算公式为：

$$
\begin{aligned}
P_{s22}(1) &= \frac{P_{s7}P_{c15}P_{c12}P_{c14}P_{s7}P_{c8}P_{c9}P_{c15}P_{c11}}{P_{s7}P_{c18}P_{c12}}P_{s7}P_{c13}P_{c12}P_{c15}/P_{s7}(1) \\
&= P_{s7}P_{c14}P_{c8}P_{c9}P_{c10}P_{c11}P_{c12}P_{c13}P_{c15}P_{c15}P_{c11}P_{c16}P_{c17}P_{c18} \\
&\quad \left[2P_{s15}(1)P_{c19} - \frac{(P_{c15}(1)P_{c19}(1))^2}{P_{c1}(1)P_{c16}(1)P_{c17}(1)P_{c18}(1)} \right]
\end{aligned}
\tag{4-20}
$$

另外，本系统研究的是液压系统的可靠性问题，由于传动轴、转斗操纵杆、动臂操纵杆、转向器这几种部件的故障发生概率相对较小，可忽略不计，所以没有考虑其可靠性，其可靠性取值均为 1。将表 4-6 中所示组成部件的故障发生概率值经转换后代入最终的推导公式，即可计算出液压操纵系统成功的概率为：

$$P_{s22}(1) = 0.9031$$

4.5.3.3 定性分析

在对液压操纵系统进行定性分析时，可以运用两状态系统的状态概率直接进行。系统 GO 图中共有 21 个操作符，其中的 3 个逻辑操作符不能算入最小割集，因为它不代表任何组成部件，剩余的 18 个操作符，分别代表液压系统的组成部件。进行一阶割集运算时，其中假设一个操作符所代表的部件发生故障，而其他部件均正常运行，从而判断系统是否发生故障，如发生故障，则表明此为一个最小割集。通过此方法，对液压操纵系统中各个组成部件进行依次判定，最终得到无论哪个部件发生故障，系统都会发生故障。所以液压操纵系统的 18 个功能部件都是其最小割集。

另外，对于流量控制阀，它有 4 个状态。显而易见，无论 3 个成功状态中的哪一个状态出现问题，流量控制阀就会出现故障。因此，流量控制阀也是一个最小割集。

4.6 工作装置可靠性分析

工作装置是工程装备特有的机械装置，是用来完成各种工程任务的施工工具。目前，国内外一般采用有限元法对工作装置进行可靠性分析，包括对动臂、斗杆及铲斗等分别进行有限元强度、刚度及模态分析，对工作装置各组成部件间的连接销轴进行有限元分析等。但常规的有限元公式体系只能采用确定性的方法来分析工作装置静态的强度和刚度，而在工程装备的工作装置中，疲劳破坏的现象极为广泛，遍及每一个运动的零部件。据统计显示，约有80%以上的工作装置的失效是属于疲劳失效。特别是近30多年来，随着工程装备向高温、高速和大型方向发展，机械零构件所受的应力越来越高，服役条件越来越恶劣，疲劳失效事故更是层出不穷。

因此不仅要对工作装置进行静态分析，还需要进行结构的疲劳可靠性分析，以了解工作装置在载荷作用下的疲劳可靠性情况以确保工程装备完成任务的能力。疲劳可靠性分析的内容主要包括两个方面：（1）计算在交变载荷作用下构件或结构给定可靠度下的使用期限（即疲劳寿命）；（2）分析和计算交变载荷作用下在一定时期内构件或结构发生疲劳失效的概率（即疲劳可靠度）。以军用装载机工作装置为例，首先运用UG NX分析软件建立工作装置的有限元模型，并对工作装置进行了静态分析，找出了工作装置动臂的相对薄弱环节，提出了可靠性设计中的改进措施；然后根据结构疲劳可靠性理论，运用局部应力应变法对工作装置的疲劳寿命进行估算；最后针对装载机工作装置的疲劳损伤过程具有随机性特点，运用响应面法，结合有限元分析结果，构造功能函数的二次多项式，对工作装置动臂的疲劳可靠度进行了计算，具体分析结构如图4-19所示。

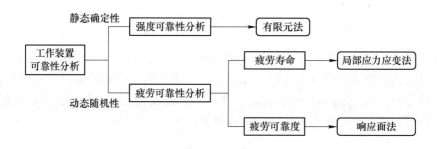

图 4-19　工作装置可靠性分析结构图

4.6.1　工作装置的强度可靠性分析

工程装备的作业效率在很大程度上取决于工作装置，尤其是工作装置的结构强度直接影响到装备的可靠性和使用性能。长期以来，国内外采用有限元法对工程装备的工作装置进行了大量的研究，包括对动臂、斗杆及铲斗分别进行有限元强度、刚度及模态分析，对工作装置各组成部件间的连接销轴进行有限元分析等。而针对工作装置整体结构进行集成有限元分析的研究成果较为少见。

因此可运用UG NX软件，对装载机工作装置整体结构进行强度、刚度和模态分析。UG NX是一个CAD/CAE/CAM集成的系统软件。它的结构分析模块应用简便，功能强大，自带解算器NX Nastran。有限元法的基本思想是假想把连续体的求解域人为有目的地划分为一定数量的离散单元，单元之间仅依靠节点连接，这样每个单元的运算就较为简单，最后将每个单元进行合成，以此来表示整个连续体。有限元分析步骤包括：在UG-Modeling模块中建立各构件的几何模型并装配成工作装置整体装配模型；进入结构分析模块划分网格、赋予材料属性、加载约束和载荷；运用NX Nastran来进行有限元模型的求解和相关的结果分析。

4.6.1.1 建立工作装置有限元模型

工程装备的工作装置有多种形式，以某型装载机为例，其工作装置为单摇臂反转四连杆机构，包括铲斗、动臂、支撑、横梁、摇臂和拉杆。动臂上铰点与装载机前车架铰接，各构件之间由铰销连接。进行有限元静力分析时，认为工作装置各铰接处没有相对转动。动臂是工作装置的主要受力部件，其截面形状为矩形。横梁为焊接结构，其截面为箱形。摇臂和支撑也是焊接结构，其焊接板的截面均为矩形。依据各构件尺寸在 UG-Modeling 模块中建立几何模型，然后组装成工作装置装配模型，这是建立有限元模型的基础。

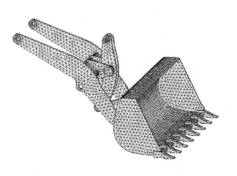

图 4-20　工作装置有限元模型

进入 UG NX 结构分析模块，在工作装置几何模型基础上，利用三维四面体网格划分工具进行网格划分；然后依据工作装置材料参数，建立材料属性并将其赋值给网格模型。工作装置有限元模型如图 4-20 所示。

4.6.1.2 确定工作装置工况、载荷和约束

装载机作业工况不同，工作装置受力情况也不一样。因此，进行工作装置有限元分析时，必须确定其受力最大的典型工况。装载机在水平铲掘物料时，工作装置受力最大，因此取装载机在水平面上作业，铲斗斗底与地面的夹角为 3°～5° 铲掘时作为分析位置，并假设外载荷作用在切削刃上。在这一位置，工作装置有六种受力工况。但水平与垂直同时偏载工况受力最大，因此选这一工况来进行分析。

装载机水平面运动，铲斗插入物料堆，此时认为物料对铲斗的阻力水平作用在切削刃上，水平力 F_x 的大小由装载机的牵引力决定，垂直力 F_z 由装载机的纵向稳定条件限制，它们的最大值由式（4-21）计算：

$$F_x = F_{max} - F_f \qquad F_z = Gl/L \qquad (4-21)$$

式中，F_{max} 为装载机空载时最大牵引力；F_f 为装载机空载时滚动阻力；G 为装载机自重；l 为装载机重心到前轮接地点的距离；L 为垂直力作用点到前轮接地点的距离。

某装载机空载最大牵引力为 136kN，机重 16800kg，装载机空载时滚动阻力 4kN，重心到前轮接地点的距离为 1713.5mm，垂直力作用点到前轮接地点距离为 2740.3mm。由式（4-21）计算得：

$$F_x = 132000\mathrm{N} \qquad F_z = 102941\mathrm{N}$$

进行有限元静力分析时，认为举升油缸和转斗油缸不动。因此在油缸与工作装置的铰接处和动臂与前车架的铰接处分别施加对应的边界约束条件。

4.6.1.3 有限元结果分析

根据上述分析，在 UG NX 结构分析模块中，对建立的有限元模型进行加载和定义约束条件，然后运用 NX Nastran 来进行有限元模型的求解。图 4-21 所示为分析得到的工作装置应力分布云图。从图中可以看出，动臂的危险点在动臂与举臂油缸铰接处附近，应力

值为 $\sigma = 254.1\text{MPa}$。对于偏载工况和特殊工况，由于载荷作用时间短，取安全系数为 $n = 1.3$，则许用应力为：

$$[\sigma] = \frac{\sigma_{\text{s}}}{n} = \frac{345}{1.3} = 265.4\text{MPa}, \sigma < [\sigma] \tag{4-22}$$

由应力分布云图可知，在举升作业时工作装置大部分部位的应力值都小于材料的屈服极限，动臂与摇臂的铰接处为应力最大点，在实际情况中，摇臂的支撑上都有加筋板加固，所以这个情况和实际是吻合的。另一应力集中点在动臂与举升油缸铰接点位置。在极限偏载情况下，动臂应力危险区出现在受偏载侧，最大许用应力为 265.4MPa，变形量为 4.117mm。由以上分析可知，整个动臂的设计满足其应力屈服极限要求，如需改进，可对动臂与举升油

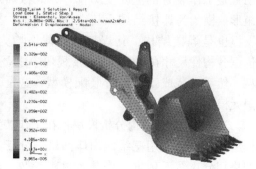

图 4-21　工作装置应力分布云图

缸铰接点处进行加固处理，增大其在偏载情况下的应力范围。

4.6.2　基于局部应力应变法的疲劳寿命分析

疲劳可靠性分析的主要目的就是要确定结构件的疲劳寿命。然而，在复杂疲劳载荷的作用下的疲劳寿命计算又是一个十分困难的问题。因为要计算疲劳寿命，必须有精确的载荷谱，材料特性或构件的 $S-N$ 曲线，合适的累积损伤理论，合适的裂纹扩展理论等，同时还要把一些影响疲劳寿命的主要因素考虑进去，要做到这一点，目前还十分困难。因此，目前国内外的疲劳寿命计算，都还没有十分精确的方法，只能做到估算或预算。等幅载荷下疲劳裂纹萌生的情况，利用 $S-N$ 曲线，在已知应力水平下就可以估计寿命。而工程装备的工作装置的实际工作载荷是变幅载荷，因此必须分析部件在变幅载荷下疲劳寿命的估计。

目前，变幅载荷下疲劳寿命估算方法有以下两种。

（1）名义应力法。名义应力法实际上是一个传统的安全疲劳寿命估算法。所谓名义应力，就是指缺口试样或要计算的结构元件的载荷，被试样的净面积所除得到的应力值，也就是该面积上平均分布的应力值。一般地说，构件或结构的实际破坏，往往是从结构内部或表面具有应力集中的部位开始的。从理论上来讲，应该用缺陷部位的局部应力来进行结构的疲劳寿命估算，但是这样做有较大的实际困难。因为缺陷往往是随机分布的，缺陷的尺寸和部位对各种结构也是变化的，再加上残余应力的作用，使问题变得复杂。在做损伤计算和寿命预计时，不可能对每一缺陷部位的应力或应变水平都进行理论分析和实际测量。因此，不少人就采用名义应力法去估算疲劳寿命。

（2）局部应力 – 应变法。名义应力法由于存在没有考虑局部塑性变形的缺陷，若采用其来估算寿命，必然大大降低估算精度和可靠性。因此近代在应变分析和低周疲劳的基础上，提出了一种新的适应于中低周疲劳寿命的估算方法——局部应力应变法。局部应力应变法是 20 世纪 60 年代中期以后逐步形成的一种疲劳寿命预测方法，它以缺口根部的局

部应力应变历程为依据，再结合材料相应的疲劳特性曲线进行寿命估算。

采用局部应力应变法对工作装置的疲劳寿命进行估算。

4.6.2.1 分析过程

局部应力应变法基于这样的设定：如果一个结构在危险部位处的应力和应变能够与实验室光滑试样的循环应力和应变联系起来，那么结构的疲劳裂纹形成寿命和试样的疲劳寿命是相同的，其分析过程如图 4-22 所示。

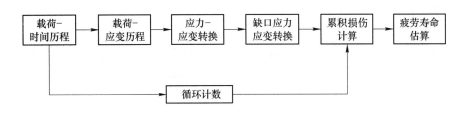

图 4-22 局部应力应变法示意图

A 局部应力应变分析

循环应力应变曲线（循环 $\sigma - \varepsilon$ 关系）：根据载谱荷的作图法可知，曲线上的任一点实际上是一个迟滞回线的顶点，其坐标为该迟滞回线的应力幅 σ_a 和应变幅 ε_a。因此，循环应力应变曲线，可用式（4-23）拟合：

$$\varepsilon_a = \varepsilon_e + \varepsilon_p = \frac{\sigma_a}{E} + (\sigma_a / K')^{\frac{1}{n'}} \tag{4-23}$$

式中，ε_e 为应变幅的弹性分量；ε_p 为应变幅的塑性分量；K' 为循环强度系数；n' 为循环应变硬化指数。

B 局部应力应变计算

疲劳寿命预测工作的关键在于准确地分析零件和构件应力集中部位的弹塑性变形，目前工程上通常采用诺伯法来计算其变形情况，见式（4-24）。

$$\alpha_\sigma^2 = K_\sigma' K_\varepsilon' \tag{4-24}$$

式中，α_σ 为理论应力集中系数；$K_\sigma' = \sigma / s$ 为真实应力集中系数；$K_\varepsilon' = \varepsilon / e$ 为真实应变集中系数；s 为缺口件的名义应力；e 为缺口件的名义应变；σ 为缺口件的真实应力；ε 为缺口件的真实应变。

通常，$s = Ee$，即名义应力和名义应变均在弹性范围内。因此，式（4-24）可以写成：

$$\Delta\sigma\Delta\varepsilon = \alpha_\sigma^2 (\Delta s)^2 / E \tag{4-25}$$

C 应变寿命曲线

一般情况下，用应变来描述缺口根部材料的特性比用应力来描述更为方面。所以，常采用联系应变与循环寿命的 $\varepsilon - N$ 曲线来计算应变寿命。

工程上最常用的 $\varepsilon_{eq} - N$ 曲线有应变范围 $\Delta\varepsilon - N$ 曲线、诺伯常数 $S - N$ 曲线和当量应变 $\varepsilon_{eq} - N$ 曲线，其中以应变范围 $\Delta\varepsilon - N$ 曲线最为常见。

a $\Delta\varepsilon - N$ 曲线

在所有的 $\Delta\varepsilon - N$ 曲线中，通常使用 Manson-Coffin 公式来计算寿命曲线，其循环特征是 $R_s = -1$，试验取 50% 寿命时对应的滞后环为稳态滞后环，其公式表达为：

$$\Delta\varepsilon/2 = \sigma'_f/E(2N_f)' + \varepsilon'_f(2N_f)' \tag{4-26}$$

上式中有一个前提是 $\sigma_m = 0$，它省略了缺口边缘处的真实应力与应变，可以得到名义应变，从而计算出诺伯常数，根据诺伯常数可得到 C – N 曲线，这样就可以进行疲劳寿命的计算。

b 当量应变 $\varepsilon_{eq} - N$ 曲线

Manson-Coffin 适用中短寿命区，同时在 $\sigma_m \neq 0$ 时需要作平均应力修正，通常不作试验难以做平均应力的修正，当量应变由式（4-27）计算：

$$\varepsilon_{eq} = (2e_a)(\sigma_{min}/E)^{1-m} \tag{4-27}$$

式中，e_a 为名义应变幅；m 为指数，在计算时，对各种材料都用 0.4。

D 累积损伤计算与疲劳寿命估算

在变幅加载下，每个循环过程中，不管此次循环在载荷谱中处在哪个位置，只要其应力 – 应变相等，那么此次循环所造成的损伤都是相等的。因此对已知应变范围和平均应力的全循环或半循环，用寿命曲线求出对应的破坏寿命后，即可计算损伤。

单个全循环造成的损伤可表示为：

$$D = 1/N_{fi} \tag{4-28}$$

对单个半循环造成的损伤可表示为：

$$D = 1/2N_{fj} \tag{4-29}$$

因此，K 个全循环和 M 个半循环造成的损伤可表示为：

$$D = \sum_{i=1}^{k} 1/N_{fi} + \sum_{j=1}^{K} 1/2N_{fj} \tag{4-30}$$

式中，N_{fi}，N_{fj} 分别为程序块中第 i，j 应力水平所对应的寿命。

由式（4-30）可知，载荷谱对应的应力 – 应变历程所包含的所有循环引起的循环量的总和为其所产生的总损伤。当裂纹产生时，可以认为总损伤为 1。在每个载荷谱确定过后，其疲劳寿命可按照 Miner 法则计算得出。

4.6.2.2 实例分析

军用装载机的工作装置的材料为 16Mn 钢，查阅相关材料系数，得到相关参数为：密度 $\rho = 7.8 \times 10^3 kg/m^3$，弹性模量 $E = 2.03 \times 10^{11} Pa$，泊松比 $\nu = 0.3$，屈服极限 $\sigma_s = 235MPa$，抗拉强度 $\sigma_b = 415MPa$。

查阅相关资料可以得到影响疲劳寿命的随机变量统计分布特性为：疲劳强度系数 σ'_f：1332；疲劳强度系统 b：– 0.1085；疲劳延伸系数 ε'_f：0.375；疲劳延伸指数 C：– 0.6354。以上四个参数的变异系数均为 0.2，概率分布均为对数的正态分布。

铲斗与动臂连接部位的连接件材料为 45 钢，查阅相关材料系数，得到相关参数为：密度 $\rho = 7.89 \times 10^3 kg/m^3$，弹性模量 $E = 2.09 \times 10^{11} Pa$，泊松比 $\nu = 0.27$，屈服极限 $\sigma_s =$

377MPa，抗拉强度 $\sigma_b = 624$MPa。

查阅相关资料可以得到影响疲劳寿命的随机变量统计分布特性为：疲劳强度系数 σ_f'：1115；疲劳强度系数 b：-0.1230；疲劳延伸系数 ε_f'：0.465；疲劳延伸指数 C：-0.523。以上四个参数的变异系数均为0.05，概率分布均为对数的正态分布。

由前文的有限元分析结果，可以得到军用装载机工作装置在正载与偏载两种不同工况条件下的应力强度分析结果，通过分析，可以发现工作装置在偏载工况下部分铰接点应力值接近于其材料的屈服极限，根据工作装置的应力值较大点，本节选取动臂与摇臂的接点处、动臂与举升油缸的接点处、动臂与铲斗的接点处和动臂与横梁的接点处为基本参照点，由强度分析结果可以得到各参照点的应力和应变时间历程，如图4-23和图4-24所示。

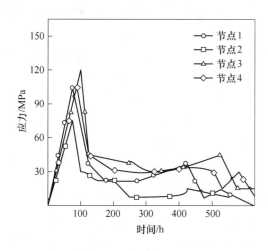
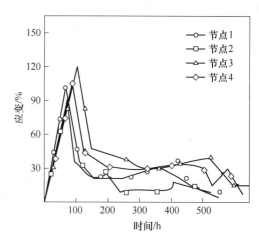

图 4-23　局部应力历程图　　　　　　　　图 4-24　局部应变历程图

通过各接点的局部应力应变历程图，可以通过前文中所述的双参数计数法对图4-23进行计数，从而编制载荷谱，图4-23和图4-24中的每个接点所形成的局部应力与应变曲线分别由不同颜色的曲线代表，通过双参数计数法可以得到一个全循环，从而得到动臂接点处的循环应力均值、应变幅。应力均值 $\sigma_m = 173.57$MPa，应变幅值 $\varepsilon_a = 67.64c^{-5}$。

将式（4-30）变换后可得到新的 Manson-Coffin 迭代公式：

$$2N_f = \left[\frac{\sigma_f' - \sigma_m}{E}(2N_f)^{b-c} + \varepsilon_f'/\varepsilon_a \right]^{-\frac{1}{c}} \tag{4-31}$$

式中，N_f 为半个循环所造成的疲劳损伤；ε_a 为局部应变幅；σ_m 为应力均值；σ_f' 为疲劳强度系数；b 为疲劳强度指数；ε_f' 为疲劳延伸系数；c 为疲劳延伸指数；E 为材料的弹性模量。

当得到 N_f 后，即可通过 Miner 疲劳累积损伤理论对军用装载机工作装置的疲劳可靠性寿命进行计算。

由于军用装载机一般执行任务时都是连续不间隔的作业，其余时间一般用于战备和训练，一旦作业其作业强度较大，所以在对军用装载机进行工作时间计算时，可以用连续集中作业时间作为主要作业时间。

按照其完成铲装作业工作循环的工作时间为10.8s，每天连续工作时间为12h，每年工作天数为 120d，一般军用装载机的设计寿命为 10y，将这些参数代入式（4-31）可最终计算得动臂疲劳寿命为 $1.5330e^{+0.07}$。

4.6.3 基于响应面法的疲劳可靠度分析

长期以来，疲劳可靠度分析中常采用"定值"方法，即将作用在构件的工作应力和构件所用的材料性能均视为确定的数值。但是按照这种观念，只用荷载和材料性能的平均值进行疲劳分析和设计时，往往会造成大量构件在预定的使用期间失效。因为实际构件所受到的外部荷载不仅随工作状况不同而改变，而且还受到偶然因素的影响，所以必须把疲劳荷载当做随机变量来处理。另一方面，由于材料组织的不均匀性、内部缺陷的随机分布和加工处理中的一些偶然因素的影响，疲劳性能也产生很大的分散性。同一组样本在相同的试验情况下，寿命有时能相差数倍之多。

为了考虑这些不确定性因素的影响，目前主要是采用摄动法、一次二阶矩法、验算点法（JC 法）、高次高阶矩法、蒙特卡罗法（Monte Carlo）和随机有限元法（SFEM or PFEM）进行疲劳可靠性分析。但是在实际设计中，由于结构本身的复杂性，基本随机变量的输入与输出量之间的关系可能是高度非线性的，有时甚至不存在明确的解析表达式。在计算这类复杂结构的可靠度时，可靠度分析模型预先不能确定，采用以上方法就存在困难，可能无法进行下去。响应面法为解决此类复杂结构系统的可靠性分析提出了一种计算方法。国际上，响应面法最早是由 Box 和 Wilson 于 1951 年提出来的，当时对于响应面法的研究仅限于如何用统计的方法得到一个近似函数，用来逼近一个复杂的隐式函数。1984 年 F. S. Wong 首先提出结构可靠度计算的响应面法，并于 1985 年将其应用于土坡稳定的可靠度计算。Bucher 等人于 1990 年将响应面法引入结构可靠性分析中，建立结构输入与结构响应之间的关系，然后进行结构可靠性分析。此后，国内外众多学者都对响应面法做了很多研究。

响应面法的基本思想是假设一个包括一些未知参量的极限状态变量与基本变量之间的解析表达式，然后用拟合方法来确定表达式中的未知参量，关键在于确定响应面函数的系数。多项式系数的确定一般以试验设计为基础，应用二水平因子设计或中心复合设计回归得到特定因子的最小二乘估计。采用此方法时，若随机变量个数较大，则试验次数多。响应面法用二次多项式代替大型复杂结构极限状态函数，并且通过系数的迭代进行调整，一般都能满足实际工程的精度要求，具有较高的效率和使用价值，是一个很有发展前景的计算方法。本小节将响应面法引入了工作装置的疲劳可靠性分析中。

4.6.3.1 分析过程

计算结构疲劳可靠度，如果功能函数已知，即为显式功能函数，可采用一次二阶矩法。但由于实际工程结构的复杂性，基本随机变量的输入与输出量之间的关系式可能是高度非线性的，或者不存在明确的解析表达式，采用一次二阶矩法计算结构的可靠度时，很难实现。

为解决此类复杂结构系统的可靠性分析，数学家 Box 和 Wilson 于 1951 年首次提出了一种可靠的建模及计算方法——响应面法，其原始思想是用一个合适的修匀函数（Graduating Function）近似表达一个未知函数。当系统参数和系统输出响应之间的关系以某种隐含的方式存在时，响应面法提供了一种近似表达这种隐含关系的合适手段。

响应面法的基本思想是近似构造一个具有明确表达式的二次多项式，来代替隐式极限状态函数。它一般能够满足实际工程精度，具有较高的效率和使用价值。

对 n 个随机变量 $X = (x_1, x_2, \cdots, x_n)$，真实曲面记为 $Z = g(X)$，响应面函数记为 $Z' = g'(X)$。$Z' = g'(X)$ 通常采用不含交叉项的二次多项式形式，如式（4-32）所示。

$$g'(X) = a + \sum_i^n b_i x_i + \sum_i^n c_i x_i^2 \tag{4-32}$$

式中，a，b_i，c_i 为表达式的待定系数。

响应面法求解构件可靠度步骤如下：

（1）假定初始迭代点 $X(1) = [x_1(1), x_2(1), \cdots, x_n(1)]$（一般取均值点）；

（2）进行有限元分析，计算功能函数 $g[X(1)]$ 以及 $g[x_1(1), x_2(1), \cdots, x_i(1) \pm f\sigma_i, \cdots, x_n(1)]$，得到 $2n + 1$ 个样本点，其中 f 在第一轮估计中取 2 或 3，在以后的迭代计算中取 1，σ_i 为 x_i 均方差；

（3）利用步骤（2）求得的 $2n + 1$ 个函数值解出待定系数 a，b_i，c_i，从而确定响应面函数；

（4）得到响应面函数之后，由一般可靠度分析方法，求解验算点 $X^*(k)$ 及可靠度指标 $\beta(k)$；

（5）计算 $|\beta(k) - \beta(k-1)| < \varepsilon$（可取 0.001），如条件满足要求，则输出 $\beta(k)$；如不满足，则进行线性插值，得到新的中心点：

$$x^{(k+1)} = \frac{x^{(k)} + (x^{*(k)} - x^{(k)}) g(x^{(k)})}{g(x^{(k)}) - g(x^{*(k)})} \tag{4-33}$$

重复上述方法，最后得到与实际极限状态方程极为逼近的可靠性指标和设计验算点。

4.6.3.2 实例分析

根据部队调研，在军用装载机实际作业过程中，动臂受到的力和变形最大而且容易引起断裂，在本小节中，以动臂为例，具体介绍基于响应面法求解疲劳可靠度的过程。

A 选取随机变量并建立功能函数

从理论上讲，工作装置各参数都是具有一定分布规律的随机变量。考虑到一些变量取值区间较小，可将其视为确定量，以减少计算量。以动臂为研究对象，选取动臂厚度 l、水平力 F_x、垂直力 F_z 和材料屈服强度 σ_s 等 4 个变量，组成随机变量向量，记为 $X = (x_1, x_2, x_3, x_4) = (F_x, F_z, l, \sigma_s)$。定义工作装置强度的极限状态方程为：

$$G(X) = \sigma_s - f(F_x, F_z, l) \tag{4-34}$$

式中，$f(F_x, F_z, l)$ 是动臂上最大应力的隐式函数。

定义 $G(X)$ 的响应面函数为：

$$G'(X) = \sigma_s - \left(a + \sum_i^3 b_i x_i + \sum_i^3 c_i x_i^2 \right) \tag{4-35}$$

B 变量的随机性分析

可靠性分析的基础是随机变量的统计数据，理想情况是针对具体对象试验取值，对取得的大量数据统计处理，查明其分布类型，估计其分布参数。但由于试验困难或受经济及时间的限制，直接试验并统计处理往往难以实现。因此常就已有类似的数据或间接的资料近似估计所需的数据。

a 几何尺寸的随机性

根据零件的使用功能或工艺要求，几何尺寸有一定的公差。因此，零件几何尺寸是一个随机变量。几何尺寸的分布符合正态分布，名义尺寸是其均值。对公差的确定一般按三倍标准差进行。

动臂厚度 $l = 52.7 \pm 0.75$，则标准为 $\sigma = 0.75/3 = 0.25$。

b 材料性能的随机性

材料经冶炼、轧制、铸锻造、机械加工、热处理等工艺过程，其力学性能指标必然有分散性，呈现有随机变量的特性。大量的金属材料试验数据统计表明：金属材料的抗拉强度服从正态分布，弯曲和剪切强度与抗拉强度也被认为服从正态分布，且金属材料屈服极限变异系数一般为 0.05 ~ 0.10。因此取 16Mn 屈服极限服从正态分布，均值为 345MPa，变异系数为 0.05。

c 载荷的随机性

载荷的随机性比几何尺寸和材料性能的随机性要大，对载荷随机性的研究至关重要。物体的自重属于静载荷，通常用正态分布描述，有时也用对数正态分布来描述，因为自重没有负值。

取装载机空载最大牵引力 F_{max} 和装载机自重 G 的变异系数为 0.07，对水平力 F_x 和垂直力 F_z，可依据式 (4-32) 和随机变量函数的运算公式来进行计算。

依据上述分析，可得某装载机工作装置随机变量参数及分布类型（见表 4-8）。

表 4-8   装载机工作装置随机变量参数及分布类型

输入变量	水平力	垂直力	厚度	屈服极限
均值	132000N	102941N	52.7mm	345MPa
变异系数	0.07	0.07	0.0048	0.05
标准差	9240	7206	0.25	17.25

C 工作装置可靠度计算

工作装置可靠度计算步骤为：

（1）依据响应面法，取 $f = 2$，以均值点 $m_x = (132000, 102941, 52.7)$ 为中心点，在区间 $(m_x - 2\sigma_x, m_x + 2\sigma_x)$ 内选取样本点，得到 7 个样本点。将样本点代入上述有限元模型中，进行求解得到 7 个函数值。样本点及其应力值见表 4-9。

表 4-9   样本点及其应力值

水平力	垂直力	厚度	应力值
132000	102941	52.7	254.1
113520	102941	52.7	236.6

水平力	垂直力	厚度	应力值
150480	102941	52.7	273.6
132000	88529	52.7	238.3
132000	117353	52.7	272.2
132000	102941	52.2	263.5
132000	102941	53.2	271.3

（2）将表4-9数据代入式（4-35）中求解方程，确定响应面函数的待定系数，从而得到如下的响应面函数。

$$G'(X) = \sigma_s - (1.47451 \times 10^5 + 2.28 \times 10^{-4} F_x + 3.619 \times 10^{-5} F_z - $$
$$5.59948 \times 10^3 l + 2.928 \times 10^{-9} F_x^2 + 5.537 \times 10^{-9} F_z^2 + 53.2 l^2) \qquad (4\text{-}36)$$

（3）运用改进一次二阶矩法分析上面的响应面函数，经10次迭代计算得：

验算点为：$X^{*(1)} = (144731, 112144, 53.3222, 303.818)$。

可靠度指标：$\beta^{(1)} = 3.93055$。

（4）依据式（4-33），选取新的中心点 $X_M^{(1)} = (144743, 112153, 53.3228, 303.776)$。

（5）取 $f = 1$，以 $X_M^{(1)}$ 为中心点选取新的一组样本点，重复以上工作，得到响应面函数为：

$$G'(X) = \sigma_s - (2.14105 \times 10^5 + 1.11621 \times 10^{-3} F_x + 1.47297 \times 10^{-3} F_z - $$
$$7.51038 \times 10^3 l + 1.58532 \times 10^{-10} F_x^2 + 1.96864 \times 10^{-10} F_z^2 + 65.1882 l^2) \qquad (4\text{-}37)$$

（6）运用改进一次二阶矩法分析上面的响应面函数，经2次迭代计算得：

验算点 $X^{*(2)} = (133867, 104455, 53.3542, 338.941)$。

可靠度指标 $\beta^{(2)} = 3.92979$。

由于 $|\beta^{(2)} - \beta^{(1)}| = 0.00076 < 0.001$，$\beta^{(2)}$ 满足精度要求，停止迭代。则装载机工作装置动臂强度可靠度为 $\Phi(3.92979) = 0.99995385$。

第 5 章　工程装备可靠性分配

工程装备的可靠性是依赖于该机械产品各组成单元的，当整体可靠性指标确定后，就要根据产品的结构原理或系统的类型和特点，将总体可靠性指标分配到各个子系统或零部件。可靠性分配是工程装备可靠性设计中不可缺少的一部分，也是可靠性工程的决策性问题。为了实现工程装备的可靠性指标，必须把系统的指标分配给系统的各单元，以便把它设计到系统中去，即把对系统的可靠性要求具体化为对单元的要求，使设计者明确对各单元的具体要求，以便采取有效恰当的设计方法和工程措施，以及正确地选择原材料、元器件、筛选试验等。让生产者明确对各单元的要求，并设法实现，同时也使用户明确要求，便于检查。

5.1　可靠性分配概述

5.1.1　可靠性分配的内涵

所谓可靠性分配，就是把系统的可靠性指标合理地分配到组成此系统的每个单元。在进行系统的可靠性分配时，首先要明确系统的可靠性指标，其次要明确系统和单元之间的可靠性功能关系，再次，进行合理分配，明确各个单元在系统中的重要性，即单元失效对系统工作的影响程度，各个单元的工艺状况与产品改进的潜力以及单元的成本；另外还要考虑维护和修理对功能的影响。

5.1.1.1　可靠性分配的目的

可靠性分配的目的是在规定的条件下，合理或最优确定系统中各单元的可靠度，以满足系统的可靠度要求。使各级设计人员明确其可靠性设计要求，根据要求估计所需人力、时间和资源，并研究实现这个要求的可能性及办法。具体来说：

（1）合理地确定系统中每个单元的可靠度指标。

（2）帮助设计者了解零件、单元（子系统）、系统（整体）间的可靠度相互关系。

（3）通过可靠度分配，使设计者更加全面地权衡系统的性能、功能、重量、费用及有效性等与时间的关系，以期获得更为合理的系统设计，提高产品的设计质量。

（4）通过可靠度分配，使系统所获得的可靠度值比分配前更加切合实际，可节省制造的时间及费用。

可靠度分配主要适用于方案论证及初步设计阶段，且应尽早进行，反复迭代。

5.1.1.2　可靠性分配的原则

在进行系统可靠性分配时应遵循以下几条原则：

（1）对于复杂度高的分系统、设备等，应分配较低的可靠性指标。

（2）对于技术上不成熟的产品，分配较低的可靠性指标。

（3）对于处于恶劣环境条件下工作的产品，应分配较低的可靠性指标。

（4）当把可靠度作为分配参数时，对于需要长期工作的产品，分配较低的可靠性指标。因为产品的可靠性随着工作时间的增加而降低。

（5）对于重要度高的产品，应分配较高的可靠性指标。因为重要度高的产品的故障率会影响人身安全或任务的完成。

（6）对于方便维修的产品，分配的可靠性指标可低些。

（7）对于那些提高可靠性显著而花费成本较小的单元（零部件）分配的可靠性指标应高些。

以上所述的可靠性分配准则不是绝对的，对具体系统应具体情况具体分析。

5.1.2　工程装备可靠性分配指标

衡量工程装备可靠性的指标有很多，但用于可靠性分配的指标通常有三个：可靠度（R）、故障率（λ）和平均无故障工作时间（MTBF）。其中，故障率（λ）是最常用的可靠性分配指标，因为它的计算简单，仅使用加减运算就可以进行可靠性分配，既可以用来描述工程装备整机和子系统的可靠性，又可以用来统计零部件的可靠性情况；可靠度（R）常作为工程装备零部件的可靠性设计目标，也可以用来描述工程装备整机和子系统的可靠性，而且通常比故障率（λ）更加直观，但不容易通过统计立即得到；平均无故障工作时间（MTBF）则常常用来描述工程装备整机和子系统的可靠性情况。由此可见，在进行工程装备系统的可靠性分配时，常常要根据需要选择合适的可靠性分配指标，更有效地进行可靠性分配工作。

5.1.3　可靠性分配方法研究现状

系统可靠性分配本质上是一个工程决策问题，是一个众多因素综合权衡的过程。目前，文献中的可靠性分配方法大致可以分成两类。一类是将可靠性分配问题看作一个优化问题，建立优化模型，根据问题的特点选择相应的优化方法来求解。Kuo 等人从系统结构、优化模型、优化方法及其应用等方面对可靠性优化分配问题做了详尽的综述。另一类是工程方法，常用的如等分配法、比例组合法、评分分配法、AGREE 分配法等，它们综合考虑各种影响因素，并将这些因素通过不同方法量化为一组权重值，然后通过权重分配的方式把可靠性目标值分配给各个单元。这类方法在工程上简便可行、易于使用，而且一般能够满足工程上的需要。

在产品的设计中，由于受到统计数据的不完善、性能指标要求的不确定以及专家主观评价不准确等客观和主观不确定性的限制，可靠性指标分配结果的合理性难免受到影响。因此，目前国内外对工程分配方法的研究主要集中在权重的合理评价及其获取方面，即通过何种方法更加有效的评价这些存在的不确定性。张健和彭宝华使用层次分析法（AHP，Analytic Hierarchy Process）进行系统可靠性分配；黄洪钟提出基于模糊综合评判的机械可靠性分配方法；赵德孜等人使用模糊决策理论中的多级模糊综合评判和模糊排序的基本思想，处理机械可靠性分配中存在的模糊性；随后赵德孜等人对现有的模糊综合评判方法进行改进，提出一种基于模糊数的可靠性模糊分配方法，更全面地考虑了评价中存在的模糊性；徐勇等人使用专家经验训练神经网络进行综合评价，从而减少专家评价的主观性；左明健通过综合评价的方法对 CNC 机床的可靠性进行了分配。本质上，上述文献通过不同的评价方法获得各种因素的分配权重值，并在此基础上将分配目标值合理分配给下层单元。

5.2 传统可靠性分配方法

5.2.1 等分配方法

在设计初期，一般采用等分配的方法。其分配的基本思想是为使系统获得规定可靠性指标 R_s^*，对全部子系统（或零部件）给予相等的可靠度。

对串联系统有：

$$R_i^* = (R_s^*)^{\frac{1}{n}} \tag{5-1}$$

对并联系统有：

$$R_i^* = 1 - (1 - R_s^*)^{\frac{1}{n}} \tag{5-2}$$

5.2.2 按预计失效率（或故障率）的分配方法

按预计失效率（或故障率）的分配方法的分配基本思想是：对每个子系统或单元分配的失效率（或故障率）与预计的失效率（或故障率）——现有可靠性水平成正比。即预计的失效率（或故障率）越大，分配给它的允许失效率（或故障率）越大，这种方法适用于失效率（或故障率）恒定的系统。分配原则为：

$$\sum_{i=1}^{n} \lambda_i^* \leqslant \lambda_s^* \tag{5-3}$$

式中，λ_i^* 为分配给第 i 个子系统（或单元）的失效率（或故障率）；λ_s^* 为规定的系统允许失效率（或故障率）。

分配步骤如下：

（1）根据以往的失效（或故障）数据来预计，确定子系统（或单元）的失效率（或故障率）λ_i。

（2）根据预计失效率（或故障率）λ_i，给每个子系统（或单元）按式（5-4）确定加权因子 W_i。

$$W_i = \frac{\lambda_i}{\sum_{i=1}^{n} \lambda_i} \quad (i = 1, 2, \cdots, n) \tag{5-4}$$

（3）按式（5-5）分配给子系统（或单元）的失效率（或故障率）。

$$\lambda_i^* = W_i \lambda_s^* \tag{5-5}$$

5.2.3 按预计失效率（或故障率）和重要度的分配方法

按预计失效率（或故障率）和重要度的分配方法与按预计失效率（或故障率）的分配方法相比较，差别在于它考虑了各单元不同的重要度 E_i 和各单元不同的工作时间 t_i。

其分配失效率（或故障率）的基本公式为：

$$\lambda_i^* \leqslant \frac{W_i \lambda_s^* t_s}{E_i t_i} \quad (i=1,2,\cdots,n) \tag{5-6}$$

式中，W_i 为各单元的加权因子；λ_s^* 为规定的系统失效率（或故障率）；t_s 为系统的工作时间；E_i 为单元 i 的重要度；t_i 为单元 i 的工作时间。

若转化为按系统所要求的可靠度指标 $R_s^*(t_s)$ 来分配单元的可靠度时，则其分配给单元的可靠度基本公式为：

$$R_i^*(t_i) \geqslant 1 - \frac{1 - R_s^*(t_s)^{W_i}}{E_i} \tag{5-7}$$

具体步骤如下：

（1）由各单元的预计失效率（或故障率）λ_1，λ_2，$\cdots$，λ_n 计算出系统的预计失效率（或故障率）λ_s。

$$\lambda_s = \sum_{i=1}^{n} \lambda_i \tag{5-8}$$

（2）由系统的工作时间 t_s、各单元的工作时间 t_i 及相应的预计失效率（或故障率）λ_s 和 λ_i 计算系统的预计可靠度和各单元的预计可靠度。

（3）计算加权因子 W_i。

$$W_i = \frac{\lambda_i}{\lambda_s} \tag{5-9}$$

（4）由各单元的预计失效率（或故障率）λ_i、加权因子 W_i、重要度 E_i 按式（5-6）将系统要求的失效率（或故障率）λ_s^* 分配给各单元，或按式（5-7）将系统要求的可靠度 $R_s^*(t_s)$ 分配给各单元。

5.2.4 AGREE 分配方法

AGREE 分配方法是一种比较完善的可靠性分配方法，是由美国国防部电子设备可靠性咨询组（英文缩写为 AGREE）于 1957 年提出来的。该分配方法根据每个子系统的重要程度、复杂程度及工作时间等进行可靠性指标的分配，应用比较广泛。

假设一个由 K 个子系统串联而成的系统，每个子系统具有指数失效分布（子系统的失效率为一常数），分配的可靠性指标为 λ_i^*，则分配公式为：

$$\lambda_i^* = \frac{n_i[-\ln R_s^*(t_s)]}{NE_i t_i} \quad (i=1,2,\cdots,K) \tag{5-10}$$

式中　t_s——系统的工作时间；

　　t_i——第 i 个子系统的工作时间；

　　R_s^*——系统要求的可靠度；

　　E_i——第 i 个子系统的重要度；

n_i——第 i 个子系统中单元的数目；

N——系统的总单元数。

而相应的第 i 个子系统分配的可靠度为：

$$R_i^*(t_i) = \exp(-\lambda_i t_i) \tag{5-11}$$

式中 $R_i^*(t_i)$——分配给子系统 i 的可靠度。

5.3 工程装备可靠性分配的特点及对策

5.3.1 工程装备可靠性分配的特点分析

随着现代工程装备向大型、综合、复杂化方向发展，组成单元越来越多，系统的可靠性分配愈加困难。根据国军标 GJB 450A—2004 规定，产品的可靠性分配应在初始设计阶段（方案的论证及设计阶段）内进行。而由于工程装备属于多发性故障、多故障模式类别的复杂机电产品，其可靠性数据统计的结果会因统计方法的不同相差很大，且不同型号及类型的工程装备的可靠性数据也往往具有较大的特异性，因而在初始设计阶段，适用于工程装备可靠性分配的可靠性数据或是不足，或是可信性不大。另一方面工程装备是能完成机动和作业等功能的复杂机械系统，是由上万个零部件单元组成的机器。传统的电子系统可靠性分配方法已经不能适应工程装备的系统可靠性分配。新型工程装备在研制中，可靠性分配仅进行到较高层次的分系统。若再对低层次的分系统或零件进行可靠性分配，其结果很难与实际相符。以 12V150L 发动机为例，说明按串联模型进行机械系统基本可靠性分配所面临的挑战。设 12V150L 发动机的系统可靠性设计指标为 500 h，由 3700 个零件组成，各零件故障服从指数分布，则按等分配法，按公式（5-12）可以算得各零件的平均故障间隔时间应当达到 18.5 万小时之高。

$$MTBF_i = \frac{1}{\lambda_i} = \frac{1}{\dfrac{\lambda_s}{3700}} = 1.85 \times 10^6 \text{h} \tag{5-12}$$

5.3.2 工程装备可靠性分配的对策分析

工程装备可靠度合理分配的目的是将有限的资源加以充分地利用，保证其可靠度满足要求，并使整个系统在整个使用期间获得最大的经济效益。而工程装备可靠性指标与产品的许多性能指标、经济指标密切相关，所以确定产品的可靠性和对可靠性指标进行分配时，应综合考虑产品零件的重要程度、制造水平、复杂程度、费用、寿命等多方面的因素。

（1）重要程度。由于各子系统（或部件）在工程装备系统中所处的地位和作用不同，因而其重要程度也不同。有的子系统或部件一旦失效，就可能造成很大的经济损失，甚至造成灾难性事故；而有的子系统或部件失效后，不会造成较大的经济损失。此外，还应当考虑工程装备各子系统（或部件）在完成作战工程保障任务中的重要程度。对完成工程保障任务影响较大的子系统，应分配较高的可靠度。如传动子系统，民用机械作业环境一般相对稳定，对行驶速度要求不是很高；而工程装备要伴随部队执行工程保障任务，需要较好的机动能力，行驶速度要求远高于民用机械。因此，军用产品的传动子系统需分配较高的可靠度。

（2）制造水平。制造过程是保证可靠性的关键环节，设计所要求的可靠性是在制造过程中加以保证的。由于加工工艺的不同，不同零部件的制造水平也不尽相同。工程装备的可靠性设计不仅要考虑设计制造工艺，还应考虑部队应用过程中维修保障可能会遇到的困难。对制造水平较高，部队自身保障困难的零部件分配较高的可靠性。因此，加工制造的可靠性也应予以考虑。

（3）复杂程度。对于不同的子系统（或部件），其结构的复杂程度不同，可靠度的数值也不同，结构复杂的子系统可靠度应取低值。对于包含有并联等多冗余度的子系统，尽管其结构可能较复杂。但是仍可分配较高的可靠度。

（4）费用。系统的可靠度分配应该是使在研制、设计与制造、使用与维修等装备的全寿命周期中费用总和最小。工程装备系统可靠度分配是否合理，必须考虑产品的费用，不应只追求高可靠度而导致费用增加过大。因此，费用是确定可靠度的重要因素。

（5）寿命。工程装备可靠度的分配应考虑子系统在整个寿命周期内的维修保养问题，对于要求寿命长，维修保养不易的子系统（或部件）应分配较高的可靠度，以减少全寿命周期费用；对于寿命要求不高，维修更换方便的部件可分配较低的可靠度，以提高全寿命周期费效比。

上述因素中包括一些模糊因素，如重要程度、复杂程度、制造水平等都不能用一个函数式来表达，也没有明确的界限，而且各个因素在一定的具体条件下取值也是不同的。要把这些因素考虑进入系统可靠度的分配中，按照传统的数学方法是相当困难、甚至是不可能的。因此，初始设计阶段的工程装备可靠性分配实质上是一种模糊决策，尤其是新装备，这时，基于传统数学的分配方法难以得出较合理的决策结果，其原因在于精确数学及随机数学处理模糊问题的局限性。所以，本章将研究模糊事物的模糊数学应用于工程装备系统可靠性分配中。

另一方面，工程装备的系统可靠性分配是将系统设计的可靠度要求逐步分解到每一个零件单元，以零件的可靠度保证系统的可靠度，即把小样本问题转化为大样本问题进行研究，分配过程是一个从整体到部分循环修正的过程。因此本章按照"整机→一级子系统→二级子系统→零部件单元→零件"的流程进行可靠度四级分配。而随掌握可靠性资料的多少、设计的阶段以及目标和限制条件等的不同，本章将以军用轮式高速挖掘机（简称军用挖掘机）为例运用适当的可靠性分配方法对每级可靠度进行最优分配。

5.4 工程装备层次可靠性分配方法

5.4.1 结构层次分析

军用挖掘机是一种典型的轮式挖掘机，其斗容量为 $0.8m^3$、机重 20T，最高行驶速度为 50km/h，军用挖掘机示意图如图 5-1 所示。

根据之前对工程装备的功能分析，同理可将军用挖掘机整机作为一个系统，第一层次结构可分为发动机子系统、传动子系统、液压子系统、工作装置子系统、电气子系统和其他子系统；然后根据各子系统的具体结构，建立了军用挖掘机的结构层次模型，如图 5-2

图 5-1 军用挖掘机示意图

所示，下面根据其结构层次模型，按照"整机→一级子系统→二级子系统→零部件单元→零件"的层次结构，采用适当的方法对军用挖掘机进行四级可靠度分配。

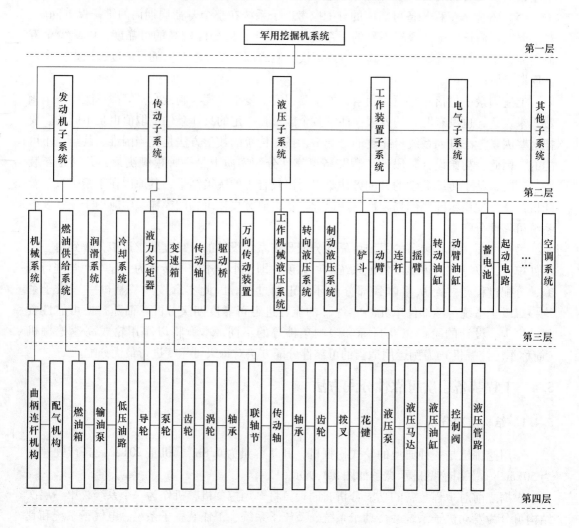

图 5-2 军用挖掘机结构层次模型

5.4.2 一级可靠度分配

一级可靠度分配的目的是将工程装备的可靠度从整机分配到发动机、传动系统、液压系统等一级子系统。

根据实际统计数据拟合分析得出：多数情况下，常用工程装备的整机故障分布可按指数分布来考虑。比较几种常用可靠性分配方法，在已知各子系统的失效率时，系统的一级可靠性分配一般采用相对失效概率法。此法是将系统允许的失效概率按照各子系统到预定时间失效概率的相对比例进行分配，进而得到各个子系统的可靠度。它的特点是以各个子系统的现有故障率为基础，适用于失效率（或故障率）恒定且服从指数分布的系统。此方法计算比较简单方便，对挖掘机也同样适用。结合军用挖掘机的实际情况，考虑到军用挖掘机各子系统对影响完成工程保障任务的重要度不同等因素，采用按相对失效率和重要度相结合的分配方法对军用挖掘机整机进行一级可靠度分配。以下是可靠度分配的一般步骤如下：

（1）根据以往积累的或观察和估计得到的数据，得出系统各子系统或单元的平均无故障工作时间（MTBF）M_i，求出各子系统或单元的失效率 λ_i，计算出系统的预计失效率（或故障率）λ_s。

$$\lambda_i = \frac{1}{M_i} \tag{5-13}$$

$$\lambda_s = \sum_{i=1}^{n} \lambda_i \tag{5-14}$$

（2）计算加权因子 W_i 为：

$$W_i = \frac{\lambda_i}{\lambda_s} \tag{5-15}$$

（3）由各子系统或单元的失效率 λ_i、加权因子 W_i、重要度 E_i 和系统要求的可靠度 $R_s^*(t_s)$ 求出各单元的可靠度 $R_i^*(t_i)$：

$$R_i^*(t_i) \geqslant 1 - \frac{1 - R_s^*(t_s)^{W_i}}{E_i} \tag{5-16}$$

（4）校核分配结果。

相对失效率和重要度相结合的可靠度分配流程如图 5-3 所示。

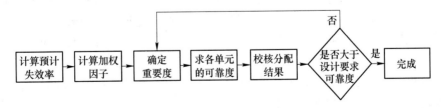

图 5-3 相对失效率和重要度相结合的可靠度分配流程图

具体到军用挖掘机系统一般由发动机子系统、传动子系统、液压子系统、作业装置子系统和其他子系统组成，可将它们看成是一个串联系统。如军用挖掘机，其可靠性逻辑框图如图 5-4 所示。

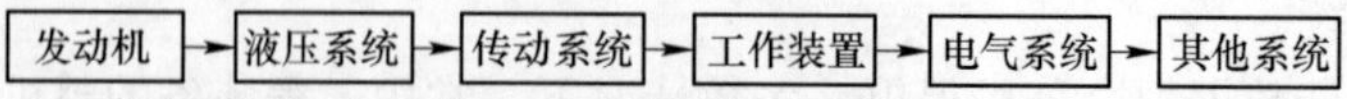

发动机 → 液压系统 → 传动系统 → 工作装置 → 电气系统 → 其他系统

图 5-4　军用挖掘机系统基本可靠性框图

通过查阅相关资料以及咨询生产厂家及技术人员得知：发动机平均无故障时间约为400h；传动系统平均无故障时间约为300h；液压系统平均无故障时间为350h；作业装置平均无故障时间为200h；电气系统平均无故障时间为400h；其他机构平均无故障时间为600h。据资料：军用挖掘机整机平均无故障时间约为200h。国军标 GJB 3445—98 指出军用挖掘机产品的许用可靠度范围是 0.90～0.99，考虑到军用挖掘机的具体情况，因此将其可靠度定为 0.90，即 $R_s = 0.90$。

由公式 $R_s = e^{-\lambda_s t_i} = e^{M_s}$，可求得系统工作时间：$t = t_i = -\ln R_s \cdot M_s = 21.3$。以下为可靠度分配具体步骤：

（1）将各子系统平均无故障时间 M_i 代入式（5-12）求出失效率 λ_i。由上述资料已知：$M_1 = 400h$，$M_2 = 300h$，$M_3 = 350h$，$M_4 = 100h$，$M_5 = 400h$，$M_6 = 600h$，则：

$$\lambda_1 = \frac{1}{M_1} = 2.5 \times 10^{-3}/h \qquad \lambda_2 = \frac{1}{M_2} = 3.33 \times 10^{-3}/h$$

$$\lambda_3 = \frac{1}{M_3} = 2.88 \times 10^{-3}/h \qquad \lambda_4 = \frac{1}{M_4} = 5 \times 10^{-3}/h$$

$$\lambda_5 = \frac{1}{M_5} = 2.5 \times 10^{-3}/h \qquad \lambda_6 = \frac{1}{M_6} = 1.67 \times 10^{-3}/h$$

即系统的失效率（或故障率）：$\lambda_s = \sum_{i=1}^{6} \lambda_i = 1.788 \times 10^{-2}/h$。

（2）计算加权因子 W_i。

$$W_1 = \frac{\lambda_1}{\lambda_s} = 0.1398 \qquad W_2 = \frac{\lambda_2}{\lambda_s} = 0.1862$$

$$W_3 = \frac{\lambda_3}{\lambda_s} = 0.1611 \qquad W_4 = \frac{\lambda_4}{\lambda_s} = 0.2796$$

$$W_5 = \frac{\lambda_5}{\lambda_s} = 0.1398 \qquad W_6 = \frac{\lambda_6}{\lambda_s} = 0.0934$$

（3）根据有关资料及生产厂家技术人员的分析：军用挖掘机各个子系统为串联，且发动机子系统、传动子系统、液压子系统都属于挖掘机中比较重要的部分，他们发生故障都将引起挖掘机整机系统的故障，直接影响到工程保障任务的进行。而作业装置、电气系统和其他机构（包括制动、转向、司机室、行走装置等）子系统的某些故障，如挖斗磨损、仪表盘损坏等故障对整个系统的工作性能影响不大，尤其是在保障战时工程作业任务可暂时忽略。因此初步确定各子系统的重要度分别为：$E_1 = E_2 = E_3 = 1$，$E_4 = E_5 = E_6 = 0.95$，根据式（5-16）暂取最小值分配各个子系统的可靠度 R_i，有

$$R_1 \geqslant 1 - \frac{1 - R_s^{W_1}}{E_1} = 1 - \frac{1 - 0.90^{0.1389}}{1} = 0.9855$$

$$R_2 \geqslant 1 - \frac{1 - R_s^{W_2}}{E_2} = 1 - \frac{1 - 0.90^{0.1862}}{1} = 0.9806$$

$$R_3 \geqslant 1 - \frac{1 - R_s^{W_3}}{E_3} = 1 - \frac{1 - 0.90^{0.1611}}{1} = 0.9832$$

$$R_4 \geqslant 1 - \frac{1 - R_s^{W_4}}{E_4} = 1 - \frac{1 - 0.90^{0.2796}}{0.95} = 0.9695$$

$$R_5 \geqslant 1 - \frac{1 - R_s^{W_5}}{E_5} = 1 - \frac{1 - 0.90^{0.1398}}{0.95} = 0.9847$$

$$R_6 \geqslant 1 - \frac{1 - R_s^{W_6}}{E_6} = 1 - \frac{1 - 0.90^{0.0934}}{0.95} = 0.9897$$

（4）校核系统可靠度：

$$R_s^* = \prod_{i=1}^{6} R_i = 0.9745$$

即 $R_s^* > R_s$，满足设计要求的系统可靠度。

有关计算结果见表5-1。

表5-1　整机一级子系统可靠度分配计算结果

子系统	M_i/h	$\lambda_i/10^{-3} \cdot h^{-1}$	W_i	E_i	R_i
发动机子系统	400	2.5	0.1398	1	0.9855
传动子系统	300	3.33	0.1862	1	0.9806
液压子系统	350	2.88	0.1611	1	0.9832
作业装置系统	100	5	0.2796	0.95	0.9695
电气子系统	400	2.5	0.1398	0.95	0.9847
其他子系统	600	1.67	0.0934	0.95	0.9897

5.4.3 二级可靠度分配

二级可靠度分配的目的是将工程装备的可靠度从传动系统、发动机一级子系统分配到变速箱、传动轴等总成件。

挖掘机是一个复杂的机械系统，具有组成子系统、零部件多且复杂的特点。考虑到传动系统对行驶功能的重要影响，着重研究了传动子系统的可靠性分配。军用挖掘机采用机械传动系统，由3个子系统串联而成，如图5-5所示，它们分别是变速箱子系统、传动轴子系统、驱动桥子系统。

由于挖掘机传动系统的可靠度和费用没有明确限定，用模糊推理方法研究各子系统的可靠度分配更为方便。这样不用研究各子系统之间的联系，只需单独分析各子系统在挖掘

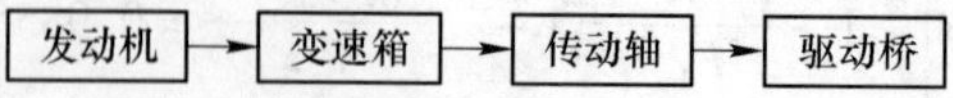

$$发动机 \rightarrow 变速箱 \rightarrow 传动轴 \rightarrow 驱动桥$$

图 5-5　传动系统可靠性逻辑框图

机系统中所处的地位和作用，并从费用、重要性、复杂性、制造水平等方面考虑，提出如下的推理语句：对某个子系统可靠度从费用考虑应取较小值，从重要性考虑应取较大值等。这些推理语句含有模糊因素，可用模糊数学理论对这些推理语句量化处理，从而进行可靠度分配。如果分配值大于要求的可靠度则分配完成，如小于要求值，则将预测值按从小到大排列，进行可靠度再分配。因此，采用基于模糊推理与模糊综合评判和再分配相结合的方法进行，其流程如图 5-6 所示，其步骤如下：

（1）建立因素集，离散子系统可靠度。

1）确定影响系统可靠性水平的因素集。军用挖掘机的传动系统主要考虑重要程度 u_1、制造水平 u_2、复杂程度 u_3、费用 u_4 四个因素，取因素集：

$$U = u_i = \{u_1, u_2, u_3, u_4\} \quad (i = 1,2,3,4)$$

2）根据相关规定和前面计算得到的机械传动系统的可靠度值，并参考有关资料，初步确定这 3 个子系统的可靠度范围为：

$$R_{A1} \in [0.980, 0.989], R_{A2} \in [0.990, 0.999], R_{A3} \in [0.980, 0.989]$$

可划分为离散形式如下：

$$R_{A1} \in \{0.980, 0.981, 0.982, 0.983, 0.984, 0.985, 0.986, 0.987, 0.988, 0.989\}$$
$$R_{A2} \in \{0.990, 0.991, 0.992, 0.993, 0.994, 0.995, 0.996, 0.997, 0.998, 0.999\}$$
$$R_{A3} \in \{0.980, 0.981, 0.982, 0.983, 0.984, 0.985, 0.986, 0.987, 0.988, 0.989\}$$

（2）确定因素的权重集。根据生产厂家技术人员及某部修理所修理人员提供的资料并参考相关的文献，取权重集为：

$$\tilde{W} = \{w_1, w_2, w_3, w_4\} = [0.4, 0.3, 0.2, 0.1]$$

（3）建立模糊子集。对于某一评语等级 m_i，需要确定各可靠度指标备择元 R_j 对该评语等级的隶属度。隶属函数及隶属度的确定是模糊决策的关键，可根据实际情况推理评语等级与可靠度指标的模糊关系，即确定第 j 个可靠度指标备择元 R_j 对第 i 个评语等级 m_i 的隶属度为一模糊子集。

1）评语集为：

$$M = \{m_1, m_2, m_3, m_4, m_5\} = \{小, 较小, 中等, 较大, 大\}$$

2）可靠度 R_{Ai} 对评语集 m_i 的隶属度建立的模糊子集为：

$$\psi_{m_1}(\tilde{R}_{Ai}) = \{1, 0.8, 0.2, 0, 0, 0, 0, 0, 0, 0\}$$
$$\psi_{m_2}(\tilde{R}_{Ai}) = \{0.2, 0.6, 0.8, 1, 0.2, 0.2, 0, 0, 0, 0\}$$
$$\psi_{m_3}(\tilde{R}_{Ai}) = \{0, 0, 0, 0, 0, 0.4, 0.6, 1, 0.8, 0.2\}$$
$$\psi_{m_4}(\tilde{R}_{Ai}) = \{0, 0, 0, 0, 0, 0.4, 0.8, 1.0, 0.2\}$$
$$\psi_{m_5}(\tilde{R}_{Ai}) = \{0, 0, 0, 0, 0, 0, 0, 0.6, 0.8, 1\}$$

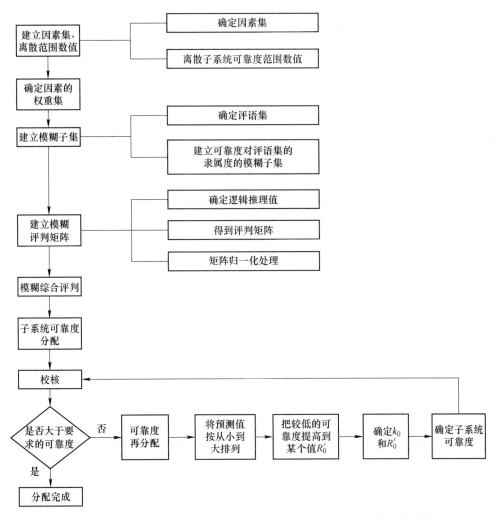

图 5-6 基于模糊推理与模糊综合评判及再分配思想的可靠度分配流程图

（4）由逻辑推理建立模糊评判矩阵。对于 A_1（变速箱子系统），其逻辑推理为：该子系统从重要度考虑，可靠度应取最大值，即 $\psi_{u_1}(\tilde{R}_1) = \psi_{m_5}(\tilde{R}_{A_1})$；从制造水平考虑，可靠度应取较大值，即 $\psi_{u_2}(\tilde{R}_1) = \psi_{m_4}(\tilde{R}_{A_1})$；从复杂程度考虑，可靠度应取中等值，$\psi_{u_3}(\tilde{R}_1) = \psi_{m_3}(\tilde{R}_{A_1})$；从费用考虑，可靠度应取最小的可靠度值，即 $\psi_{u_4}(\tilde{R}_1) = \psi_{m_1}(\tilde{R}_{A_1})$。

对于 A_2（传动轴子系统）、A_3（驱动桥子系统），其逻辑推理为：这两个子系统从重要度考虑，可靠度应取较大值，即 $\psi_{u_1}(\tilde{R}_2) = \psi_{m_4}(\tilde{R}_{A_2})$；从制造水平考虑，可靠度应取大值，即 $\psi_{u_2}(\tilde{R}_2) = \psi_{m_5}(\tilde{R}_{A_2})$；从复杂程度考虑，可靠度应取较大值，即 $\psi_{u_3}(\tilde{R}_2) = \psi_{m_4}(\tilde{R}_{A_2})$；从费用考虑，可靠度应取最小的可靠度值，即 $\psi_{u_4}(\tilde{R}_2) = \psi_{m_1}(\tilde{R}_{A_2})$。

影响传动系统可靠度的因素共有 4 个，对第 1 个子系统 A_1 可靠度总的评判矩阵记为 $\tilde{F}_{A_1}$，第 k 个因素（$1 \leqslant k \leqslant 4$）对第 1 个子系统 A_1 可靠度的评价为 $\tilde{f}_{kA_1}$。则有：
$$\tilde{F}_{A_1} = \{\tilde{f}_{1A_1}, \tilde{f}_{2A_1}, \tilde{f}_{3A_1}, \tilde{f}_{4A_1}\}$$
第 k 个因素对第 1 个子系统的第 j 个被分离的可靠度（$1 \leqslant j \leqslant 10$）评价记为：$f_{kA_1j}$，表示第 k 个因素对第 1 个子系统的第 j 个被分离的可靠度的隶属度（$1 \leqslant k \leqslant 4$）。由逻辑推理得到的各个因素的各个等级对第一个子系统可靠度取值影响的评判矩阵：

$$\tilde{\boldsymbol{F}}_{A_1} = \begin{bmatrix} \tilde{f}_{1A_1} \\ \tilde{f}_{2A_1} \\ \vdots \\ \tilde{f}_{kA_1} \end{bmatrix} = \begin{bmatrix} f_{1A_11} & f_{1A_12} & \cdots & f_{1A_1j} \\ f_{2A_11} & f_{2A_12} & \cdots & f_{2A_1j} \\ \vdots & \vdots & \vdots & \vdots \\ f_{kA_11} & f_{kA_12} & \cdots & f_{kA_1j} \end{bmatrix}$$

$$= \begin{bmatrix} 0 & 0 & 0 & 0 & 0 & 0 & 0 & 0.6 & 0.8 & 1.0 \\ 0 & 0 & 0 & 0 & 0 & 0.4 & 0.8 & 1.0 & 0.2 \\ 0 & 0 & 0 & 0 & 0 & 0.4 & 0.6 & 1.0 & 0.8 & 0.2 \\ 1.0 & 0.8 & 0.2 & 0 & 0 & 0 & 0 & 0 & 0 & 0 \end{bmatrix} \tag{5-17}$$

$$\tilde{\boldsymbol{F}}_{A_2} = \tilde{\boldsymbol{F}}_{A_3} = \begin{bmatrix} \tilde{f}_{1A_2} \\ \tilde{f}_{2A_2} \\ \vdots \\ \tilde{f}_{kA_2} \end{bmatrix} = \begin{bmatrix} f_{1A_21} & f_{1A_22} & \cdots & f_{1A_2j} \\ f_{2A_21} & f_{2A_22} & \cdots & f_{2A_2j} \\ \vdots & \vdots & \vdots & \vdots \\ f_{kA_21} & f_{kA_22} & \cdots & f_{kA_2j} \end{bmatrix}$$

$$= \begin{bmatrix} 0 & 0 & 0 & 0 & 0 & 0.4 & 0.6 & 1.0 & 0.8 & 0.2 \\ 0 & 0 & 0 & 0 & 0 & 0 & 0 & 0.6 & 0.8 & 1.0 \\ 0 & 0 & 0 & 0 & 0.4 & 0.6 & 1.0 & 0.8 & 0.2 \\ 1.0 & 0.8 & 0.2 & 0 & 0 & 0 & 0 & 0 & 0 & 0 \end{bmatrix} \tag{5-18}$$

将其归一化处理得：

$$\tilde{\boldsymbol{F}}_{A_1} = \begin{bmatrix} 0 & 0 & 0 & 0 & 0 & 0 & 0 & 0.25 & 0.333 & 0.417 \\ 0 & 0 & 0 & 0 & 0 & 0 & 0.167 & 0.333 & 0.417333 & 0.083 \\ 0 & 0 & 0 & 0 & 0 & 0.133 & 0.2 & 0.333 & 0.267 & 0.067 \\ 0.5 & 0.4 & 0.1 & 0 & 0 & 0 & 0 & 0 & 0 & 0 \end{bmatrix}$$

$$\tilde{\boldsymbol{F}}_{A_2} = \tilde{\boldsymbol{F}}_{A_3} = \begin{bmatrix} 0 & 0 & 0 & 0 & 0 & 0.133 & 0.2 & 0.333 & 0.267 & 0.067 \\ 0 & 0 & 0 & 0 & 0 & 0 & 0 & 0.25 & 0.333 & 0.417 \\ 0 & 0 & 0 & 0 & 0 & 0.133 & 0.2 & 0.333 & 0.267 & 0.067 \\ 0.5 & 0.4 & 0.1 & 0 & 0 & 0 & 0 & 0 & 0 & 0 \end{bmatrix}$$

（5）模糊综合评判。通常各个因素影响可靠度取值的重要程度是不同的。由 $\tilde{\boldsymbol{W}} = \begin{bmatrix} 0.4 & 0.3 & 0.2 & 0.1 \end{bmatrix}$，得：

$$\tilde{\boldsymbol{B}}_1 = \tilde{\boldsymbol{W}} \cdot \tilde{\boldsymbol{F}}_{A_1} \tag{5-19}$$

即：

$$\tilde{\boldsymbol{B}}_1 = \begin{bmatrix} 0.4 & 0.3 & 0.2 & 0.1 \end{bmatrix}$$
$$\begin{bmatrix} 0 & 0 & 0 & 0 & 0 & 0 & 0 & 0.25 & 0.333 & 0.417 \\ 0 & 0 & 0 & 0 & 0 & 0 & 0.167 & 0.333 & 0.417 & 0.083 \\ 0 & 0 & 0 & 0 & 0 & 0.133 & 0.2 & 0.333 & 0.267 & 0.067 \\ 0.5 & 0.4 & 0.1 & 0 & 0 & 0 & 0 & 0 & 0 & 0 \end{bmatrix}$$

$$= \begin{bmatrix} 0.05 & 0.04 & 0.01 & 0 & 0 & 0.027 & 0.09 & 0.267 & 0.312 & 0.205 \end{bmatrix}$$

$$\tilde{\boldsymbol{B}}_2 = \tilde{\boldsymbol{B}}_3 = \tilde{\boldsymbol{W}} \cdot \tilde{\boldsymbol{F}}_{A_2} \tag{5-20}$$

即：

$$\tilde{\boldsymbol{B}}_2 = \tilde{\boldsymbol{B}}_3 = \begin{bmatrix} 0.4 & 0.3 & 0.2 & 0.1 \end{bmatrix}$$

$$\begin{bmatrix} 0 & 0 & 0 & 0 & 0 & 0.133 & 0.2 & 0.333 & 0.267 & 0.067 \\ 0 & 0 & 0 & 0 & 0 & 0 & 0 & 0.25 & 0.333 & 0.417 \\ 0 & 0 & 0 & 0 & 0 & 0.133 & 0.2 & 0.333 & 0.267 & 0.067 \\ 0.5 & 0.4 & 0.1 & 0 & 0 & 0 & 0 & 0 & 0 & 0 \end{bmatrix}$$

$$= \begin{bmatrix} 0.05 & 0.04 & 0.01 & 0 & 0 & 0.08 & 0.12 & 0.275 & 0.26 & 0.165 \end{bmatrix}$$

（6）子系统可靠度分配。

$$R'_{A_1} = \tilde{\boldsymbol{B}}_1 \cdot \boldsymbol{R}_{A_1}^{\mathrm{T}} = \begin{bmatrix} 0.05 & 0.04 & 0.01 & 0 & 0 & 0.027 & 0.09 & 0.267 & 0.312 & 0.205 \end{bmatrix} \cdot$$
$$\begin{bmatrix} 0.980 & 0.981 & 0.982 & 0.983 & 0.984 & 0.985 & 0.986 & 0.987 & 0.988 & 0.989 \end{bmatrix}^{\mathrm{T}}$$
$$= 0.9869$$

$$R'_{A_2} = \tilde{\boldsymbol{B}}_1 \cdot \boldsymbol{R}_{A_2}^{\mathrm{T}} = \begin{bmatrix} 0.05 & 0.04 & 0.01 & 0 & 0 & 0.08 & 0.12 & 0.275 & 0.26 & 0.165 \end{bmatrix} \cdot$$
$$\begin{bmatrix} 0.990 & 0.991 & 0.992 & 0.993 & 0.994 & 0.995 & 0.996 & 0.997 & 0.998 & 0.999 \end{bmatrix}^{\mathrm{T}}$$
$$= 0.9967$$

$$R'_{A_3} = \tilde{\boldsymbol{B}}_1 \cdot \boldsymbol{R}_{A_3}^{\mathrm{T}} = \begin{bmatrix} 0.05 & 0.04 & 0.01 & 0 & 0 & 0.08 & 0.12 & 0.275 & 0.26 & 0.165 \end{bmatrix} \cdot$$
$$\begin{bmatrix} 0.980 & 0.981 & 0.982 & 0.983 & 0.984 & 0.985 & 0.986 & 0.987 & 0.988 & 0.989 \end{bmatrix}^{\mathrm{T}}$$
$$= 0.9867$$

（7）校核。

$$R'_{\mathrm{A}} = R'_{A_1} = R'_{A_2} = R'_{A_3} = 0.9705 < 0.9806 = R_2$$

式中，$R_2 = 0.9806$ 为对军用挖掘机整机进行可靠度分配时得到的传动子系统的可靠度。计算值较小，需要对传动系统的子系统的可靠度进行再分配。

（8）可靠度再分配。对各个子系统的可靠度进行再次分配，由于提高低可靠度单元的可靠性效果显著而且在技术上容易实现。因此，可靠度再分配法的基本思想是：把原来可靠度较低的分系统的可靠度提高到某个值，而对原来可靠度较高的分系统的可靠度仍保持不变。其具体步骤如下：

1）先将各预测值按从小到大的次序排列，则有：

$$R'_{A_3} < R'_{A_1} < R'_{A_2}$$

2）按可靠度再分配的基本思想，把较低的可靠度 R'_1，R'_2，…，R'_{k_0} 都提高到某个值 R'_0，而原来较高的可靠度 R'_{k_0+1}，…，R'_n 保持不变，则系统可靠度 R'_s 为：

$$R'_{\mathrm{s}} = R'^{k_0}_0 \prod_{i=k_0+1}^{n} R'_i \tag{5-21}$$

使 R'_s 满足规定的系统可靠度指标要求，也即

$$R'_{\mathrm{s}} = R_{\mathrm{s}} = R'^{k_0}_0 \prod_{i=k_0+1}^{n} R'_i \tag{5-22}$$

3）确定 k_0 及 R'_0，也即确定哪些分系统的可靠度需要提高，以及提高到什么程度。k_0 可以通过不等式（5-23）求得：

$$r_j = \left[\frac{R_s}{\prod\limits_{i=k_0+1}^{n+1} R'_i}\right]^{1/k_0} > R'_j \tag{5-23}$$

令 $R'_{n+1} = 1$，k_0 就是满足不等式（5-21）中 j 的最大值，则：

$$R'_0 = \left[\frac{R_s}{\prod\limits_{i=k_0+1}^{n+1} R'_i}\right]^{1/k_0} \tag{5-24}$$

根据式（5-21），有

$$j = 1, r_1 = \left[\frac{R_s}{\prod\limits_{i=2}^{4} R'_i}\right]^{1/1} = \left(\frac{0.9806}{0.9869 \times 0.9967 \times 1}\right)^{1/1} = 0.9969 > R'_{A_3}$$

$$j = 2, r_2 = \left[\frac{R_s}{\prod\limits_{i=3}^{4} R'_i}\right]^{1/2} = \left(\frac{0.9806}{0.9967 \times 1}\right)^{1/2} = 0.9912 > R'_{A_1}$$

$$j = 3, r_3 = [R_s]^{1/3} = (0.9806)^{1/3} = 0.9934 < R'_{A_2}$$

根据上述可知，k_0 就是满足不等式（5-23）中 j 的最大值，因此 $k_0 = 2$。

根据式（5-23）确定：

$$R'_0 = \left[\frac{R_s}{\prod\limits_{i=3}^{4} R'_i}\right]^{1/2} = 0.9912$$

因此，$R'_{A_3} = R'_{A_1} = 0.9912$，$R'_{A_2} = 0.9969$。

验算分配后的可靠度 $R'_s = 0.9912 \times 0.9969 \times 0.9912 = 0.9881 > R_s$，满足传动系统可靠性指标要求。即传动系统的三个子系统可靠度分别为变速箱可靠度 $R_{A_1} = 0.9912$，传动轴可靠度 $R_{A_2} = 0.9969$，驱动桥 $R_{A_3} = 0.9912$。

5.4.4 三级可靠度分配

三级可靠度分配的目的是将工程装备的可靠度从变速箱等总成件分配到齿轮、轴、轴承等零件单元，各单元包含有若干个同类零件。

为方便计算，可以将变速箱子系统简化为由齿轮、轴、轴承、拨叉、花键和联轴节 6 个单元组成，各单元包含有若干个同类零件。由于处于载荷传递线路上的任一单元失效，都将引起整个变速箱子系统的失效，所以各单元以串联形式构成变速箱子系统。

变速箱子系统的可靠性分析逻辑框图如图 5-7 所示。

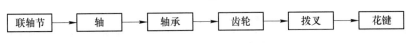

图 5-7 变速箱可靠性逻辑框图

变速箱子系统可靠度分配的过程，实际是比较各个零件对可靠性水平要求高低程度的过程，一个零件可靠性水平要求的程度越高，则分配给它的可靠度就越大。而零件对可靠性水平要求的高低，受许多因素的影响。这些因素大多是非确定性的模糊因素，因而需根据这些因素的情况，用模糊数学的方法来确定并比较各零件对可靠性水平的要求，进而进行可靠度的分配。本节运用二级模糊综合评判法对变速箱子系统各单元的可靠度进行分配。其流程如图 5-8 所示，其步骤如下：

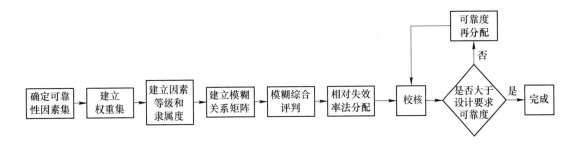

图 5-8 基于二级模糊综合评判法的可靠度分配流程图

（1）确定影响零件可靠性水平的因素集。影响零件可靠性水平的因素主要有：费用、重要程度、复杂程度、制造水平和寿命。这 5 个方面构成了模糊综合评判的因素集：

$$A = a_k = \{a_1, a_2, a_3, a_4, a_5\} \quad (k = 1, 2, 3, 4, 5)$$

式中　　a_1——费用；

　　　　a_2——重要程度；

　　　　a_3——复杂程度；

　　　　a_4——制造水平；

　　　　a_5——寿命。

（2）建立权重集。由于各因素都具有模糊性，根据经验及专家打分可给出任一因素对应的权重。参照文献，考虑到军用装备的因素，设权重集为：

$$\tilde{B} = \{b_1, b_2, b_3, b_4, b_5\} = \{0.25, 0.3, 0.1, 0.1, 0.25\}$$

（3）建立因素等级集和相应的对可靠性要求的隶属度。因素等级集为：

$$C = \{c_1, c_2, c_3, c_4, c_5, c_6, c_7, c_8, c_9\}$$
$$= \{极低, 很低, 低, 较低, 一般, 较高, 高, 很高, 极高\}$$
$$= \{0.1, 0.2, 0.3, 0.4, 0.5, 0.6, 0.7, 0.8, 0.9\}$$

（4）确定各类零件对各个因素的等级水平，建立模糊关系矩阵。

1）参考文献，建立零件对各因素的隶属情况表，见表 5-2。

表 5-2 零件隶属情况

零件	费用	重要程度	复杂程度	制造水平	寿命
联轴节	一般	较高	一般	一般	较低
轴	较高	很高	一般	很高	较高
轴承	较低	一般	较高	低	低
齿轮	很高	极高	很高	很高	高
拨叉	较低	很高	一般	较高	较低
花键	极低	较低	极低	较高	一般

2）将相应的对可靠性要求的隶属度代入，得模糊关系矩阵：

$$\tilde{M} = \begin{bmatrix} 0.5 & 0.6 & 0.5 & 0.5 & 0.4 \\ 0.6 & 0.8 & 0.5 & 0.8 & 0.6 \\ 0.4 & 0.5 & 0.6 & 0.3 & 0.3 \\ 0.8 & 0.9 & 0.8 & 0.8 & 0.7 \\ 0.4 & 0.8 & 0.5 & 0.6 & 0.4 \\ 0.1 & 0.4 & 0.1 & 0.6 & 0.5 \end{bmatrix}$$

（5）模糊综合评判。上述模糊关系矩阵，反映了各个因素对于各个单元的影响程度。现在通过模糊变换，求出各个因素对各单元的综合影响。

$$\varepsilon = \tilde{B} \cdot \tilde{M}^{\mathrm{T}} \tag{5-25}$$

$$\varepsilon = \begin{bmatrix} 0.25 & 0.3 & 0.1 & 0.1 & 0.25 \end{bmatrix} \cdot \begin{bmatrix} 0.5 & 0.6 & 0.4 & 0.8 & 0.4 & 0.1 \\ 0.6 & 0.8 & 0.5 & 0.9 & 0.8 & 0.4 \\ 0.5 & 0.5 & 0.6 & 0.8 & 0.5 & 0.1 \\ 0.5 & 0.8 & 0.3 & 0.8 & 0.6 & 0.6 \\ 0.4 & 0.6 & 0.3 & 0.7 & 0.4 & 0.5 \end{bmatrix}$$

$$= \begin{bmatrix} 0.505 & 0.67 & 0.415 & 0.805 & 0.55 & 0.34 \end{bmatrix}$$

（6）分配单元可靠度。模糊综合评判的结果反映了各个单元对可靠性水平要求的相对高低程度。因此，可用相对失效率法计算出各个单元的预计可靠度，进一步得到各个单元的可靠度。

1）计算出反映各个单元相对失效概率的参数 $\tilde{f}$。

$$\tilde{f} = 1 - \varepsilon = \begin{bmatrix} f_1 & f_2 & f_3 & f_4 & f_5 & f_6 \end{bmatrix} \tag{5-26}$$
$$= \begin{bmatrix} 0.495 & 0.33 & 0.585 & 0.195 & 0.45 & 0.66 \end{bmatrix}$$

将 $\tilde{f}$ 归一化处理后，得：

$$\tilde{f} = \begin{bmatrix} f_1 & f_2 & f_3 & f_4 & f_5 & f_6 \end{bmatrix} = \begin{bmatrix} 0.182 & 0.121 & 0.216 & 0.072 & 0.166 & 0.243 \end{bmatrix}$$

2）计算预计可靠度 R'。用 $\tilde{f}$ 中的 f_i 值作为第 i 单元的相对失效概率代入式（5-27）：

$$R'_{A_1i} = R^{f_i}_{A_1} \tag{5-27}$$

式中，R_{A_1} 为满足传动系统可靠度要求的变速箱子系统的可靠度。于是联轴节、轴、轴承、齿轮、拨叉、花键 6 个单元分配到的预计可靠度分别为：

$$(R'_{A11} \quad R'_{A12} \quad R'_{A13} \quad R'_{A14} \quad R'_{A15} \quad R'_{A16})$$
$$= (0.9912^{0.182} \quad 0.9912^{0.121} \quad 0.9912^{0.216} \quad 0.9912^{0.072} \quad 0.9912^{0.166} \quad 0.9912^{0.243})$$
$$= (0.9984 \quad 0.9989 \quad 0.9981 \quad 0.9994 \quad 0.9985 \quad 0.9979)$$

（7）可靠度校核。

$$\prod_{i=1}^{6} R'_{A1i} = 0.9984 \times 0.9989 \times 0.9981 \times 0.9994 \times 0.9985 \times 0.9979 = 0.99123 \geqslant R_{A_1}$$

因此，零部件的可靠度分配满足变速箱子系统的可靠度要求，联轴节、轴、轴承、齿轮、拨叉、花键的可靠度可以分别取 0.9984、0.9989、0.9981、0.9994、0.9985、0.9979。

5.4.5 四级可靠度分配

四级可靠度分配的目的是将工程装备的可靠度从功能相同的同类零件单元分配到单个零件。

对于机械系统，每一类零件数目可能有若干个。考虑到生产装配的便利，军用装备的通用化、系列化等因素，对于功能相同的同类零件，一般采用等可靠度分配法，可用下列公式计算：

$$R_i = \sqrt[m]{R_s} \tag{5-28}$$

式中，R_s 为该类零件总可靠度；m 为该类零件的数目。

由于变速箱子系统的各个单元，同类零件数目都有多个，各个单元零件功能相同，所以可以采用式（5-28）计算各单元零件的可靠度。查阅《军用挖掘机使用维护指南》以及《军用挖掘机 JTC 零配件明细》可知，军用挖掘机的变速箱中有 4 个轴，功能相同。代入式（5-28）可得：

$$R_{轴} = \sqrt[m]{R_s} = \sqrt[4]{0.9989} = 0.9997$$

同理，可计算其他各个单元零件的可靠度：

$$R_{联轴节} = \sqrt[3]{0.9984} = 0.9994$$
$$R_{轴承} = \sqrt[4]{0.9981} = 0.9995$$
$$R_{齿轮} = \sqrt[4]{0.9994} = 0.9998$$
$$R_{花键} = \sqrt[3]{0.9979} = 0.9993$$
$$R_{拨叉} = \sqrt{0.9985} = 0.9992$$

第6章 工程装备可靠性预计

可靠性预计就是在设计阶段对未来装备的可靠性进行定量估计的方法。它是运用以往的工程经验、故障数据，当前的技术水平，尤其是以零件的失效率作为依据，预计其装备（部件、子系统或系统）实际可能达到的可靠度，即预计这些装备在特定的应用中完成规定功能的概率。

可靠性指标预计是工程装备可靠性设计从定性转入定量分析的关键，也是实施可靠性工程的基础，即在方案研究和工程研制阶段，及时地预计系统、子系统或零部件的基本可靠性和任务可靠性，并实施"预计—改进设计—重新预计"的循环，以使产品达到规定的可靠性要求。否则，会由于缺乏为实现可靠性指标而必须采取的可靠性技术措施，或因所采取的措施带有很大的盲目性造成经济上和时间进度上的重大损失。在工程装备设计阶段，必须进行可靠性预计。通过可靠性预计，确定可靠性指标，进行可靠度分配，验证可靠性水平，改进可靠性设计方案。因此，工程装备可靠性预计是指导工程装备可靠性设计的基础。

6.1 可靠性预计概述

6.1.1 可靠性预计的分类与目的

6.1.1.1 可靠性预计的分类

从不同的角度和层面，存在不同的可靠性预计问题，总结起来，可以将这些研究的问题和方面描述为五个维度。

（1）阶段维度。可靠性预计按工程装备系统设计工作阶段可分为早期预计和后期预计，早期预计着重于研制方案的现实性和可能性，后期预计着重于对系统的可靠性进行评价或提供改进设计的依据。

（2）性质维度。可靠性预计按工程装备工作性质可分为：1）基本可靠性预计，用来预计系统、分系统、元部件对维修和后勤保障的要求，需要建立基本可靠性模型，一般用串联模型预计；2）任务可靠性预计，用来预计系统、分系统、元部件成功完成任务的能力，需要建立任务可靠性模型，必要时应分别按工程装备的每一种任务剖面建立相应的任务可靠性模型，一般利用并联模型预计。

（3）层次维度。工程装备具有组成子系统、零部件多且复杂的特点。因此，可靠性预计问题从层次上可以分为元件（或零部件）层次、设备（总成）层次、子系统层次和系统层次等四个层次，这四个层次有不同的可靠性预计方法。

（4）适用产品的维度。工程装备不仅具有发动机、传动系统等复杂的机械系统，随着高速机电一体化水平的不断提高，计算机控制的变速操纵、电子监控、电感应仪表等应用的越来越广泛，电气系统及电气元件的可靠性对工程装备系统可靠性的影响也越来越大。

根据产品各自特点，可靠性预计方法也不相同，可分成通用预计方法、电子产品预计方法、非电产品预计方法、非工作产品预计方法四大类。

（5）状态维度。工程装备在不同的状态时所受应力不同，可靠性预计方法也不同，可分为工作状态可靠性预计与非工作状态可靠性预计，非工作状态又可分为不工作状态和储备状态。

6.1.1.2 可靠性预计的目的

不论是哪种类型的可靠性预计，均应达到下述目的：

（1）将预计的结果与要求的可靠性指标相比较，审查设计任务书中提出的可靠性指标是否能够达到。

（2）在方案论证阶段，通过可靠性预计，根据预计结果的相对性进行方案比较，选择最优方案。

（3）在设计阶段，通过预计，从可靠性观点出发，发现设计中的薄弱环节，加以改进。

（4）为可靠性增长试验、验证试验及费用核算等方面的研究提供依据。

（5）通过预计为可靠性分配奠定基础。

6.1.2 可靠性预计的基本过程

为了达到预计的及时性，在设计的不同阶段及系统的不同级别上所采取的预计方法是不同的，应该由粗到细，随着研制工作的深化而不断细化。

可靠性预计一般按下述十个步骤进行：

（1）确定质量目标。对产品系统的设计、研制目的、用途、功能、性能参数等进行明确的规定。当然，这些规定将随着设计、研制工作的进展而不断精确与完善。

（2）拟定使用模型。对产品系统交付使用到最后报废的整个使用过程经历的环境及有关事件，如运输、贮存、试验检查、运行操作和维修等拟定工作模型。

（3）建分产品结构。以图解形式，形象地表明产品系统中各单元组成情况，如用可靠性方框图、事故（或故障）树、状态图或它们的结合来表述产品可靠性结构模型。

（4）推导数学模型。根据产品的结构模型和单元的可靠性特征量，经过一系列假设、简化、近似运算，推导出系统数学模型。这个数学模型可以是一组数字表达式，也可以是一组状态矩阵。

（5）确定单元功能。单元是组成系统的一个功能级别，可以是组件、部件或元器件，它们具有一定的可靠性量值，在可靠性框图中是一个独立方块，必须一一确定。

（6）确定环境系数。通过产品系统在使用期中所经历的工作环境条件应力分析，确定环境系数。

（7）确定系统应力。根据产品工作方式和工作应力分析，确定除额系数、应用系数和工作的时间比。

（8）假定失效分布。根据系统中各个单元的寿命特征，使用相应的失效分布。未知失效分布时，可先假定并在取得数据后核实、修正。

（9）计算失效率。根据选定的质量等级、环境应力、工作应力和失效分布，计算单元的工作失效率和贮存失效率。

（10）计算产品可靠性。把各单元失效率数据作为输入，利用产品系统的可靠性数学模型，计算出产品系统的可靠性数值。

6.1.3 可靠性分配与可靠性预计的关系

为了保证新装备的工程装备能够达到预期的可靠性水平，在装备可靠性设计中，必须同步考虑可靠性分配与可靠性预计。可靠性设计是建立在可靠性分配和可靠性预计基础上的。

在产品研制阶段，首先，借助可靠性分配手段将产品可靠性指标自上而下逐级的分配到产品的各个层次，借此落实相应的可靠性要求，并使整体和各部分之间的可靠性相互协调，既避免薄弱环节又避免局部的可靠性指标过高而造成的浪费。

其次，通过适当的可靠性预计方法自下而上的预计产品各层次的可靠性参数，判断各层次设计是否满足分配的可靠性参数。只有各层次的可靠性分别达到可靠性分配的要求，才能保证产品的可靠性指标得以实现。对未达到分配指标要求的设计，则能发现其可靠性薄弱环节、设计上的隐患及提供可选择的纠正措施，并因此改进设计直至满足指标要求为止。

总之，可靠性分配和可靠性预计都是工程装备可靠性定量设计的重要任务，两者是相辅相成的，在设计研制的不同阶段均需要多次进行。可靠性分配是从系统到零部件的可靠性目标分解过程，而可靠性预计是从零部件到系统可靠性综合的过程，二者相互制约，相互验证，最终使系统的设计满足所要求的可靠性指标，两者关系如图6-1所示。

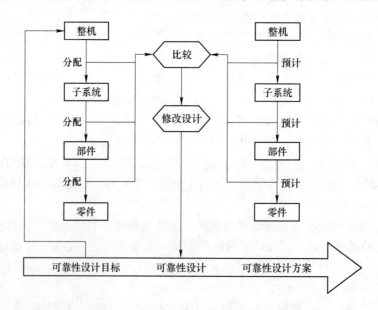

图 6-1　可靠性分配与可靠性预计的关系

6.2 传统可靠性预计方法

在产品设计、研制的不同阶段，要求进行不同深度的可靠性预计，其预计类型、适用的预计方法及其作用各不相同。

6.2.1 总体方案论证阶段

由于此时信息量少，故只能做大致的估计，此时，采用高精度的预计方法既不可能，也没有必要。在此阶段通过预计，对产品可能达到的可靠性水平作粗略的预测，进而评估产品总体方案的可行性。

在此阶段只能采用概略预计法。目前，国内外以回归分析为基础的性能参数法和以类比分析为基础的相似产品法是方案论证阶段可以采用的主要预计方法。

6.2.1.1 性能参数法

性能参数法是一种把系统预期的可靠性与功能特性相联系起来的预计方法。这种方法是根据系统的功能，统计了大量相似系统的功能参数与相关可靠性数据，运用回归分析的方法，得到系统功能与可靠性的经验数据；再用回归分析的方法，得到一些经验公式及系数，以便能根据初步确定的系统功能及结构参数预计系统的可靠性。

6.2.1.2 相似产品法

相似产品类比论证法根据仿制或改型的类似国内外产品已知的故障率，分析两者在组成结构、使用环境、原材料、元器件水平、制造工艺水平等方面的差异，通过专家评分给出各修正系数，综合权衡后得出一个故障率修正因子 D：

$$D = K_1 \cdot K_2 \cdot K_3 \cdot K_4 \tag{6-1}$$

式中，K_1 为修正系数，表示我国原材料与先进国家原材料的差距；K_2 为修正系数，表示我国基础工业（包括热处理、表面处理、铸造质量控制等方面）与先进国家的差距；K_3 为修正系数，表示生产厂现有工艺水平与先进国家工艺水平的差距；K_4 为修正系数，表示生产厂在产品设计、生产等方面的经验与先进国家的差距。

6.2.2 初步设计阶段

在初步设计阶段，系统的主体框架已经确定，形成了产品功能原理框图，每种元器件的数量已基本确定，但尚没有元器件应力数据，研究系统各部分之间的相互关系和研究主要失效模式的作用和影响成为改进系统设计的重要手段。与初步设计阶段的主体工作相协调，此时采用的系统可靠性预计方法主要有快速预计法、上下限法、专家评分法、修正系数法等。

6.2.2.1 快速预计法

研制新的复杂系统时，在早期设计阶段，对究竟使用哪些元器件及详细数量等并不很清楚，需要进行粗略的快速预计。快速预计法是这类快速预计方法的总称，其共同特点是不要求知道元器件组成分系统或分系统组成大系统的具体方式。它们或者采用类比的方法，或者假定元器件组成分系统或分系统构成大系统的方式具有逻辑串联关系，这类方法包括相似设备法、相似电路法、有源器件法、图表法、元件计数法和简单枚举法等，但存在过于注重表象而未能揭示问题实质的弊端。所有快速预计法可用以下方式进行统一描述。

$$\left.\begin{array}{l} \lambda_s = \sum_{i=1}^{n} N_i \cdot \lambda_i \cdot \beta_i \\ \lambda_i = \lambda_b \cdot \pi_E \cdot \pi_D \cdot \pi_S \cdot \pi_\theta \end{array}\right\} \tag{6-2}$$

式中，λ_s 为系统故障率；n 为组成系统的元器件种类数；N_i 为第 i 种元器件个数；λ_i 为第 i 种元器件的使用故障率；β_i 为第 i 种元器件的工作时间与系统工作时间的比值；λ_b 为元器件的基本故障率；π_E 为环境修正系数；π_D 为降额效果系数；π_S 为老练筛选效果系数；π_θ 为质量等级系数。

6.2.2.2　上、下限法

上、下限法的基本思想是将复杂的系统先简单地看成是某些单元的串联系统，求出系统可靠度的上限值和下限值，然后逐步考虑系统的复杂情况，逐次求系统可靠度的愈来愈精确的值。该方法成功地用于美国阿波罗宇宙飞船的可靠性预计。

上、下限法尤其适合于难以用数学模型表示可靠性的复杂系统，它不要求单元之间是相互独立的，适用于热贮备和冷贮备系统，也适用于多种目的和阶段工作的系统。

在工程应用中具体方法是：首先，假定系统中并联部分的可靠度为1，从而忽略了它的影响，这样得到的系统可靠度显然是最高的，这就是上限值；其次，假设并联单元不起冗余作用，全部作为串联单元处理，这时处理方法最为简单，但得到的是系统的可靠度最低值，这就是下限值；然后，逐步考虑某些因素以修正上述的上、下限值，最后通过综合公式得到系统的可靠度预计值。目前已改进了对其上限的求解方法。

6.2.2.3　专家评分法

专家评分法适用于机械、机电类产品，产品中仅有个别单元的故障率数据。这种方法是依靠有经验的工程技术人员的工程经验按照几种因素进行评分。按评分结果，由已知的某单元故障率根据评分系数算出其余单元的故障率。

A　评分考虑因素

评分考虑的因素可按产品特点而定。这里介绍常用的4种评分因素，每种因素的分数在 $1\sim10$ 之间。

（1）复杂度：它是根据组成分系统的元部件数量以及它们组装的难易程度来评定，最简单的评1分，最复杂的评10分。

（2）技术发展水平：根据分系统目前的技术水平和成熟度来评定，水平最低的评10分，水平最高的评1分。

（3）工作时间：根据分系统工作时间来评定。系统工作时，分系统一直工作的评10分，工作时间最短的评1分。

（4）环境条件：根据分系统所处的环境来评定，分系统工作过程中会经受极其恶劣和严酷的环境条件的评10分，环境条件最好的评1分。

B　专家评分的实施要点

已知某分系统的故障率为 λ^*，算出的其他分系统故障率 λ_i 为：

$$\lambda_i = \lambda^* \cdot C_i \tag{6-3}$$

式中　i——分系统数，$i=1,2,\cdots,n$；

　　　C_i——第 i 个分系统的评分系数，$C_i = \omega_i / \omega^*$；

　　　ω_i——第 i 个分系统得评分数；

　　　ω^*——故障率为 λ^* 的分系统的评分数。

$$\omega_i = \prod_{j=1}^{4} r_{ij} \tag{6-4}$$

式中 r_{ij}——第 i 个分系统，第 j 个因素的评分数；

$j=1$——复杂度；

$j=2$——技术发展水平；

$j=3$——工作时间；

$j=4$——环境条件。

6.2.2.4 修正系数法

修正系数法是适用于机械系统可靠性预计的一种方法，其基本思路是：既然机械产品的"个性"较强，难以建立产品级的可靠性预计模型，但若将它们分解到零件级，则有许多基础零件是通用的。通常将机械产品分成密封、弹簧、电磁铁、阀门、轴承、齿轮和花键、作动器、泵、过滤器、制动器和离合器等 10 类。这样，对诸多零件进行故障模式及影响分析，找出其主要故障模式及影响这些模式的主要设计、使用参数，通过数据收集、处理及回归分析，可以建立各零部件故障率与上述参数的数学关系（即故障率模型或可靠性预计模型）。实践结果表明，具有损耗特征的机械产品，在其损耗期到来之前，在一定的使用期限内，某些机械产品寿命近似按指数分布处理仍不失其工程特色。因此，机械产品预计的故障率则为各零件故障率之和。

6.2.3 详细设计阶段

在产品详细设计阶段，系统的整体框架和局部细节已经确定，此时已具备了详细的功能图、电路图、元器件清单及每个元器件所承受的应力数据，提高系统可靠性预计方法的预计精度成为此阶段的主要问题。为适应这一任务要求，此阶段可采用的主要可靠性预计方法有应力分析法、故障率预计法和 Monte Carlo 法等。

6.2.3.1 应力分析法

应力分析法主要用于详细设计阶段电子设备的可靠性预计方法，已具备了详细的元器件清单、电应力比、坏境温度等信息，这种方法预计的可靠性比计数法的结果要准确些。由于元器件的故障率与其承受的应力水平及工作环境有极大的关系，进入详细设计阶段，取得了元器件种类及数量、质量水平、工作应力、产品的工作环境信息后，即可用应力分析法结合元件计数法预计设备的可靠性。

计算故障率的公式为：

$$\lambda_p = \lambda_b (\pi_E \cdot \pi_Q \cdot \pi_R \cdot \pi_A \cdot \pi_S \cdot \pi_C) \tag{6-5}$$

式中，λ_b 为基本故障率；π_E 为环境因子；π_Q 为质量因子；π_R 为电流额定值因子；π_A 为应用因子；π_S 为电压应力因子；π_C 为配置因子。上述各种因子可以查 GJB/Z 299C—2006。

把每种元器件的故障率计算出来后，利用元件计数法，求得系统的故障率 λ_s：

$$\lambda_s = \sum_{i=1}^{N} N_i \cdot \lambda_{p_i} \tag{6-6}$$

式中，λ_{p_i} 为第 i 种元器件的故障率；N_i 为第 i 种元器件的数量；N 为系统中元器件种类数。

6.2.3.2　故障率预计法

当系统进展到详细设计阶段，即有了系统原理图和结构图，选出了元部件，并已知它们的类型、数量、故障率、环境及使用应力，具有实验室常温条件下测得的故障率时，可用故障率法来预计系统的可靠度，对电子产品和非电子产品都适用。

大多数情况下，元件故障率是常数，是在实验室条件下测得的数据，叫做"基本故障率"，用 λ_b 表示。但在实际应用中，必须考虑环境条件和应力状况，叫做"应用故障率"，用 λ 表示。

$$\lambda = \pi_E \cdot D \cdot \lambda_b \tag{6-7}$$

式中，π_E 为环境因子；D 为减额因子，其值小于或等于1，由应力状况决定。

6.2.3.3　Monte Carlo 法

当任务可靠性模型非常复杂，系统各级产品寿命分布种类繁多，甚至不是标准分布而很难推导出解析式来求解时，可以采用随机抽样方法，根据可靠性框图来进行可靠性预计，这就是 Monte Carlo 法。它以概率和数理统计为基础，用概率模型做近似计算，并不推导预计系统任务可靠度的公式，而是以随机抽样法为手段，根据各级产品的寿命分布和可靠性框图，预计系统的任务可靠度。

Monte Carlo 法的仿真程序是：首先假设需要预计的任务可靠度函数为 $P(x_1, x_2, \cdots, x_n)$，并设 $x_1, x_2, \cdots, x_n$ 为已知分布的独立随机变量，然后从 $x_1, x_2, \cdots, x_n$ 分布中随机抽取一组值，代入 $P(x_1, x_2, \cdots, x_n)$，计算出一个 P 值，把它储存起来。这样重复进行多次（一般情况至少100次以上），直到获得足够多的 P 值。根据这些 P 值，即可预计其分布及参数。

6.3　工程装备可靠性预计的难点与对策分析

6.3.1　难点分析

目前可靠性预计方法均属于利用基于概率与数理统计的方法。该类方法将产品出现的故障现象看作随机过程，将失效数据看做是随机分布的数据，在某些合理的假设前提条件下，以不同的分布函数如指数函数、正态分布函数、Weilbull 分布函数等描述产品失效过程，利用失效数据对函数模型进行参数估计得到模型的具体表达式，从而计算描述可靠性的主要参数取值。该类方法是最早应用于可靠性工程领域的传统分析模型，有着坚实的理论基础和广泛的实践经验。

但工程装备是由诸多零部件组成的复杂机电系统。其中，机械系统更是由许多失效机理各异、相互作用的零部件组成的复杂可维修系统，这种失效机理的差异及其相互作用影响，包括参数的逐渐劣化、设计质量、制造质量和使用维修等诸多因素。通常情况下，这些因素往往具有互相关、非线性等特点，由于传统预测方法将外在因素假设为相互独立，并且具有线性特征，因此这些因素的存在极大限制了传统预测方法的预测精度。

另一方面随着科学技术的进步以及我军装备信息化程度的不断提高，工程装备系列装备也陆续装备新的机型或进行子系统的信息化改造。要使新装备具有一定的可靠性，设计人员就要预计其可靠性达到的水平，以便采取措施，避免新装备在使用时发生问题。而某些新型零部件或子系统的可靠性数据往往不准确甚至不可知时，常用的可靠性预计方法往往精度不高甚至失去预计功能。

6.3.2 对策分析

工程装备的可靠性预计是指根据组成系统的零件、部件和子系统的可靠性来推测系统的可靠性。这是一个由局部到整体，由小到大，由下到上的过程，是一种典型的综合过程。尤其在进行新装备设计时，根据故障率估计零部件、子系统或系统可能达到的可靠度或者计算系统在特定的应用中符合性能和可靠性要求的概率，其本质是一个具有过程不确定性的函数逼近问题。因此本小节利用时间序列分析的方法进行可靠性预计。该方法将失效数据作为时间相关序列，根据现在和过去的时序值来预测未来的时间相关数据，同时能给出这些预测值的准确度。该方法主要考虑故障发生过程的动态特性，不需要对故障过程进行任何先决条件的假设就可进行数据分析，与概率与数理统计的方法相比具有一定优势，并且可以得到用通常方法无法探测的、被假设条件所隐藏的数据特性。

（1）认为系统可靠性同某些因素有关，正是这些因素的作用导致了系统具有特定的可靠性，即系统可靠性是可解释的。设系统的可靠性为 Y，所有可能影响系统可靠性的因素的集合 $X = \{x_1, x_2, \cdots, x_i, \cdots\}$，模型的基本形式就是给出从 X 到 Y 之间的映射关系。因此，这一步的关键是确定模型的输入 X，即确定哪些因素影响系统可靠性。

（2）因素 X 具体以何种方式来影响系统可靠性，可以通过对历史数据的学习来确定。假设因素 X 以未知规律 $Y = f(X)$ 影响系统可靠性 Y，想确定这个未知规律或者模拟这个未知规律逼近真实的规律。目前只有 X 和 Y 的历史数据，但是这些历史数据蕴涵了 X 和 Y 之间的未知规律的信息，通过对历史数据的学习，可以模拟出这个未知规律。事实上，在先前的可靠性预测建模当中，有许多学者对这个问题进行了相关阐述。例如，Norman E Fenton 等人通过对大量复杂软件系统的分析，在 1998 年的一份研究报告中就指出：在相同环境下开发出来的系统，在类似的测试和运行环境中，表现出类似的缺陷密度。因此，这一步的关键是通过对历史数据的学习，确定模型中 Y 同 X 之间的数量映射关系。

（3）认为模型反映出来的规律具有一般性，只要规律产生作用的条件仍然存在，规律将继续起作用。规律一旦被掌握，就可以用来指导生产实践，就可以用模型来预测未经测试的系统的可靠性。

近年来，随着人工神经网络被证明对非线性连续函数具有很好的拟合特性，众多学者开始将其应用于系统可靠性建模方面，使可靠性预计有了新的发展。与传统的预计模型不同，人工神经网络具有自学习功能，例如在图像识别领域，只要先把许多不同的图像样板和对应的识别结果输入人工神经网络，网络就会通过自学习功能，逐渐学会识别类似的图像。在现存的文献当中，也有许多将人工神经网络应用于系统可靠性预计方面的模型。例如 Liu MC，Sastri T，Kuo W 在其文献当中详细描述了如何使用多层前向反馈感知神经网络（feed-forward multilayer perceptionneural networks，MLP）预测潜在的失效分布和估计系统参数；Amjady 与 Ehsan 在他们的文献中利用基于神经网络构建的一套专家系统来评估动力装置的可靠性；XuK，Xie M，Tang LC，Ho SL 等人在文献中使用 MLP 和径向基函数神经网络（radial basisfunction，RBF）来预测机械系统的可靠性，并且与自回归移动平均模型（autoregressive integrated moving average，ARIMA）在预测精度方面作了比较，结果显示 RBF 能够比 ARIMA 和标准神经网络达到更高的预测精度。

但是 BP 神经网络是基于梯度下降的误差反向传播原理来进行学习的，所以其网络训练速度通常很慢，而且很容易陷入局部极小点，尽管采用一些改进的快速学习算法可以较好地解决某些实际问题，但是在设计过程中往往都要经过反复的试凑及训练的过程，无法严格保证每次训练时算法的收敛性和全局最优性。另外，BP 神经网络的稳定性极大地依赖于样本的容量，当样本数据很少时，其预测精度将受到影响。

6.4　基于优化 GA－BP 的工程装备可靠性预计模型

人工神经网络又被称为连接机制模型（Connections Model）或者称为并行分布处理模型（Parallel Processing Model），是由大量的简单元件——神经元广泛连接而成的，它是在现代神经科学研究的基础上提出的，反映了人脑的基本特征。但它并不是人脑的真实描写，而只是它的某种抽象、简化和模拟。

目前，在种类繁多的神经网络中，BP（Error Back Propagation Network）神经网络是目前应用最广、实现途径最直观、运算机制最易理解、研究最深入的一种人工神经网络，即学习算法最初是 Pall Werbas 博士于 1974 年在他的博士论文中首先提出来的。1986 年以 Rumel hart 和 Mc Celland 为首的科学家出版的《Parallel Distributed Processing》一书中，完整地提出了误差逆传播学习算法——BP 算法，并被广泛接受。人工神经网络适合于处理非线性问题。在理论上已经证明，一个具有三层的 BP 网络，当其中间隐层单元的个数不加限制时，可以以任意精度逼近任何一个非线性函数。神经网络具有很强的容错性，可以对信息源含糊、不确定、有假相的复杂情况通过不断学习作出合理的判断，给出有效的预测和估计。

6.4.1　传统 BP 特点及优化策略

BP 网络的结构如图 6-2 所示，主要包括输入层、隐层和输出层。输入层和输出层都只有 1 层，隐层可由多层相互连接构成。每层都由若干个神经元组成，用圆圈表示。神经元之间的联系用连线表示，只有相互联系的神经元才能进行信息交换。同层神经元间没有联系，相邻两层神经元间全联结，即每个神经元与本层神经元不发生联系，而与相邻层的每个神经元都发生联系。在进行预测时直接将预处理后的样本数据输入 BP 网络即可得到预测结果。

虽然模型 BP 网络具有很强的容错性，可以对信息源含糊、不确定、有假相的复杂情况通过不断学习作出合理的判断，给出有效的预测和估计。但 BP 网络本身固有的缺点和不足，使得该预测模型还有许多不尽如人意的地方，本节为了得到性能更加优越的工程装备可靠性预计模型，必须针对传统 BP 模型的缺点进行改进。该模型的缺点及改进策略对应关系见表 6-1。

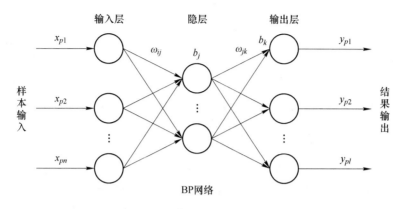

图 6-2　BP 网络的结构

表 6-1　传统 BP 预测模型缺点与优化对策对照

传统 BP 预测模型的缺点	优 化 对 策
传统 BP 预测模型中 BP 网络的性能评价函数基于经验误差，当训练样本较少时，模型极易出现过学习现象，模型泛化能力较弱	通过修改 BP 网络的性能评价函数，在原有经验误差因素的基础上加入结构风险因素，从结构上优化模型的泛化能力
传统模型中 BP 网络的权值和阈值学习因子通常为固定常数，不能根据训练情况变化，可能导致训练曲线波动性较大，影响学习效果	采用自适应学习因子，随着迭代的进行适时修改学习因子，根据学习情况选择适当的学习因子，能在一定程度上降低训练波动性
预测模型中的 BP 网络权值和阈值更新经常出现学习步长过大的现象，影响网络训练效率	采用增加历史因子的方法，网络的权值和阈值更新充分考虑本代与上代的训练结果，能克服步长过大的缺点
预测模型中 BP 网络的权值和阈值调整基于梯度下降法，当梯度的幅值较小时，权值和阈值的修正量趋于零，导致训练时间过长，效率低下	综合运用梯度下降法和去幅值修正方法，在训练过程中监控幅值的大小，当幅值过小时采用去幅值方法，克服梯度幅值的影响

6.4.2　BP 网络结构选择

　　BP 网络需要选择的结构参数主要有：隐层层数、输入层、隐层和输出层节点数。由于一个隐层的 BP 网络就足以反映任意复杂的系统信息，因此选用三层 BP 网络作为预测模型的主体。各层神经元数量直接影响模型的复杂程度和训练效率，神经元数量过少则网络无法表达复杂系统的全部信息，数量过多则网络计算量急剧增加，计算效率明显下降。输入层神经元的数量表示样本空间输入网络的数据维数，即样本特征参数的个数；输出层神经元数量代表输出值的维数。因此，根据工程装备（零部件、子系统或系统）可靠性预计的实际情况，输入层的神经元数量 m 应该为工程装备预计层的（元器件、零部件、子系统）参数数量，每一个参数对应 BP 网络输入层的一个神经元；由于可靠度最终的预测结果为一维数值，因此 BP 网络输出层的神经元数量 l 为 1。隐层神经元数较难确定，至今没有明确的指导性公式，通常根据经验公式（6-8）确定。

$$n = \sqrt{m + l} + 10 \qquad (6\text{-}8)$$

BP 网络各层神经元数量确定后，各层间权值和阈值数量也确定了，输入层与隐层间的权值数为 $m \times n$，隐层与输出层间的权值数为 $n \times l$，隐层阈值数为 n，输出层阈值为 l。隐层和输出层靠基函数和激发函数进行传播，由于模型最后的输出全为正，可将 BP 网络的输出限定在 [0，1] 内，因此基函数选和函数，激发函数选 Sigmoid 函数。

6.4.3　BP 网络泛化能力优化方法

BP 网络训练性能主要靠性能评价函数来确定，传统的 BP 网络评价函数一般采用网络的训练误差平方和或均方差，即使用可靠度的真实值与预测值的平方或均方差作为评价函数。这种性能函数基于经验误差，只要将网络的训练目标设置得足够小，就可使训练样本的模拟结果与教验值足够贴近，但经验误差使得 BP 网络不可避免地存在泛化能力弱的问题，即可靠度的预测值与教验值误差较小，而预测样本的预测值与真实值误差却较大。网络对训练样本的模拟性能越好，则对预测样本的预测效果可能越差，这与模型建立的初衷相悖。因此，要提高模型的整体性能，必须从根源处提高泛化能力，优化 BP 网络的性能评价函数。本小节将 BP 网络权值和阈值的均方值引入误差性能函数中，改进后的模型误差性能函数为：

$$E = \gamma \cdot \text{mse} + (1 - \gamma) \cdot \text{msw} \qquad (6\text{-}9)$$

$$\text{mse} = \frac{1}{2} \sum_{p=1}^{p} \sum_{k=1}^{l} (t_k - y_{pk})^2 \qquad (6\text{-}10)$$

$$\text{msw} = \frac{1}{2} \sum_{s=1}^{n} x_s^2 \qquad (6\text{-}11)$$

式中　p——工程装备预计层的（元器件、零部件、子系统）样本数量；

l——输出层神经元数量；

t_k——输出层第 k 个神经元的校验值；

y_{pk}——工程装备可靠度第 p 个样本在输出层第 k 个神经元的预测值；

γ——误差性能调整率；

x——$x = [w_{11} \cdots w_{ij} \cdots w_{mn}, b_1 \cdots b_j \cdots b_n, w_{11} \cdots w_{jk} \cdots w_{nl}, b_1 \cdots b_k \cdots b_l]$，网络中所有权值和阈值组成的向量。

6.4.4　BP 网络权值和阈值修正推导

BP 神经网络包括输出值正向传播和误差反向传播两个过程，输出值正向传播将网络各层的输入值与该层权值进行点乘相加，然后再综合该层的阈值作为该层网络的输出值，上一层网络的输出值作为下一层网络的输入值。误差反向传播是在 BP 网络正向传播计算各层输出，并得到误差的基础上，将误差信号反馈到各层，对各层的权值进行修改。训练样本在多次网络训练后，将使训练误差按负梯度方向逐渐下降。BP 神经网络为有向学习算法，假设第 p 个样本在输出层第 k 个节点上的教验值为 y_{pk}，n、m、l 分别为网络的输入层、隐层和输出层的节点数，i、j、k 分别为输入层、隐层、输出层索引标号。其结构图如图所示。由于对性能评价函数进行了优化，为了便于编程实现，对 BP 网络的输出值正向传播和误差反向传播过程进行推导，由于每个样本的计算过程相同，因此只对一个样本的传播过程进行推导。

6.4.4.1 BP 网络的正向传播

BP 网络中的输入层输入为 x_{pi}，由于输入层没有设置权值和阈值，因此该层输出值也是 x_{pi}。

隐层第 j 个节点的输入为：

$$\text{net}_{pj} = \sum_{i=1}^{n} w_{ij} x_{pi} + b_j \tag{6-12}$$

隐层的激发函数都选用 Sigmoid 函数，因此隐层第 j 个节点的输出为：

$$a_{pj} = f(\text{net}_{pj}) = \frac{1}{1 + \exp(-\text{net}_{pj})} = \frac{1}{1 + \exp\left(-\sum\limits_{i=1}^{n} w_{ij} x_{pi} - b_j\right)} \tag{6-13}$$

输出层第 k 个节点的输入为：

$$\text{net}_{pk} = \sum_{j=1}^{m} w_{jk} a_{pj} + b_k \tag{6-14}$$

输出层的激发函数也都选用 Sigmoid 函数，因此输出层第 k 个节点的输出为：

$$y_{pk} = a_{pk} = f(\text{net}_{pk}) = \frac{1}{1 + \exp(-\text{net}_{pk})} = \frac{1}{1 + \exp\left(-\sum\limits_{j=1}^{m} w_{jk} a_{pj} - b_k\right)} \tag{6-15}$$

式中　w_{ij}——输入层第 i 个神经元与隐层第 j 个神经元之间的权值；

　　　w_{jk}——隐层第 j 个神经元与输出层第 k 个神经元之间的权值；

　　　b_j——隐层第 j 个神经元的阈值；

　　　b_k——输出层第 k 个神经元的阈值；

　　　f——激发函数，即 Sigmoid 函数 $f(x) = \dfrac{1}{1 + \exp(-x)}$。

6.4.4.2 BP 网络的权值调整规则

BP 神经网络为误差反向传播前向网络，就是在网络正向传播的基础上增加误差反传信号，使得网络在进行多次循环训练后，能够自主调整各层权值和阈值使其能够很好地反映系统信息，处理非线性问题。运用上节中定义的网络性能评价函数 $E = \gamma \cdot \text{mse} + (1 - \gamma) \cdot \text{msw}$ 对网络的权值和阈值进行修改。当样本不止一个时，采用训练样本批处理方法进行调整，将所有样本一次性输入 BP 网络中，当所有样本的训练结束后再调整权值和阈值，调整方法为：

$$\begin{aligned} w &= w + \eta \cdot \Delta w \\ b &= b + \eta \cdot \Delta b \end{aligned} \tag{6-16}$$

变化量 Δw、Δb 的确定方法如下所示：

输出层的权值变化量函数为：$\Delta w_{jk} = \eta \delta_{pk} a_{pj} - \eta(1-\gamma) w_{jk}$。阈值变化量函数为：$\Delta b_k = \eta \delta_{pk} - \eta(1-\gamma) b_k$。其中误差反传信号函数为：$\delta_{pk} = y_{pk}(1-y_{pk})(t_k - y_{pk})$。

隐层的权值变化量函数为：$\Delta w_{ij} = \eta \delta_{pj} x_{pi} - \eta(1-\gamma) w_{ij}$。阈值变化量函数为：$\Delta b_j = \eta \delta_{pj} - \eta(1-\gamma) b_j$。其中误差反传信号为：$\delta_j = \sum\limits_{k=1}^{l} \delta_{pk} w_{jk} a_{pj}(1-a_{pj})$。

输出层权值调整函数推导：

$$\begin{aligned}
\Delta w_{jk} &= -\eta \frac{\partial E}{\partial w_{jk}} \\
&= -\eta \left(\frac{\partial \mathrm{mse}}{\partial y_{pk}} \cdot \frac{\partial y_{pk}}{\partial \mathrm{net}_{pk}} \cdot \frac{\partial \mathrm{net}_{pk}}{\partial w_{jk}} + \frac{\partial \mathrm{msw}}{\partial w_{jk}} \right) \\
&= -\eta \{ [-\gamma(t_k - y_{pk})] \cdot y_{pk}(1-y_{pk}) \cdot a_{pj} + (1-\gamma) w_{jk} \} \\
&= \eta\gamma(t_k - y_{pk}) \cdot y_{pk}(1-y_{pk}) \cdot a_{pj} - \eta(1-\gamma) w_{jk}
\end{aligned} \tag{6-17}$$

输出层阈值调整函数推导：

$$\begin{aligned}
\Delta b_k &= -\eta \frac{\partial E}{\partial b_k} \\
&= -\eta \left(\frac{\partial \mathrm{mse}}{\partial y_{pk}} \cdot \frac{\partial y_{pk}}{\partial \mathrm{net}_{pk}} \cdot \frac{\partial \mathrm{net}_{pk}}{\partial b_k} + \frac{\partial \mathrm{msw}}{\partial b_k} \right) \\
&= -\eta \{ [-\gamma(t_k - y_{pk})] \cdot y_{pk}(1-y_{pk}) \cdot 1 + (1-\gamma) b_k \} \\
&= \eta\gamma(t_k - y_{pk}) \cdot y_{pk}(1-y_{pk}) - \eta(1-\gamma) b_k
\end{aligned} \tag{6-18}$$

假设：$\delta_{pk} = y_{pk}\gamma(1-y_{pk})(t_k - y_{pk})$，则可得到：

$$\Delta w_{jk} = \eta \delta_{pk} a_{pj} - \eta(1-\gamma) w_{jk} \tag{6-19}$$

$$\Delta b_k = \eta \delta_{pk} - \eta(1-\gamma) b_k \tag{6-20}$$

隐层权值调整函数推导：

$$\begin{aligned}
\Delta w_{ij} &= -\eta \frac{\partial E}{\partial w_{ij}} \\
&= -\eta \left(\frac{\partial \mathrm{mse}}{\partial a_{pj}} \cdot \frac{\partial a_{pj}}{\partial \mathrm{net}_{pj}} \cdot \frac{\partial \mathrm{net}_{pj}}{\partial w_{ij}} + \frac{\partial \mathrm{msw}}{\partial w_{ij}} \right) \\
&= -\eta \left[\left(\sum \frac{\partial \mathrm{mse}}{\partial \mathrm{net}_{pk}} \cdot \frac{\partial \mathrm{net}_{pk}}{\partial a_{pj}} \right) \cdot \frac{\partial a_{pj}}{\partial \mathrm{net}_{pj}} \cdot \frac{\partial \mathrm{net}_{pj}}{\partial w_{ij}} + (1-\gamma) w_{ij} \right] \\
&= \eta \sum \delta_{pk} w_{jk} a_{pj}(1-a_{pj}) x_{pi} - \eta(1-\gamma) w_{ij}
\end{aligned} \tag{6-21}$$

隐层阈值调整函数推导：

$$\begin{aligned}
\Delta b_j &= -\eta \frac{\partial E}{\partial b_j} \\
&= -\eta \left(\frac{\partial \mathrm{mse}}{\partial a_{pj}} \cdot \frac{\partial a_{pj}}{\partial \mathrm{net}_{pj}} \cdot \frac{\partial \mathrm{net}_{pj}}{\partial w_{ij}} + \frac{\partial \mathrm{msw}}{\partial b_j} \right) \\
&= -\eta \left[\left(\sum \frac{\partial \mathrm{mse}}{\partial \mathrm{net}_{pk}} \cdot \frac{\partial \mathrm{net}_{pk}}{\partial a_{pj}} \right) \cdot \frac{\partial a_{pj}}{\partial \mathrm{net}_{pj}} \cdot \frac{\partial \mathrm{net}_{pj}}{\partial w_{ij}} + (1-\gamma) b_j \right]
\end{aligned}$$

$$= \eta \sum \delta_{pk} w_{jk} a_{pj} (1 - a_{pj}) - \eta (1 - \gamma) b_j \tag{6-22}$$

假设：$\delta_j = \sum \delta_{pk} w_{jk} a_{pj} (1 - a_{pj})$，则可得到：

$$\Delta w_{ij} = \eta \delta_{pj} x_{pi} - \eta (1 - \gamma) w_{ij} \tag{6-23}$$

$$\Delta b_j = \eta \delta_j - \eta (1 - \gamma) b_j \tag{6-24}$$

6.4.5 减小 BP 网络训练波动方法

6.4.5.1 自适应学习因子

在传统的 BP 网络中，权值和阈值的学习因子是人为设定的固定值。然而，模型对学习因子的选择非常敏感。学习因子过大，会导致工程装备可靠度的预测值在校验值附近振荡过大；学习因子选择过小，则模型训练速度过慢。而人为设定的学习率不可能一开始就选得恰到好处，因此有必要让模型在训练过程中动态地确定学习因子。因此，采用自适应学习因子对传统 BP 网络进行优化，具体方法为：

$$\eta(k+1) = \begin{cases} k_{\mathrm{inc}} \cdot \eta(k) & \text{当 } E(k+1) < E(k) \\ k_{\mathrm{dec}} \cdot \eta(k) & \text{当 } E(k+1) > E(k) \end{cases} \tag{6-25}$$

式中　$\eta(k)$——第 k 代时的学习因子；

k_{inc}——增量因子；

k_{dec}——减量因子；

$E(k)$——第 k 代的训练误差。

自适应学习因子随着训练过程而变化，最终使得模型训练向着最佳的方向进行，由于学习因子的自我调节，使得模型训练避免了人为设定带来的训练振荡现象。当误差小于上次误差时，说明修正方向正确，可以增加学习步长；当误差大于上次误差时，说明修正方向错误，可以减小学习步长，同时舍去上一次修正过程，从而使得训练曲线平滑。

6.4.5.2 增加历史因子

BP 网络训练波动性大的主要原因是训练过程中权值和阈值的学习步长过大，上述自适应学习因子方法将使学习因子在训练过程中逐步适应模型训练，但如单独使用该方法，减小训练波动的效率可能会比较低，因此同时在模型的权值和阈值调整函数中增加历史因子，使得权值和阈值的调整量在上一代调整量（历史值）和性能梯度函数之间进行折中，进一步减小模型训练的波动性，权值和阈值的调整函数为：

$$\Delta x(k+1) = \beta \Delta x(k) + \eta(1 - \beta) \cdot g(k) \tag{6-26}$$

式中　β——历史因子；

$g(k)$——第 k 次迭代时的负梯度。

该函数以前一次的修正结果来影响本次修正结果，如果前一次修正量过大，则第二项的符号将与第一次修正量符号相反，从而减小修正量，达到减小振荡的目的，当前一次的修正量过大时，第二项的符号将与第一次修正量符号相同，从而增大修正量，有加速训练的作用。

6.4.6 BP 网络训练效率优化方法

工程装备可靠性预计需要的是高效、准确的预测，本节采用的 BP 网络通过多次循环训练达到预测的目的，其中迭代次数是反映网络的训练效率的重要指标。常用的梯度下降方法在进行训练时，梯度的幅值也是影响训练效率的关键因素之一。预测模型中采用的 Sigmoid 函数，将取值范围无穷大的输入变量，压缩到一个取值范围为 [0，1] 的输出变量中，该函数具有这样的特性：当输入变量取值很大时，其斜率趋于 0。因此，在采用上述方法时就有可能带来问题，即尽管权值和阈值离最佳值相差甚远，但由于梯度幅度非常小，导致权值和阈值的修正量很小，训练时间将变得很长。究其原因，是梯度幅值的影响，而去幅值调整方法能避免预测模型在遇到大幅值输入时出现上述情况。具体方法为：

$$\Delta x(k+1) = \begin{cases} \Delta x(k) \cdot k_{\text{inc}} \cdot \text{sign}(g(k)) & \text{当连续两次迭代梯度相同时} \\ \Delta x(k) \cdot k_{\text{dec}} \cdot \text{sign}(g(k)) & \text{当连续两次迭代梯度相反时} \\ \Delta x(k) & \text{当连续两次迭代梯度为 0 时} \end{cases} \quad (6\text{-}27)$$

式中　$\text{sign}(g(k))$ ——第 k 代时的梯度方向；

　　　k_{inc} ——增量因子；

　　　k_{dec} ——减量因子。

采用该方法的目的就是消除梯度幅值的影响，权值和阈值变化量直接由上一次迭代的变化量和梯度方向确定，避开梯度幅值的不利影响。当连续两次迭代的梯度方向相同时，说明训练向着最优的方向进行，此时乘以大于 1 的增量因子，使权值和阈值的变化量增加；当连续两次迭代的梯度方向相反，说明训练方向有误，此时乘以小于 1 的修正因子，减小权值和阈值的修正量。与梯度下降法比较，去幅值调整方法虽然训练速度较快，但训练曲线的波动性更大，为了突出上述两种方法的优点，尽量避开其缺点，将两种方法综合运用。综合的方法为：训练开始时用上述改进的网络权值和阈值调整方法对经过遗传算法优化后的网络进行训练，当网络的权值和阈值梯度的幅值小于事先设定的最小梯度 g_{min} 时，改用去幅值调整方法继续进行训练；而当权值和阈值的梯度幅值大于最小梯度时，继续恢复使用梯度下降法进行训练。

6.4.7 GA 优化 BP 网络权值方法

传统的 BP 网络对初始权值和阈值比较敏感，存在收敛速度慢、易收敛于局部极小值等缺陷，单独用于预测时模型性能不够理想。而遗传算法具有较强的全局搜索能力，能够收敛到全局最优解，而且遗传算法的鲁棒性强，两者结合使用能够很好地克服网络缺陷，使 BP 网络具有更快的收敛性和较强的学习能力。因此，采用遗传算法对 BP 网络的初始权值和阈值进行优化。遗传算法的优化过程包括个体编码与解码、适应值计算、种群初始化、选择、交叉、变异等，具体方法为编码与解码方式、适应度函数和遗传算子。

6.4.7.1 编码与解码方式

个体编码的常用方法有二进制编码法和实数编码法，工程装备可靠性预计中（元器件、零部件、子系统）的数量较多、数据范围较大，如采用二进制编码法必然导致编码较长，不利于计算，且需要对数据进行转换，在一定程度上影响输出结果的精度和优化效率。而实数编码具有编码精度高，便于大空间搜索等优点，与二进制编码相比，实数编码省略了编码进制转换步骤，编码简单直观、搜索效率有所提高，因此本节采用实数编码方法对 BP 网络各神经元间的权值和阈值进行编码，直接将权值和阈值作为个体基因位的取值。

假设 BP 网络的输入层、隐层和输出层的神经元数分别为 n、m、l，输入层与隐层间的权值为 w_{ij}，隐层与输出层间的权值为 w_{jk}，隐层的阈值为 b_j，输出层的阈值为 b_k，其中，i、j、k 分别表示输入层节点、隐层节点和输出层节点的索引号。则种群个体编码方法为 $(w_{11}\cdots w_{ij}\cdots w_{mn}, b_1\cdots b_j\cdots b_m, w_{11}\cdots w_{jk}\cdots w_{ml}, b_1\cdots b_k\cdots b_l)$，每个个体表示 BP 网络的一种初始权值和阈值方案。

由于个体是按照权值和阈值的顺序依次编码，因此，解码时只需读取种群个体相应数量的基因位即可。如 w_{ij} 读取前 $m \times (i-1) + j$ 个基因位的数据，b_j 则读取第 $m \times n + j$ 个基因位的数据。

6.4.7.2 适应度函数

遗传算法的适应度函数用于判断优化过程中种群个体适应性，主要在个体选择构成交配时使用，由于遗传算法的寻优过程基于适应度函数，因此适应度函数直接决定最优解，其作用非常重要。遗传算法要求计算的适应值全为正，而且函数的变化趋势与网络的性能评价值的变化趋势相同，即网络性能评价值高则适应值大，网络性能评价值低则适应值小。利用遗传算法对 BP 网络进行优化，最终的计算结果要与 BP 网络的输出结果结合起来，因此首先考虑使用 BP 网络的性能函数作为判断进化个体优劣的适应度函数。但是如果不做任何修改就将 BP 网络性能函数直接作为适应度函数，则适应度函数与网络性能评价值的变化趋势不同，不符合适应度函数的要求，因此适应度函数修改为：

$$F(x) = 1/E(x) \tag{6-28}$$

式中，$E(x)$ 为 BP 网络的性能评价函数。

6.4.7.3 遗传算子

A 选择算子

遗传算法的选择算子是从当前个体中选择适应值高的个体以生成交配池的过程，目的是模仿适者生存的原理，择优选择适应值较好的个体组成下一代种群。比例选择算子较常用，但由于随机操作的原因，这种选择方法的选择误差比较大，会出现适应度低的个体生存机会被剥夺的现象，为改进遗传算法的种群多样性，保证算法的收敛速度，使得在进化早期种群的选择压力（最佳个体选中的概率与平均选中概率的比值）较小，适应值较差的个体也有一定的生存机会，在进化晚期加强个体的选择压力，加快算法的收敛速度，因此，采用模拟退火方法与精英保留策略相结合的选择方法，即首先选择适应度最好的前两个个体作为种子个体，直接保留到下一代，然后由公式（6-29）确定每个个体的选择概率 P_s。每次选择个体时，都产生一个随机数，按照由大到小的顺序比较随机数与选择概率的大小，如果随机数小于个体的选择概率，则选择对应个体。选择概率为：

$$P_s(i) = \frac{e^{f(i)/T}}{\sum_{i=1}^{p} e^{f(i)/T}} \tag{6-29}$$

$$T = T_{max} - \frac{1}{D_{max}} (T_{max} - T_{min}) \tag{6-30}$$

该方法使得个体在每代的选择概率略有不同，其中，p 为种群大小，T 为当前代的温度，T_{max}、T_{min} 为最高温度与最低温度，D_{max} 为最大进化代数，$f(i)$ 为第 i 个个体适应度值。

B 交叉算子

交叉算子包括交叉方式和交叉概率。交叉方式控制交叉的具体操作，而交叉概率控制着交叉算子的应用频率。在每代种群中，交叉概率越高，群体中新结构的引入越快。交叉时，以概率 P_c 对个体 G_i 和 G_{i+1} 交叉操作产生新个体 G_i' 和 G_{i+1}'，没有进行交叉操作的个体进行直接复制。分析 BP 网络权值和阈值的编码可知，每个个体由四部分组成，每个部分是独立的，代表不同的变量，因此，在个体交叉时为了使参与交叉的个体每个部分都发生变化，增加个体的多样性，将个体分成四部分执行交叉，每部分均执行单点交叉操作，即分块单点交叉，交叉前首先产生随机数，如果随机数小于交叉概率，则执行交叉操作，否则直接复制个体；执行交叉操作的个体，随机产生交叉点，然后将两个个体在交叉点后的基因位交换。交叉概率为：

$$P_c = \begin{cases} \dfrac{f_{max} - f_m}{f_{max} - f_{avg}} & \text{当} f_m \geqslant f_{avg} \\ 1.0 & \text{其他} \end{cases} \tag{6-31}$$

式中　f_{max}——本代最优个体适应值；

　　　f_m——第 m 个个体的适应值；

　　　f_{avg}——本代平均适应值。

C 变异算子

变异算子的主要作用是增加种群的多样性，避免算法早熟和陷入极小值等现象的出现。因此，变异算子应该考虑进化代数、种群多样性和局部极小值三个因素。一般情况下，遗传算法进化初期多样性较好，但随着进化的不断进行，种群向着适应值大的个体靠拢，种群多样性逐渐减小，算法极有可能陷入局部极小值。而判断算法是否进入局部极小值的主要依据是适应值变化是否超过给定的变化量，当适应值变化过小时，需要增大变异概率，增加样本的多样性，使种群跳出局部极小值；当进化满足要求时，则保持变异概率。因此，变异概率依据适应值的变化量和进化代数而自适应变化，变异点的选择依据种群多样性测度而定。利用概率 P_m 突变产生 G_j 的新个体 G_j'，自适应变异概率为：

$$P_m = \begin{cases} p_{mmax} & \text{当} V_f < \theta \\ p_{m0} & \text{当} t \geqslant \alpha D_{max} \\ p_{mmin} & \text{当} t \geqslant \beta D_{max} \end{cases} \tag{6-32}$$

$$V_f = f_{max}(t + \Delta t) - f_{max}(t) \tag{6-33}$$

式中　p_{m0}——变异概率初始值，其变化范围为 $[p_{mmax}, p_{mmin}]$；

　　　t——当前进化代数；

　　　D_{max}——最大进化代数；

θ——设定的适应值变化阈值；

α, β——进化阶段系数。

在确定变异点时，每个个体不同基因位的多样性测度都不相同，多样性测度大的基因位被选为变异点的概率应该相应增大，种群多样性的测度以及变异点概率定义如下：

$$m(i) = 1 - \frac{1}{n}\left(\max\left\{\sum_{j=1}^{n} a_{lj}, \sum_{j=1}^{n}(1 - a_{lj})\right\} - \min\left\{\sum_{j=1}^{n} a_{lj}, \sum_{j=1}^{n}(1 - a_{lj})\right\}\right) \tag{6-34}$$

$$p(i) = \frac{m(i)}{\sum_{i=1}^{l} m(i)} \tag{6-35}$$

式中 $m(i)$——第 i 个基因位的多样性测度；

l——基因位总数。

6.4.8 GA – BP 预测模型基本流程

经过改进后，传统 GA – BP 预测模型的性能有较大的提高，算法的具体流程如图 6-3 所示。

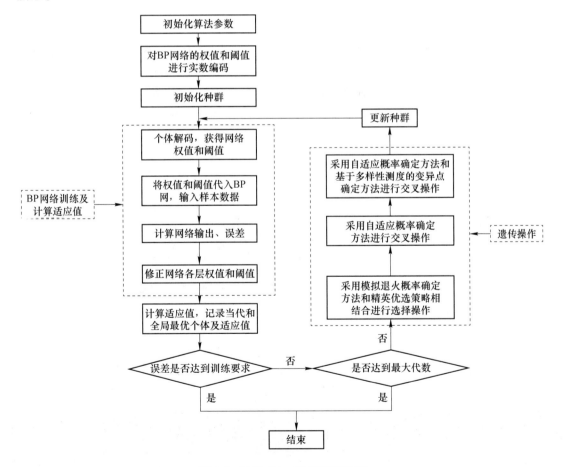

图 6-3 改进 GA – BP 预测流程图

6.5 实例分析

本节将 6.4.8 节改进 GA – BP 预测模型用于军用装载机电气系统的可靠性预测来说明预测模型的有效性，并以此为依据将模型推广到其他工程装备的可靠性预测中。需要说明的是，将该模型应用于其他类型工程装备可靠性预计用时，样本数据的参数可以不一样，应该根据具体装备确定。

6.5.1 基于优化 GA – BP 的电气系统的可靠性预计模型

军用装载机全车电气设备由电源系统、电起动系统、照明与信号系统、电子监测仪表系统、保护报警系统、电液操纵控制系统、空调系统、雨刮系统等组成。从可靠性角度分析，电气子系统属于串联系统，其可靠性逻辑框图如图 6-4 所示。

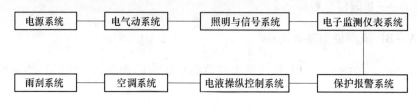

图 6-4 电气子系统可靠性框图

基于优化 GA – BP 的电气系统可靠性预计模型的主要思想是：军用装载机全车电气设备系统按它的可靠性框图分为八个独立的子系统，然后把收集的可靠性数据进行分类，把故障数据归于各个子系统，同时考虑电源工作的环境条件，加入相应的环境因子，同八个子系统一同作为输入神经元，把整个系统的失效率作为输出神经元，建立三层结构的 BP 神经网络。输入神经元如图 6-5 所示。

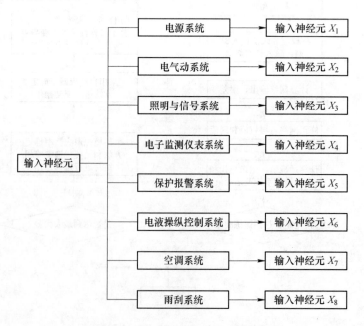

图 6-5 电气子系统 BP 神经网络

根据电气系统试验运行情况统计得到的可靠性数据建立了故障数据库，包括电气系统整体可靠性数据、电源系统、电起动系统、照明与信号系统、电子监测仪表系统、保护报警系统、电液操纵控制系统、空调系统、雨刮系统，并经过认真筛选，选择了 10 组样本数据，结果见表 6-2。

表 6-2　样本数据

样本序号	输　入　值								输出值
	X_1	X_2	X_3	X_4	X_5	X_6	X_7	X_8	Y
1	0.1987	0.2889	0.2889	0.1893	0.1993	0	0.0996	0	0.1495
2	0.2876	0.0895	0.0995	0.1789	0.2784	0.1789	0	0.0995	0.1492
3	0.1254	0.1183	0	0	0.5419	0.2635	0.2535	0	0.1648
4	0.1033	0.4132	0.1133	0	0.3132	0	0.2066	0.1033	0.1446
5	0.1879	0.2681	0.0964	0	0.4969	0.0494	0.1987	0	0.1590
6	0.2572	0.1213	0.1253	0.1613	0.2853	0.1213	0.2426	0	0.1698
7	0.2873	0.2689	0.1295	0	0.1495	0.1295	0.2389	0.1195	0.1434
8	0.3219	0.1519	0.1319	0	0.1619	0.2419	0.1419	0.2839	0.1562
9	0.2178	0.1259	0.2178	0.2148	0.2178	0.2059	0	0	0.1589
10	0.2189	0.1189	0	0.2079	0.3358	0.1279	0.2179	0	0.1634
11	0.2379	0.1359	0.1576	0.1079	0	0.2179	0	0.1236	0.1348
12	0.2463	0.1367	0.2547	0	0.3476	0.1476	0.2431	0	0.1574

网络结构参数：（1）遗传算法参数：种群大小为 100，最大进化代数为 5000 代，初始变异概率为 0.1，变异概率范围为 [0.001, 0.3]，进化阶段系数 $\alpha = 0.4$、$\beta = 0.7$，适应度变化阈值 $\theta = 5$；（2）BP 神经网络参数：学习效率采用自适应学习效率，最终允许误差为 0.0001，历史因子为 0.9，中间层训练函数为 logsig，输出层训练函数为 logsig。

6.5.2　仿真结果分析

将表 6-2 中的前 8 组样本作为训练样本，对网络进行训练，后 2 组样本作为与网络预计值进行比较的标准样本。为了说明 GA－BP 预测模型的优点，将上述样本同时用传统 BP 预测模型和 GA－BP 预测模型进行预测，并通过 Matlab7.0 编程实现。并将预计结果与数学模型预计进行比较，预计结果见表 6-3。

由表 6-3 可以看出 BP 预计模型和 GA－BP 预计模型与数学模型预计法相比，可以减少数据处理中带来的较大误差，提高预计精度。这是因为神经网络可以实现任意的非线性映射，能够表示可靠性变量之间的复杂关系。

表6-3 预计结果

方法	样本序号	试验结果	预计结果	误差值	误差率/%	平均误差/%
故障率预计法	9	0.1348	0.1127	0.0221	16.39	15.435
	10	0.1574	0.1346	0.0228	14.48	
BP预计模型	9	0.1348	0.1256	0.0092	6.89	6.27
	10	0.1574	0.1763	−0.0089	5.65	
GA－BP预计模型	9	0.1348	0.1329	0.0019	1.40	1.36
	10	0.1574	0.1595	−0.0021	1.33	

而与传统的 BP 预计模型相比较，GA－BP 预计模型具有更好的预计精度与速度。分析 GA－BP 预测模型的遗传算法训练曲线图6-6和图6-7可知，遗传算法刚开始时，适应值提高较快、训练误差下降比较明显；大约40代以后，进化逐渐趋于平缓，适应值上升较慢，误差下降不明显；经过165代时，遗传算法的适应值和误差基本不变，即达到了近似最优解。在图中可以看出训练过程中曲线有多次跳跃的情况，这体现了遗传算法全局搜索能力强的特点，由于预测模型的输入空间维数较高，属于高阶非线性问题。对于此类复杂问题，不可避免地会出现极小值现象，如果单独使用 BP 网络进行预测，很难跳出极小值点。当训练达到极小值时，训练趋于停止，然而遗传算法能够使训练跳出极小值点，而向着最优点继续训练。

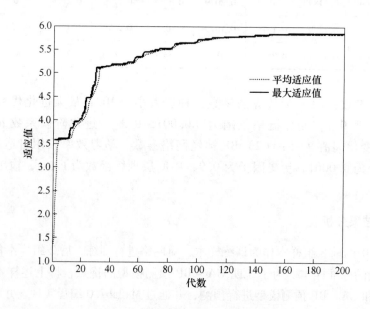

图6-6 GA遗传算法训练适应值曲线

如图6-8和图6-9所示，横线为事先设定的训练目标，曲线为模型的性能曲线。当训练目标相同时，传统 BP 网络预测模型经过4716代达到目标停止训练；而 GA－BP 预测模

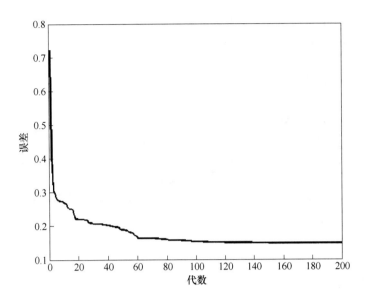

图 6-7 GA 遗传算法训练误差曲线

型只经过 425 代就满足要求，停止训练。由此可见，改进的 GA – BP 预测模型具有更好的训练效率。

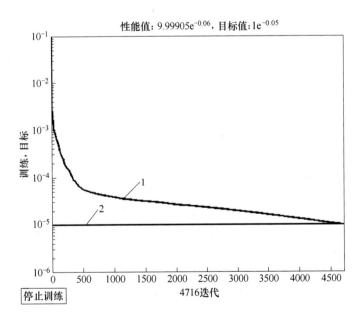

图 6-8 传统 BP 网络训练曲线

1—训练；2—目标

如对此电气系统进行信息化改造时，新型电子监控系统可靠性数据不可知时或不易收集时，再次对上述系统的可靠性进行预计，预计结果见表 6-4。

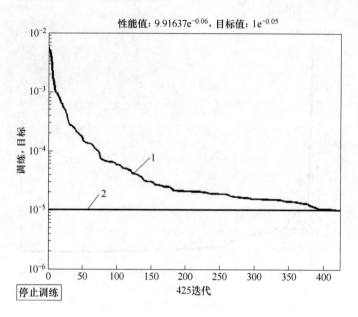

图 6-9 改进 GA – BP 网络训练曲线

1—训练；2—目标

表 6-4 预计结果

方法	样本序号	试验结果	预计结果	误差值	误差率	平均误差
故障率预计法	9	0.1348	无法预计	无法预计	无法预计	无法预计
	10	0.1574	无法预计	无法预计	无法预计	
BP 预计模型	9	0.1348	0.1148	0.0164	12.16%	11.86%
	10	0.1574	0.1756	– 0.0182	11.56%	
GA – BP 预计模型	9	0.1348	0.1296	0.0056	4.15%	4.33%
	10	0.1574	0.1645	– 0.0071	4.51%	

从表 6-4 可以看出，数学模型预计法由于要求较高的数据完整性而完全失去预计功能，而传统 BP 预计模型由于具有初始参数影响大、易陷入局部极小值和波动性大、泛化能力弱等缺点，预计误差也显著增大，GA – BP 预计模型的平均误差虽然也由 1.33% 增大到 4.33%，但是从可靠性预计角度看，这个误差可以接受。这是因为优化的 GA – BP 预计模型具有更好的容错性，虽然数据局部的损伤可能引起性能的衰退，但不会使其预计功能受到很大影响。

第 7 章　工程装备可靠性增长

工程装备在研制初期，其可靠性与性能参数都不可能立即达到所规定的指标，必须经过反复试验—改进—再试验的过程，才能使其可靠性与其他性能不断提高，直到满足要求。在这个过程中，装备的设计、制造工艺、操作方法等不断地暴露出缺陷，而经过分析和改进之后又不断地趋于完善，从而使装备的可靠性和其他性能不断地提高，这就是可靠性增长过程。装备的可靠性增长通常只与降低系统性薄弱环节的影响有关，因而有计划地激发系统性薄弱环节的失效、分析其失效原因和改进设计，并证明改进措施的有效性而进行的试验，就是可靠性增长试验（RGT）。

目前，可靠性增长已经发展成为可靠性设计的一个最为重要的分支。在装备的开发、研制和生产等决定性的寿命阶段中，只有采用可靠性增长的各项技术来进行分析管理和实现各种工程改进，才能将各项可靠性工作联成一体，并贯穿于装备的整个寿命周期之中。随着社会和科技的进步和发展，工程装备结构越来越复杂，可靠性要求越来越高，最初的样机在可靠性方面不可避免地存在问题和缺陷，必须通过零件、部件、子系统、系统等不同层次的可靠性增长试验暴露问题，改进设计，才能使其可靠性达到预期的目标。此外，如果在研制生产中较好地应用可靠性增长技术，充分利用可靠性增长信息，可以减少系统的可靠性鉴定和验收试验次数，这对于试验费用昂贵的工程装备系统尤为重要。由此可以看出，研究可靠性增长试验是有着十分重要的工程实践意义的。

另一方面，在可靠性增长试验结束后，应该对获得的试验数据进行可靠性评估。选择不同的可靠性增长分析方法和可靠性增长模型都会对评估结果的好坏产生很大的影响。因而十分有必要来研究可靠性增长评估的分析方法。

本章应用故障模式、影响及致命度分析（FMECA）法对典型工程装备进行故障分析。查清整机各故障部位、故障模式及故障原因的比率，从整体上掌握工程装备的故障发生情况；找出对整机可靠性影响较大的故障模式，对发生故障频繁的部件或子系统深入进行故障模式及原因分析；通过致命性分析，查找工程装备的关重件及其薄弱环节，提出相对应的改进措施，实现工程装备设计阶段的可靠性增长；并结合 Bayes 小子样理论进行基于经典 AMSAA 模型的可靠性增长评估模型分析，将 Gibbs 抽样方法引入到可靠性增长分析中，建立了适用于工程装备可靠性增长模型。

7.1　概述

7.1.1　可靠性增长的相关概念

在深入讨论可靠性增长理论之前，首先介绍《可靠性增长大纲》（GB/T 15174—2017）中给出的有关概念。

可靠性改进：通过排除系统性失效的原因和（或）减少其他失效发生的概率来实现

改进可靠性特征量的一种过程。

可靠性增长：表示产品可靠性特征量随时间逐渐改进的一种过程。

薄弱环节失效：当施加的应力在产品规定能力之内时，由于产品本身的薄弱环节而引起的失效。

系统性薄弱环节：只有通过更改设计、制造工艺、操作方法、文件或其他有关因素，或者通过排除劣质的元器件批，才能排除或减少其影响的薄弱环节。

残余性薄弱环节：非系统性薄弱环节。

关联失效：在解释试验或运行结果时，或在计算可靠性特征量值时应包括的失效。

非关联失效：在解释试验或运行结果时，或在计算可靠性特征量值时不应包括的失效。

系统性失效：与某种原因直接有关的失效，而这些失效只能采取更改设计、制造工艺、操作方法、文件或其他相关因素的方法才能排除。

残余性失效：由残余性薄弱环节引起的失效。

瞬时可靠性量度：在可靠性增长程序中的某一给定时刻（过去或现在）对产品进行的可靠性量度。

外推可靠性量度：在可靠性增长的全过程中，能及时进行纠正性更改的产品，在未来某一给定时刻估计获得的可靠性量度。

预测的可靠性量度：同时引入多个纠正措施后所预测到的产品可靠性量度。

7.1.2　可靠性增长的意义与作用

任何产品在研制初期，其可靠性与性能参数都不可能立即达到所规定的指标，必须经过反复试验—改进—再试验的过程，才能使其可靠性与其他性能不断提高，直到满足要求。在这个过程中，产品的设计、制造工艺、操作方法等不断地暴露出缺陷，而经过分析和改进之后又不断地趋于完善，从而使产品的可靠性和其他性能不断地提高，这就是可靠性增长过程。

由于新技术不断涌现，产品更新换代加速，以及要求新产品有更高和更复杂的功能，因此，可靠性问题往往成为产品研制过程中最棘手的问题。而人们总是希望能用最短的时间、最少的经费使新产品的可靠性提高到规定的指标。这种提高产品可靠性的"捷径"，仅凭工程上采用的"试验—暴露—改进—再试验"的方法是极难一次找到的，必须采用统计方法对所采取的工程改进措施进行检测和分析。用统计方法评价在某一时刻产品所达到的可靠性水平，评价及预测产品可靠性增长的速度，判断它们是否符合增长规划要求；并通过对人力、经费和时间进度的统一调配，将工程上的试验、分析、改进纳入科学管理之下，做到对产品可靠性增长进行定量控制，这就是可靠性增长管理。通过这种管理，可避免因对产品盲目改动而造成人力与资金的浪费；可防止到研制结束时才发现产品可靠性未达到规定要求而必须大返工所造成的资金浪费、时机贻误。

事实上，只要产品尚未进入稳定使用阶段，围绕着产品所进行的工程活动，不外是设法提高产品的性能和可靠性。只要产品暴露出缺陷，人们总要千方百计地采取措施加以纠正。因此，可靠性增长并不仅仅发生在产品研制的某个阶段，在产品寿命周期的每个阶段几乎都可能发生。具体地说，可靠性增长的分析、管理技术可处于下述各项活动中：

（1）对研制阶段的样机进行可靠性增长管理与分析；

（2）对因生产设施及其运行情况的改善所引起的产品可靠性增长进行分析；

（3）对因老练或筛选所引起的产品可靠性增长进行分析与评定；

（4）对因生产人员的技术水平与工艺水平的提高而引起的产品可靠性增长进行分析与评定；

（5）对因使用人员的操作、维护技术的提高所引起的产品可靠性增长进行分析与评定。

目前，可靠性增长技术已成为可靠性工程的一个重要组成部分。在产品的开发、研制和生产等决定性的寿命阶段中，只有采用可靠性增长的各项技术来进行分析管理和实现各种工程改进，才能将各项可靠性工作联成一体，并贯穿于产品的整个寿命周期之中。实践证明，在工程中，通过可靠性增长试验、分析与管理来提高产品的可靠性，是节省试验时间、减少试验次数和降低研制经费的有效办法。另外，对于需要进行可靠性鉴定或验收的产品，如果在研制或生产中就成功地应用了可靠性增长技术，由此得出完整的失效数据就可用来评定产品的可靠性，从而作为鉴定或验收的依据。也就是说，成功的可靠性增长试验可免去产品的鉴定试验，成功的筛选试验可免去产品的验收试验。由此可为工程节约鉴定或验收的试验费用，而且能加快工程进度。

7.1.3　可靠性增长的发展现状

早在 20 世纪 50 年代，美国就已经开始了可靠性增长技术的研究。1956 年，H. K. Weiss 在 Operations Research 上发表的学术论文"具有 Poisson 型失效模式的复杂系统中的可靠性增长估计"中，第一个提出了可靠性增长模型；1962 年，J. T. Duane 分析了两种液压装置及三种飞机发动机的试验数据，提出了著名的 Duane 经验模型，成为可靠性增长技术发展过程中第一个重要的里程碑；1968 年，E. P. Virene 提出了适用于连续型可靠性增长的 Gompertz 模型；1974 年，L. H. Crow 在 Duane 模型的基础上提出了可靠性增长的 AMSAA 模型（或称为 Crow 模型），并给出了模型参数极大似然估计及无偏估计、产品 MTBF 的区间估计、模型拟合优度检验方法、分组数据的分析方法以及丢失数据时的处理方法等，系统地解决了 AMSAA 模型的统计推断问题。为适应试验样本量不断减少的特点，1977 年，Smith 用 Bayes 方法讨论了成败型可靠性增长模型，能够有效地利用产品研制阶段的试验数据和工程信息来预测可靠性；Higgins J 和 P. Erto 等人又利用 Bayes 方法研究了成败型可靠性增长模型、指数分布可靠性增长模型、双参数指数分布可靠性增长模型以及威布尔分布可靠性增长模型。

在国内，钱学森教授针对我国发展导弹、卫星等航天装备中的可靠性问题，于 20 世纪 70 年代就多次指出要研究"变动统计学"或"小子样变动统计学"，并指出"可靠性增长"是可靠性理论研究的三大方向之一。从 1975 年开始，国内开始研究国外可靠性增长的经验，介绍 Gompertz 模型、Duane 模型及 AMSAA 模型，并对上述模型进行验证；周源泉、安伟光、郭建英等人还将 Bayes 可靠性增长模型应用于火箭发动机可靠性增长评估研究中；1986 年至 1992 年，周源泉、翁朝曦发表了一系列论著，其中比较有代表性的成果是提出了 AMSAA - BISE 模型。

在可靠性增长理论方法研究的推动下，国外相继制定了许多有关可靠性增长方面的标准，比如：1987 年，美国国防部颁发军用手册 MIL – HDBK – 781《工程研制、鉴定和生产可靠性试验方法、方案和环境》，其中就采纳了 Duane 方法和 AMSAA 方法作为可靠性增长试验的评估方法；1995 年，国际电工委员会颁发国际标准 IEC 61164《可靠性增长——统计试验与估计方法》，给出了基于单台产品失效数据进行可靠性增长评估的 AMSAA 模型和数值计算方法，包括产品可靠性增长估计、置信区间估计以及拟合优度检验等；2002 年，国际电工委员会提出要在保留 AMSAA 模型的基础上，拟增加用于可靠性增长估计的 Krasich 模型、Bayes 模型以及 IBM/Rosner 模型等。参考国外标准并结合国内试验工作，我国也制定了相应的标准，比如：1992 年，航空航天工业部颁发了航空工业标准《航空产品可靠性增长》（HB/Z 214）；同年，国防科工委颁发国家军用标准《可靠性增长试验》（GJB 1407）；2004 年，国防科工委颁发国家军用标准《装备可靠性工作通用要求》（GJB 450A—2004）规定了可靠性增长试验的要求和方法。这些工作都很好地推动了我国可靠性增长技术的研究和发展。

近半个世纪以来，出现了多种考虑动态特性的可靠性评估方法，根据评估对象的不同可以分为以下几类：（1）时间上具有动态特性的统计对象的可靠性评估方法，主要集中在对可靠性增长试验数据的评估上，研究途径是利用可靠性增长模型进行试验数据的评估，如 Duane 模型、AMSAA 模型、Gompertz 模型、Lioyd&Lipow 模型，国内中科院系统所提出的基于不变环境的可靠性增长模型，国防科大提出的基于中位秩的增长模型和基于修正似然函数的增长模型，北航可靠性中心提出的 VE-Duane 模型和 VE-AMSAA 模型等；（2）层次上具有动态特性的统计对象的可靠性评估方法，其基本思路是按照金字塔式评估模型，将部件、分系统、系统数据逐级综合，对整个系统的可靠度作出评估；（3）具有统计关联特性的统计对象的可靠性评估方法，通常采用 Bayes 方法，将相似产品信息作为先验信息引入到评估模型中；（4）环境上具有动态特性的统计对象的可靠性评估方法，对此问题的研究有两种基本思路：1）采用环境因子的方法；2）借用可靠性预计及加速寿命试验中的寿命参数与环境应力的关系模型。上述方法通常只侧重于研究具有单一统计特性的对象的可靠性评估，而没有综合考虑多个或全部动态统计特性，因此解决复杂大系统可靠性综合评估的方法还有待研究。

7.2 工程装备可靠性增长措施研究

工程装备的可靠性是由设计确定并通过制造过程实现的。由于工程装备复杂性的不断增加和新技术的不断采用，装备设计也需要有一个不断深化认识、逐步改进完善的过程。装备早期的样机在试验或运行中，因存在较多的设计和工艺方面的缺陷和问题，需要有计划的改进设计和工艺，消除故障模式，从而提高装备固有可靠性水平，以满足使用要求。工程装备的结构千差万别，发生的故障模式也多种多样，必须根据装备的早期故障模式，研究其早期故障机理和提出改进措施。本节应用故障模式、影响及致命度分析（FMECA）法对典型工程装备进行故障分析。查清整机各故障部位、故障模式及故障原因的比率，从整体上掌握工程装备的故障发生情况；通过致命性分析，找出对整机可靠性影响较大的故障模式，对发生故障频繁的部件或子系统深入进行故障模式及原因分析，并提出相对应的改进措施，实现工程装备设计阶段的可靠性增长。

7.2.1 工程装备故障模式影响及危害性分析（FMECA）

故障模式影响及危害性分析（Failure Mode and Effects and Criticality Analysis，简称 FMECA）是由故障模式影响分析（FMEA）及危害性分析（Criticality Analysis，即 CA）组合构成的分析方法。

7.2.1.1 FMECA 分析方法简介

故障模式影响与危害性分析是在产品的研制设计中采用的一种可靠性增长技术，它主要用于在设计阶段对产品的各个子系统、零部件的每个故障因素进行逐一排查，找出其可能存在的不易发现的故障模式，同时对每一种故障模式的危害度进行分析，评估其风险系数，找出设计整个系统中的薄弱环节，以便预先采取改进措施，减少失效模式的严重度，降低故障模式发生所造成的危害，使其能在早期发现设计和制造工艺中存在的缺陷，避免返工所带来的损失，实现可靠性增长。

A 寿命周期各阶段产品的 FMECA 方法

FMECA 方法虽然主要作用于可靠性的设计阶段，但在产品的全寿命周期过程中都有运用，其应用目的、方法略有不同（见表 7-1）。

表 7-1 产品寿命周期各阶段的 FMECA 方法

阶段	论证阶段	研制设计	生产定型	列装使用
方法	功能 FMECA	设计 FMECA	工艺 FMECA 设备 FMECA	统计 FMECA
目的	对系统的可靠性要求与功能进行全面分析，进行相似机型的可靠性分析，为可靠性指标参数的确定提供参考	分析系统硬件环境、设计过程中的缺陷，找出其薄弱环节，为系统设计改进和方案确定提供参考	分析研究所设计的生产工艺过程的缺陷和薄弱环节及其对产品的影响，为生产工艺的设计改进提供依据。 分析研究生产设备的故障对产品的影响，为生产设备的改进提供依据	分析研究产品使用过程中实际发生的故障、原因及其影响，为评估论证、研制、生产各阶段的 FMECA 的有效性和进行产品的改进、改型或并排产品的研制提供依据

B FMECA 的分析步骤

FMECA 的分析步骤见表 7-2。

表 7-2 FMECA 的分析步骤

编号	实施步骤	具 体 内 容
1	明确分析范围	根据所分析系统的复杂程度、重要程度，结合现有技术水平要求的分析进度以及费用等，在系统中确定进行的产品范围
2	系统任务分析	主要进行系统的基本与任务可靠性分析
3	系统功能分析	分析系统的功能组成，提供系统可靠性分析的可靠性框图
4	确定故障判据	制定系统故障的准则，确定各项故障模式判定的依据

编号	实施步骤	具 体 内 容
5	选择 FMECA 方法	根据系统研制开发的各个阶段的可靠性任务要求，选择合适的 FMECA 分析方法和内容，制定分析规范
6	实施 FMECA 分析	主要包括故障模式的判定、检测方式的判定、故障影响分析以及预防与改进措施的制定
7	给出 FMECA 结论	根据故障模式影响及危害性分析的结果，找出系统研制设计中的薄弱环节，从而制定与之相应的改进措施

C 致命性分析

致命性分析是对每一个故障模式按其严酷程度分类及对该故障模式出现的概率两者进行综合分析。致命性分析是对失效影响后果定量化的关键一步。即分析各种失效模式对系统功能影响的严重程度，进而确定每一个零件、部件或系统的致命度。FMECA 的定量化体现系统各关键部件潜在的弱点，以便能对工程装备进行更好的改进设计。

a 严酷度类别

严酷度的类别一般可分为四类（即严酷度等级）：Ⅰ类（灾难的），Ⅱ类（致命性的），Ⅲ类（临界的），Ⅳ类（轻度的）。

b 故障模式出现概率

故障模式出现概率是每种故障模式可能发生的概率，各个故障模式的出现概率一般分为五大类：

（1）A 级（经常发生）：一种故障模式的出现概率大于总故障概率的20%。

（2）B 级（很可能发生）：一种故障模式出现的概率为总故障概率的10%～20%。

（3）C 级（偶然发生）：一种故障模式出现的概率为总故障概率的1%～10%。

（4）D 级（很少发生）：一种故障模式出现的概率为总故障概率的0.1%～10%。

（5）E 级（最不可能发生）：一种故障模式出现的概率小于总故障概率的0.1%。

c 危害度

故障模式危害度 C 是产品危害度的一部分，它表示此类故障模式发生对产品的危害程度，产品单元 i 的第 j 个故障模式危害度 C_{ij} 可由下式计算：

$$C_{ij} = \lambda_i \alpha_{ij} \beta_{ij} t \tag{7-1}$$

式中，α_{ij} 为单元 i 以故障模式 j 发生故障的频数比；β_{ij} 表示单元 i 在第 j 种故障模式发生的条件下，故障影响将造成致命度级别；λ_i 为单元 i 的故障率；t 为对应于任务的持续时间。通常 β_{ij} 的值可按表7-3所列进行定量选择。

表7-3 β_{ij} 的数据

故障影响条件概率	功能完全丧失	功能较大可能丧失	功能可能丧失	无
β_{ij}	1.0	0.1～1.0	0～0.1	0

对于单元 i 的危害度 C_i，它是由单元 i 在同一严酷度等级下的各故障模式危害度 C_{ij} 相加而得到。

$$C_i = \sum_{j=1}^{n} C_{ij} = \sum_{j=1}^{n} \lambda_i \alpha_{ij} \beta_{ij} t \tag{7-2}$$

式中，n 为该产品在相应严酷度等级下的故障模式数。

7.2.1.2 工程装备系统 FMECA 分析

A 工程装备系统可靠性框图

工程装备系统是一个多子系统、多零部件的复杂系统，只有将系统分解成若干个相对独立的子系统，才能更清晰地分析各种故障模式，本节采用层次分析法，分层次给出军用装载机的可靠性框图（见图7-1）。顶层为主系统；第二层为军用装载机的 5 个子系统，分别为发动机子系统、传动子系统、液压子系统、工作装置以及其他装置；第三层为各个子系统所包含的衍生子系统，其中第二层和第三层为结构层。第四层为各衍生子系统所包含的装置及部件组成。

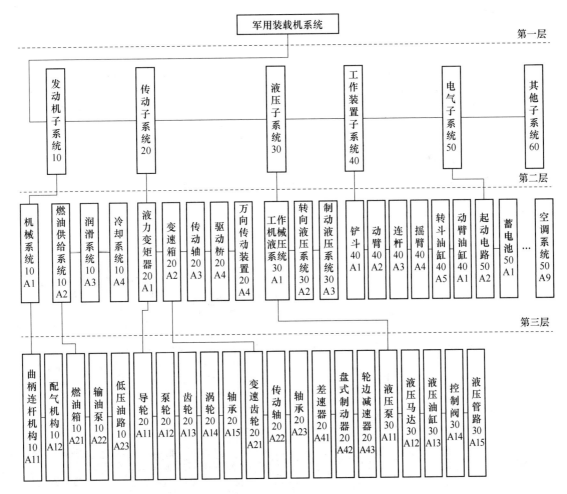

图 7-1 军用装载机整机系统可靠性框图

B 工程装备系统 FMECA 分析表

由可靠性框图并结合各个子系统的功能，运用分层思想，列出军用装载机的 FMECA 分析表，见附录。

7.2.2 早期故障分析与改进措施

早期故障分析是可靠性增长技术的一个重要部分，通过对早期故障的可靠性分析，不仅可以了解该装备的质量，还可以找到该批装备的潜在故障，通过分析还可以为今后装备的改进甚至改型提供最直接、最准确的信息。

根据军用装载机的 FMECA 分析表和模糊层次危害度分析，找出影响军用装载机可靠性的关键件与重要件，运用重要度分析，可计算出各底事件对其故障模式的重要度，并有针对性地提出设计中的改进措施。本节仅列出 I 类故障的分析结果，见表7-4。

表 7-4 军用装载机早期 FMECA 分析与改进

故障模式	故 障 原 因	严酷度类别	危害度	设计改进措施
飞车	1. 操纵机构的影响； 2. 喷油泵油量调节机构的影响； 3. 调节齿条与调节拉杆的连发动机转速超过额定的最高转速且失去控制接销脱落； 4. 拉杆螺钉脱落； 5. 机油过稠； 6. 汽缸窜油； 7. 调速器的影响	I 类	7.6897	多数"飞车"故障与调速故障有关，特别是那些由"收油慢"而逐渐演变成的飞车，在可靠性设计时，就要有针对性地对调速器进行可靠性设计，分配的可靠性参数定高一点，选用可靠性较高的调速器。同时要注重防止油液污染
离合器片分离不彻底	1. 管路中有空气； 2. 皮碗变形或磨损； 3. 润滑不良； 4. 摩擦片变形或损坏	I 类	6.2210	提高摩擦片的安装精度，选用性能和可靠性高的摩擦片。提高皮碗的疲劳可靠性和安装精度
传动轴断开	1. 冲击载荷过大； 2. 材料强度或工艺不好	I 类	7.9964	影响传动轴正常运行的因素主要有：传动轴内在质量欠佳，主要表现为冲击功较低；联轴器的尺寸偏差较大；弹性连接片的弹性不足等。针对上述分析建议采取如下改进措施：增加冲击力的技术要求；联轴器法兰面上的四个孔由原来以毛坯管体为基准，改为四个孔互为基准，以使四个孔的位置度的评定合理化；提高对弹性连接片的硬度要求，使其金相组织为回火屈氏体；加强与零部件生产厂家的沟通，严格过程控制
驱动桥齿轮磨损断齿	1. 润滑不良； 2. 负载过大； 3. 齿轮质量不合格	I 类	6.3312	采用极压添加剂以及特殊高黏度的合成齿轮润滑油；提高加工精度；降低粗糙度，并防止出现磨粒磨损等齿面损伤；避免过载和偏载以防止出现局部破坏性胶合

故障模式	故 障 原 因	严酷度类别	危害度	设计改进措施
转向失灵	1. 转向器内弹簧气折断； 2. 转向器内拔销折断或变形； 3. 阀块中双向缓冲阀失灵	I 类	8.6214	提高转向器内弹簧的弹性模量；提高转向器内拔销的安装精度；选用可靠性高的双向缓冲阀
制动不灵或失灵	1. 供能装置所供能量不足或为零； 2. 制动增力器活塞密封不良； 3. 液压制动总缸内油液不足； 4. 制动油路的影响； 5. 摩擦系统减小	I 类	8.3263	使每个相关人员，尤其是装配工、汽车修理工都知道管路接反的严重性；在装配工艺上加以保证，如各个管接头与制动总泵接口处都做上明显的、永久的装配标记，使得操作人员在装配时能轻易区别。检验人员应测试在只有一个管路有气时有无制动；驾驶员更应遵守安全操作规程，不能盲目自信，以防万一。生产厂家在说明书中应有明确警示，提醒用户在维修（如更换制动软管）时不要接反接头。设计时保证不接反，这也是最根本的一条。即把制动总泵前后接口与管路接头设计成不同的配合尺寸，以保证不能装错
泄漏	1. 磨损； 2. 密封不良	I 类	6.3827	防止油液污染；适当的密封表面粗糙度；合理设计和加工密封沟槽；减少冲击和振动；减少密封件的磨损；正确装配密封圈；重视修理装配工艺

7.3 工程装备可靠性增长模型研究

为了研究可靠性增长过程，需要选择合适的可靠性增长模型。可靠性增长模型反映了可靠性增长过程中的规律。利用可靠性增长模型可以及时地评定装备任一时刻的可靠性状态，缩短可靠性增长试验时间，减少系统的可靠性鉴定和验收试验次数，节约研制经费。

在可靠性增长模型中，最具有代表性的是 1972 年美军陆军装备系统分析所的 L. H. Crow 在 Duane 模型的基础上提出了 AMSAA 模型，成为目前应用最广泛的增长模型，先后被美国军用手册、国际标准所采用。AMSAA 模型，它在各种系统的可靠性增长评估中得到了广泛的应用，AMSAA 模型是目前可靠性理论界和工程界最为推崇的可靠性增长模型，并且 AMSAA 模型参数的物理意义容易理解，便于制定可靠性增长计划；而且其表示形式简洁，可靠性增长过程的跟踪和评估非常简便，且引入了随机过程，MTBF 的点估计精度较高，还能够给出 MTBF 区间估计或置信下限。

但是，使用 AMSAA 经典模型进行可靠性增长评估的前提是可靠性试验中的数据子样必须充足，否则可靠性的评估精度就无法保证。随着装备的研制及使用周期的缩短，以及高新技术在武器系统中的广泛应用，武器系统的精度及可靠性要求越来越高，而现场试验次数却越来越少，因此，探求既能够利用经典模型的精确性，又能够使经典模型在小子样的情况下应用的方法是解决此类复杂系统可靠性增长分析的关键。目前，Bayes 方法是解决小子样问题的一种通用方法。但 Bayes 方法中，常常要计算后验期望、方差和分位数等一些数字特征，计算这些后验量都可归结为关于后验分布的积分计算。当后验分布较简单时，可以利用数值积分、正态近似、静态 MonieCarlo 法等近似计算方法；而后验分布很复杂时或复杂后验分布的正则化常数无法计算时，这些方法都难以实施，这就使得积分的计算成为 Bayes 方法的主要障碍。于是，可将 Gibbs 抽样方法引入到 Bayes 分析中去，解决了传统的 Bayes 方法中后验分布复杂难以计算的问题，使得可靠性增长的 Bayes 分析方法大大简化，实现了对工程装备可靠性增长 AMSAA 模型的 Bayes 估计。

7.3.1 AMSAA 经典模型

AMSAA 模型是由美军陆军器材系统分析中心的 L. H. Crow 于 1972 年在 Duane 模型的基础上提出的。AMSAA 模型克服了 Duane 模型不能给出 MTBF 区间估计和置信下限、模型参数和点估计值精度不高的缺点，因而得到了更为广泛的应用。该模型能够拟合多类产品的增长信息和多种类型的增长数据，且方法简便，不但适用于可靠性增长试验数据的跟踪，也适用于可靠性增长的预测。

AMSAA 模型假设可修复产品在设计定型时间区间 $(0, T)$ 内的累积失效次数 $N(t)$ 是具有均值函数 $E[N(t)] = at^b$ 和瞬时失效率为 $\lambda(t) = \dfrac{\mathrm{d}E[N(t)]}{\mathrm{d}t} = abt^{b-1}$ 的非齐次泊松过程，式中 $a(>0)$ 称为尺度参数，$b(>0)$ 称为形状参数或增长参数。

$$P[N(t) = n] = \frac{\{E[N(t)]\}^n}{n!}\exp\{-E[N(t)]\} \tag{7-3}$$

当 $b = 1$ 时，非齐次泊松过程退化为齐次泊松过程，失效时间间隔服从均值为 $\dfrac{1}{a}$ 的指数分布，此时可靠性无增长或下降的趋势；

当 $b < 1$ 时，失效时间间隔随机增加，表明处于可靠性增长阶段；

当 $b > 1$ 时，失效时间间隔随机减小，表明处于可靠性下降阶段。

GJB 1407—1992 中介绍了运用 AMSAA 模型对产品进行可靠性评估的步骤：

首先进行可靠性增长趋势检验，增长趋势检验统计量为 μ：

$$\mu = \left(\frac{1}{NT}\sum_{i=1}^{N} t_i - 0.5\right) \cdot \sqrt{12N} \tag{7-4}$$

式中，N 为试验结束时累积故障数；t_i 表示第 i 次故障发生时的累积试验时间；T 为试验截止时间。显著水平 α 下可靠性增长统计量 μ 的临界值为 μ_α，当 $\mu > -\mu_\alpha$ 时说明产品有可靠性减少趋势；当 $\mu \leq -\mu_\alpha$ 时说明有明显的可靠性增长趋势。

采用最大似然估计法进行模型的参数估计，设在时间区间 $(0, T)$ 内产品的故障时间是 $0 \leq t_1 < t_2 < \cdots < t_n \leq T$，则似然函数为：

$$f(t_1, t_2, \cdots, t_n, a, b) = \prod_{i=1}^{n} \lambda(t_i)\exp\left[-\int_0^T \lambda(t)\,\mathrm{d}t\right]$$

$$= (ab)^n \prod_{i=1}^{n} t_i^{b-1}\exp(-aT^b) \tag{7-5}$$

对式 (7-5) 两边取对数得：

$$\ln f = n\ln a + n\ln b + (b-1)\sum_{i=1}^{n}\ln t_i - aT^b \tag{7-6}$$

a，b 的极大似然估计可以通过 $\dfrac{\partial \ln f}{\partial a}=0, \dfrac{\partial \ln f}{\partial b}=0$ 求得：

$$\begin{cases} \hat{b} = N/(N\ln T - \sum_{i=1}^{N}\ln t_i) \\ \hat{a} = N/T \end{cases} \tag{7-7}$$

当增长试验中的故障数 $N \leqslant 20$ 时，参数的无偏估计 $\bar{a}$、$\bar{b}$ 为：

$$\left.\begin{array}{l} \bar{b} = (N-1)\hat{b}/N \\ \bar{a} = N/(T)^{\bar{b}} \end{array}\right\} \tag{7-8}$$

在确定尺度参数和形状参数后，再进行拟合优度检验，判断增长是否适合 AMSAA 模型，Crame-Von Mises 检验法是效果比较好的方法，其拟合优度检验统计量 C_N^2 为：

$$C_N^2 = \frac{1}{12N} + \sum_{i=1}^{N}\left[\left(\frac{t_i}{T}\right)^{\bar{b}} - \frac{2i-1}{2N}\right]^2 \tag{7-9}$$

显著水平 α 下对应 C_N^2 的临界值 $C_{N,\alpha}^2$，α 通常取 0.1。若 $C_N^2 > C_{N,\alpha}^2$，则拒绝用模型拟合故障数据；若 $C_N^2 < C_{N,\alpha}^2$，则接受用 AMSAA 模型拟合产品的可靠性增长。当可以用 AMSAA 模型拟合产品的可靠性增长时，可以直接通过 AMSAA 模型得到产品的瞬时故障率为：

$$\lambda(t) = \bar{a}\bar{b}t^{\bar{b}-1} \tag{7-10}$$

AMSAA 模型克服了 Duane 模型的缺点，可靠性增长过程的评估简便，考虑了随机现象，MTBF 的点估计精度较高，并且可以给出 MTBF 的区间估计，在我国装备可靠性增长预测中得到广泛应用。

7.3.2 AMSAA 模型的 Bayes 估计

AMSAA 模型分为定数截尾和定时截尾两种方式。本节假定可靠性增长试验采用定时截尾方式，并且各阶段试验互相独立。这里讨论的前提是采用故障延缓纠正模式，该模式只对每阶段试验中出现的问题做简单的修复，等到该试验阶段结束，才对故障作统一纠正，因此可靠性增长只是在下阶段开始试验时才出现。在上述假设下，要对系统的可靠性作动态评定和估计，首先要进行预处理工作：

（1）检验系统可靠性是否有增长趋势。如果可靠性的特征量没有波动，则继续进行试验。

（2）如果系统有增长趋势，那么检验试验数据是否符合 AMSAA 模型，即所谓的拟合优度检验。这里采用经典估计，常用的方法是 Cramer-Von Mises 检验：

$$C_N^2 = \frac{1}{12N} + \sum_{i=1}^{N}\left[\left(\frac{t_i}{T}\right)^{\bar{b}} - \frac{2i-1}{2N}\right]^2 \tag{7-11}$$

式中，N 为试验阶段次数；T 为系统投试时间；t_i 是第 i 阶段故障的累积时间。显著水平

α 下对应 C_N^2 的临界值为 $C_{N,\alpha}^2$，α 通常取 0.1。若 $C_N^2 > C_{N,\alpha}^2$，则拒绝用模型拟合故障数据；若 $C_N^2 < C_{N,\alpha}^2$，则接受用 AMSAA 模型拟合产品的可靠性增长。

（3）如果系统可靠性增长符合 AMSAA 模型，则转入后续模型参数的 Bayes 分析工作。

Bayes 分析的基本流程仍然是验前分布→验后分布→Bayes 统计推断，关键问题仍是验前分布的确定。

由 AMSAA 模型中的基本假设，在第 i 阶段内，系统的故障数 $N(t)$ 服从均值函数为 $E[N(t)] = at^b$ 和瞬时失效率为 $\lambda(t) = \mathrm{d}E[N(t)]/\mathrm{d}t = abt^{b-1}$ 的非齐次泊松过程。第 i 阶段的试验信息为 (n, τ)，其中，n 为第 i 阶段的失效次数，τ 为第 i 阶段累计试验时间，它为定时截尾时间，n 次故障的发生时间按由小到大排序，则有 $0 < t_1 < \cdots < t_n < \tau$：

$$f(t_1, t_2, \cdots, t_n, a, b) = \prod_{i=1}^{n} \lambda(t_i) \exp\left[-\int_0^T \lambda(t)\,\mathrm{d}t \right]$$

$$= (ab)^n \exp(-at^b) \prod_{i=1}^{n} t_i^{b-1} \tag{7-12}$$

对于尺度参数 a，取其共轭分布为 Gamma 分布，设为 $G(a; p, q)$。对于形状参数 b，其共轭分布难以确定，考虑到 b 的取值范围为区间 $[b_L, b_U]$，可选取 $[b_L, b_U]$ 上的均匀分布作为 b 的验前分布，并认为参数 a 和 b 是相互独立的，这样，模型参数 (a, b) 的验前分布为：

$$\pi(a, b) = \frac{p^q}{\Gamma(q)} a^{q-1} \mathrm{e}^{-ap} \frac{1}{b_U - b_L} \tag{7-13}$$

利用 Bayes 定理，可以推导出 (a, b) 的联合验后分布为：

$$\pi(a, b \mid t_1, t_2 \cdots t_n) = \frac{a^{q+n-1} b^n \exp(-ap - a\tau^b) \prod_{i=1}^{n} t_i^{b-1}}{\iint_{a>0, b_L < b < b_U} a^{q+n-1} b^n \exp(-ap - a\tau^b) \prod_{i=1}^{n} t_i^{b-1}\,\mathrm{d}a\,\mathrm{d}b} \tag{7-14}$$

根据 Gamma 函数的性质，有

$$\int_{a>0} \frac{(p + \tau^b)^{q+n}}{\Gamma(q+n)} a^{q+n-1} \exp\{-a(p + \tau^b)\}\,\mathrm{d}a = 1 \tag{7-15}$$

并由式（7-14）分别对 a，b 进行积分，可以求出 a，b 的验后密度为：

$$\pi(a \mid t_1, t_2, \cdots, t_n) = \frac{a^{q+n-1} \displaystyle\int_{b_L}^{b_U} b^n \exp(-ap - a\tau^b) \prod_{i=1}^{n} t_i^{b-1}\,\mathrm{d}b}{\displaystyle\int_{b_L}^{b_U} \frac{\Gamma(q+n)}{(p + \tau^b)^{q+n}} b^n \prod_{i=1}^{n} t_i^{b-1}\,\mathrm{d}b} \tag{7-16}$$

$$\pi(b \mid t_1, t_2, \cdots, t_n) = \frac{\dfrac{\Gamma(q+n)}{(p + \tau^b)^{q+n}} b^n \prod_{i=1}^{n} t_i^{b-1}}{\displaystyle\int_{b_L}^{b_U} \frac{\Gamma(q+n)}{(p + \tau^b)^{q+n}} b^n \prod_{i=1}^{n} t_i^{b-1}\,\mathrm{d}b} \tag{7-17}$$

无论应用何种 Bayes 分析模型，都需要解决后验推断计算的问题。

对简单后验分布，可直接采用解析推导、正态近似、数值积分、静态 Monte Carlo 等近似计算。但当后验分布复杂、高维、非标准形式分布时，如联合后验分布式（7-16）和式（7-17），上述方法都难以实施。此处引入一种新的计算方法——Markov Chain Monte Carlo（MCMC）方法。MCMC 方法在统计物理学中得到广泛应用，但其在 Bayes 统计、显著性检验、极大似然估计等方面的应用则是近十年内的事。主要分为两种形式：Gibbs 抽样算法和 Metropolis - Hastings 方法。针对联合后验分布式（7-16）和式（7-17），选用 Gibbs 抽样算法。上述两个表达式的分母相同，其实际计算会非常复杂，本节利用 Gibbs 方法进行抽样运算。

则 a，b 的 Bayes 估计为：

$$\hat{a} = E[a \mid t_1, t_2, \cdots, t_n] = \int_0^\infty a\pi(a \mid t_1, t_2, \cdots, t_n)\mathrm{d}a \tag{7-18}$$

$$\hat{b} = E[b \mid t_1, t_2, \cdots, t_n] = \int_0^\infty b\pi(b \mid t_1, t_2, \cdots, t_n)\mathrm{d}b \tag{7-19}$$

而第 k 阶段结束时，$MTBF\theta(\tau)$ 的无偏估计为：

$$\hat{\theta}(\tau) = \frac{1}{\hat{a}\hat{b}\tau^{\hat{b}-1}} \tag{7-20}$$

7.3.3 Gibbs 抽样

Gibbs 抽样是一种 Markov Chain Monte Carlo（MCMC）算法，1984 年由 Geman S. 和 Geman D. 在一篇讨论图像恢复的文章中提出。1989 年 Tanner 和 Wang 将该算法用于缺损数据问题，1990 年 Gelfand 和 Smith 提出 Gibbs 抽样在 Bayes 计算中的应用问题。目前，Gibbs 抽样算法处理复杂统计模型的能力逐渐为人们所认识。

Gibbs 抽样算法的基本思想是：通过构造满条件分布函数，从满条件分布函数中迭代抽样来构造马尔可夫链，当迭代次数足够多时，就可以认为获取的马尔可夫链能够收敛于目标概率密度函数，即马尔可夫链的状态变量值就是目标概率密度函数的样本。满条件分布函数是 Gibbs 算法的抽样函数，因此，满条件分布函数是 Gibbs 算法中的关键元素，构造合适的满条件分布函数不仅能够使马尔可夫链较快地收敛于目标概率密度函数，而且还可以简化抽样过程。本节主要基于 Gibbs 算法对 bayes 的后验评估进行参数估计。

7.3.3.1 满条件分布函数构造

变量和符号说明：

$\theta = (\theta_1, \cdots, \theta_m)$：寿命分布函数的参数向量。

$\pi(\theta_1, \cdots, \theta_m \mid T)$：参数向量 θ 的联合后验分布函数。

$\pi(\theta_i \mid \theta_1, \cdots, \theta_{i-1}, \theta_{i+1}, \cdots \theta_m, T)$：参数 θ_i 的条件后验分布函数。

$\pi(\theta_i \mid \theta_1^t, \cdots, \theta_{i-1}^t, \theta_{i+1}^{t-1}, \cdots \theta_m^{t-1}, T)$：参数 θ_i 的满条件分布函数。

$k(\theta_1, \cdots, \theta_m \mid T)$：参数向量 $\theta = (\theta_1, \cdots, \theta_m)$ 联合后验分布函数的核。

$k(\theta_i \mid \theta_1, \cdots, \theta_{i-1}, \theta_{i+1}, \cdots, \theta_m, T)$：参数 θ_i 的条件后验分布函数的核。

$k(\theta_i|\theta_1^t,\cdots,\theta_{i-1}^t,\theta_{i+1}^{t-1},\cdots\theta_m^{t-1},T)$：参数 θ_i 的满条件分布函数的核。

定义1（满条件分布函数）由 $\theta=(\theta_1,\cdots,\theta_m)$ 的联合概率密度函数 $f=(\theta_1,\cdots,\theta_m)$，确定参数 θ_i，$i=1,\cdots,m$ 的条件概率函数 $f(\theta_i|\theta_1,\cdots,\theta_{i-1},\theta_{i+1},\cdots,\theta_m)$。若参数 θ_i 下一时刻状态 θ_i^t 只依赖于由状态 $\theta_1^t,\cdots,\theta_{i-1}^t,\theta_{i+1}^{t-1},\cdots,\theta_m^{t-1}$ 决定的条件后验分布函数 $f(\theta_i|\theta_1^t,\cdots,\theta_{i-1}^t,\theta_{i+1}^{t-1},\cdots,\theta_m^{t-1})$，即 $f(\theta_i|\theta_i^{t-1})=f(\theta_i|\theta_1^t,\cdots,\theta_{i-1}^t,\theta_{i+1}^{t-1},\cdots,\theta_m^{t-1})$，则称 $f(\theta_i|\theta_1^t,\cdots,\theta_{i-1}^t,\theta_{i+1}^{t-1},\cdots,\theta_m^{t-1})$ 为参数 θ_i 的满条件分布函数。

满条件分布函数满足一个简单而有效的事实：

$$f(\theta_i|\theta_{-i})=f(\theta|\theta_1^t,\cdots,\theta_{i-1}^t,\theta_{i+1}^{t-1},\cdots,\theta_m^{t-1})=\frac{f(\theta)}{\int f(\theta)\mathrm{d}\theta_i}\propto f(\theta) \tag{7-21}$$

即满条件分布函数与联合概率密度具有一致性。等价地，若 $\theta=\theta'$，且 $\theta_{-i}=\theta'_{-i}$，则：

$$\frac{f(\theta'_i|\theta'_{-i})}{f(\theta_i|\theta_{-i})}=\frac{f(\theta')}{f(\theta)} \tag{7-22}$$

式（7-21）和式（7-22）与 Bayes 公式相对应，在 Bayes 推断中后验分布通常是一些乘积项组成，而复杂的后验分布往往是无法计算的。应用 Gibbs 抽样的明显优点是 $f(\theta)$ 与它对应的满条件分布函数有一个相关比例常数，这为满条件分布函数的构造提供了途径，同时为马尔可夫链收敛于目标概率密度函数提供了理论依据。

基于 Gibbs 的 Bayes 后验评估中，构造满条件分布函数由单个参数的 θ_i 的条件后验分布函数决定，由联合后验分布函数 $\pi(\theta_1,\cdots,\theta_m|T)$ 确定参数 θ_i 的条件后验分布函数为：

$$\pi(\theta_i|\theta_1,\cdots,\theta_{i-1},\theta_{i+1},\cdots,\theta_m,T) \tag{7-23}$$

当已知 $\theta_1^t,\cdots,\theta_{i-1}^t,\theta_{i+1}^{t-1},\cdots,\theta_m^{t-1}$ 时，将这些值代入 $\pi(\theta_i|\theta_1,\cdots,\theta_{i-1},\theta_{i+1},\cdots,\theta_m,T)$，于是确定单个参数 θ_i 的满条件分布函数为：

$$\pi(\theta_i|\theta_1^t,\cdots,\theta_{i-1}^t,\theta_{i+1}^{t-1},\cdots,\theta_m^{t-1},T) \tag{7-24}$$

为了简化计算，将函数中的常数项去除后，定义概率密度函数的核。

定义2（后验分布核）已知参数向量 $\theta=(\theta_1,\cdots,\theta_m)$ 的联合后验分布函数为：

$$\pi(\theta_1,\cdots,\theta_k|T)=\frac{\pi(\theta_1,\cdots,\theta_k)f(T|\theta_1,\cdots,\theta_k)}{\int,\cdots,\int\pi(\theta_1,\cdots,\theta_k)f(T|\theta_1,\cdots,\theta_k)\mathrm{d}\theta_1,\cdots,\mathrm{d}\theta_k}$$
$$=C\pi(\theta_1,\cdots,\theta_k)f(T|\theta_1,\cdots,\theta_k) \tag{7-25}$$

将常数项去除，保留分子，即令：

$$k(\theta_1,\cdots,\theta_m|T)=\frac{1}{C}\pi(\theta_1,\cdots,\theta_m|T) \tag{7-26}$$

则称 $k(\theta_1,\cdots,\theta_m|T)$ 为后验分布函数的核，也称为后验分布核。同理，可以定义如下后验分布核：

$$k(\theta_i \mid \theta_1, \cdots, \theta_{i-1}, \theta_{i+1}, \cdots, \theta_m, T) = \frac{1}{C_{\theta_i}} \pi(\theta_i \mid \theta_1, \cdots, \theta_{i-1}, \theta_{i+1}, \cdots, \theta_m, T) \qquad (7\text{-}27)$$

$$k(\theta_i \mid \theta_1^t, \cdots, \theta_{i-1}^t, \theta_{i+1}^{t-1}, \cdots, \theta_m^{t-1}, T) = \frac{1}{C_{\theta_i}} \pi(\theta_i \mid \theta_1^t, \cdots, \theta_{i-1}^t, \theta_{i+1}^{t-1}, \cdots, \theta_m^{t-1}, T) \qquad (7\text{-}28)$$

由条件后验分布函数来构造满条件分布函数，认为这种构造是合理的，因为条件后验分布函数是联合后验分布函数在单参数时的概率表现，条件后验分布函数与联合后验分布函数具有一致性。当完成 m 个参数的满条件分布函数构造后，可以认为通过对满条件分布函数抽样所构造的马尔可夫链能够完全模拟联合后验分布函数，从而等价地实现从联合后验分布函数抽样。

7.3.3.2 基于 Gibbs 抽样的 Bayes 后验评估流程

根据 Gibbs 抽样的分析过程，给出基于 Gibbs 抽样的 Bayes 后验评估流程如图 7-2 所示。

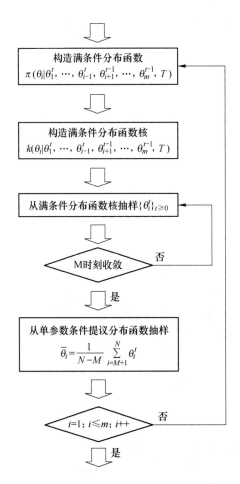

图 7-2 基于 Gibbs 抽样的 Bayes 后验评估流程图

具体流程描述：

步骤 1：构造满条件分布函数。由联合后验分布函数 $\pi(\theta_1, \cdots, \theta_m \mid T)$ 确定参数 θ_i 的满

条件分布函数为：

$$\pi(\theta_i \mid \theta_1^t, \cdots, \theta_{i-1}^t, \theta_{i+1}^{t-1}, \cdots, \theta_m^{t-1}, T) \tag{7-29}$$

步骤 2：构造满条件分布函数核。为了简化计算构造满条件分布函数的核为：

$$k(\theta_i \mid \theta_1^t, \cdots, \theta_{i-1}^t, \theta_{i+1}^{t-1}, \cdots, \theta_m^{t-1}, T) = \frac{1}{C_{\theta_i}} \pi(\theta_i \mid \theta_1^t, \cdots, \theta_{i-1}^t, \theta_{i+1}^{t-1}, \cdots, \theta_m^{t-1}, T) \tag{7-30}$$

步骤 3：单参数抽样。从满条件分布函数核抽样，获取单参数 θ_i 的马尔可夫链，抽样原理如下：

$$\pi(\theta_1 \mid \theta_2^{i-1}, \cdots, \theta_n^{i-1}, T) \rightarrow \theta_1^i$$

$$f(\theta_2 \mid \theta_1^{i-1}, \theta_3^{i-1} \cdots, \theta_n^{i-1}, T) \rightarrow \theta_2^i$$

$$f(\theta_j \mid \theta_1^i, \theta_2^i, \cdots, \theta_{j-1}^i, \theta_{j+1}^{i-1}, \cdots, \theta_n^{i-1}, T) \rightarrow \theta_j^i \Rightarrow \{\theta_i^t\}_{t \geq 0} \quad (i = 1, \cdots, m)$$

步骤 4：判断马尔可夫链收敛性。判断马尔可夫链的收敛点 M，若马尔可夫链收敛则计算马尔可夫链的样本均值作为参数的无偏估计，否则返回步骤 3 继续抽样，参数的统计值为：

$$\overline{\theta_i} = \frac{1}{N - M} \sum_{i=M+1}^{N} \theta_i^t \quad (i = 1, \cdots, m) \tag{7-31}$$

步骤 5：模糊可靠性指标评估。将参数的统计值代入经验寿命密度函数，确定后验寿命密度函数为 $f(t \mid \overline{\theta})$，确定模糊失效概率的隶属函数为 $u_{\overline{F(t \mid \overline{\theta})}}(F(t \mid \overline{\theta}))$，计算模糊失效概率为：

$$\tilde{F}(t \mid \overline{\theta}) = u_{\overline{F(t \mid \overline{\theta})}}(F(t \mid \overline{\theta})) \int_0^t f(x \mid \overline{\theta}) \mathrm{d}x \tag{7-32}$$

7.3.4 实例分析

例 1 采用下面一组发动机仿真数据：共有 14 个故障数据，其发生的时间分别为 0.3，32.6，33.4，241.7，396.2，464.4，480.8，588.9，1043.9，1136.1，1288.1，1408.1，1439.4，1604.8。仿真设定的参数为：定时截尾时间 $T = 2000$，$a = 0.35$，$b = 0.5$，于是，仿真试验中，MTBF 的期望应为 305.56。

解： 根据极大似然方法，可以得到 a，b 的点估计：

$$\hat{a} = 0.2711, \hat{b} = 0.5343$$

失效率和 MTBF 的点估计分别为：

$$\hat{\lambda} = 0.00466, \hat{\theta} = 214.71$$

设备 MTBF 置信度为 80% 的双侧置信区间为：

$$[\theta_L \ \theta_U] = [125.3 \ 382.7]$$

与仿真应有的 MTBF 的期望相比，MTBF 的点估计明显偏小。采用经典统计方法分析 AMSAA 模型时，要得到一个好的估计结果，需要在该阶段的可靠性增长试验中，出现较多的故障，有足够的样本点来提供关于模型参数 a，b 的信息。而且，经典估计仅仅利用了当前阶段的试验结果，而没有利用多阶段试验中系统的试验信息。为充分利用验前信息，需要研究运用 Bayes 方法来分析 AMSAA 模型。

例 2 仍然使用例 1 中的仿真例子，仿真设定的参数为：定时截尾时间 $T = 2000$，$a = 0.35$，$b = 0.5$，于是，仿真试验中，MTBF 的期望应为 305.56。共产生了 14 个故障发生时间数据，0.3，32.6，33.4，241.7，396.2，464.4，480.8，588.9，1043.9，1136.1，1288.1，1408.1，1439.4，1604.8。假定尺度参数 a 的验前分布超参数为 $p = 20$，$q = 10$。形状参数 b 服从 0.4 至 0.6 之间的均匀分布。

下面运用 Gibbs 抽样求解如下：

根据式（7-14）和定义 1 可得

$$\pi(a|b,t_1,t_2\cdots,t_n) \propto a^{q+n-1}\exp(-ap-a\tau^b) \tag{7-33}$$

$$\pi(b|a,t_1,t_2\cdots,t_n) \propto b^n\exp(-ap-a\tau^b)\prod_{i=1}^{n}t_i^{b-1} \tag{7-34}$$

式（7-33）服从伽马分布，即：

$$\pi(b|a,t_1,t_2\cdots t_n) \propto Gamma(q+n,p+\tau^b)$$

式（7-34）是关于 b 的凸函数，用取舍抽样可以方便获得样本。

用 R 语言编程，主要程序如下：

```
library（ars）                          #装载取舍抽样包
tao = 2000
n = 14
tarr = c（0.3，32.6，33.4，241.7，396.2，464.4，480.8，588.9，1043.9，1136.1，1288.1，1408.1，
        1439.4，1604.8）                #时间 t 数组
sumarr = sum（log（tarr））              #求得时间 t 数组的对数和
q = 10
p = 20
f < - function（x，lanbta）{
    n * log（x）+（- lanbta * p - lanbta * tao^x）+（x - 1）* sumarr
}                                      #对原函数取对数
    fprima < - function（x，lanbta）{
    n/x +（- lanbta * tao^x）* log（tao）+ sumarr
}                                      #取对数后求导
#Gibbs 抽样
rGibbs = function（rn，beta）{
x1 = rgamma（1，n + q，p + tao^beta，1/（p + tao^beta））
x2 = ars（1，f，fprima，x = 0.0001，m = 1，lb = TRUE，xlb = 0，ub = TRUE，xub = 1，lanbta = x1）
        vsum1 = 0
        vsum2 = 0
        nx = matrix（nrow = rn，ncol = 4）
    for（i in 1：rn）{
    x1 = rgamma（1，n + q，p + tao^x2，1/（p + tao^x2））
    x2 = ars（1，f，fprima，x = 0.0001，m = 1，lb = TRUE，xlb = 0，ub = TRUE，xub = 1，lanbta = x1）
```

```
            vsum1 = vsum1 + x1
            vsum2 = vsum2 + x2
            meanx1 = vsum1/i
            meanx2 = vsum2/i
            nx [i, ] = c (i, meanx1, meanx2, x1) } nx}
#进行抽样
dat1 = rGibbs (8000, 0.5)
dat2 = rGibbs (8000, 0.1)
dat3 = rGibbs (8000, 0.7)
dat4 = rGibbs (8000, 0.3)
dat5 = rGibbs (8000, 0.8)
#图形输出
op < - par (xaxs ="i")
plot (dat1 [, 1], dat1 [, 2], 'l', xlab ="迭代次数", ylab ="遍历均值")
points (dat2 [, 1], dat2 [, 2], 'l')
points (dat3 [, 1], dat3 [, 2], 'l')
points (dat4 [, 1], dat4 [, 2], 'l')
points (dat5 [, 1], dat5 [, 2], 'l')
par (op)
```

图 7-3 和图 7-4 为 Gibbs 抽样方法平行地产生 5 条 Markov 链时，迭代过程中模型参数的遍历均值。

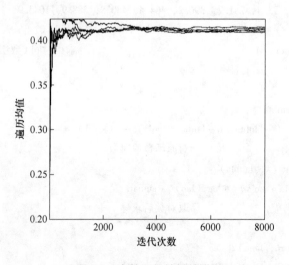

图 7-3　参数 a 的抽样结果

$$\hat{a} = 0.4103, \hat{b} = 0.4692$$

失效率和 MTBF 的点估计分别为：

$$\hat{\lambda} = 0.00315, \hat{\theta} = 317.20$$

MTBF 80% 的置信区间为：

$$[\theta_L \theta_U] = [242.4 \quad 390.6]$$

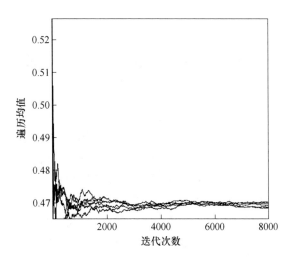

图 7-4　参数 b 的抽样结果

　　将上述算例的模拟结果，与极大似然估计进行比较，见表 7-5，可以发现基于 Gibbs 抽样方法的可靠性增长 Bayes 分析方法有以下结论：

　　（1）Gibbs 抽样方法能够较准确地得到可靠性增长模型参数的估计值，比极大似然估计结果要好。

　　（2）与传统的 Bayes 方法相比，基于 Gibbs 抽样方法的可靠性增长 Bayes 分析方法有一定的优势，主要表现在关于后验分布估计量的计算上。传统的 Bayes 方法常常由于后验分布的复杂，使得后验积分的计算难以进行。而本节中的基于 Gibbs 抽样方法的可靠性增长 Bayes 分析方法不受积分限制，它是对满条件分布进行动态抽样，所抽取的 Gibbs 样本依分布收敛到后验分布，只要对 Gibbs 样本作简单的处理就可以估计这些后验分布的数字特征。此外，尤其对参数的某些函数进行估计时，如本节还可以计算平均无故障工作时间 MTBF，只需将 Gibbs 抽样得到的参数样本直接代入函数就可以对函数进行分析了。

表 7-5　结果比较

Gibbs 抽样结果			极大似然估计		
$\hat{a}$	$\hat{b}$	$\hat{\theta}$	$\hat{a}$	$\hat{b}$	$\hat{\theta}$
0.4103	0.4692	317.20	0.2711	0.5343	214.71

第8章　工程装备可靠性试验与评估

可靠性试验是对产品的可靠性进行调查、分析和评价的一种手段。工程装备的可靠性试验是提高和保证其质量的重要手段。工程装备的设计开发过程，试验工作贯穿了整个研制设计过程的始终。也就是说在工程装备产品设计过程中的不同阶段，均应安排相应的可靠性试验。实践证明，任何一个成功的工程装备产品都是研制、生产与试验密切结合的产物。仅有某一特定阶段的可靠性试验来保证新工程装备产品的设计和试制是不充分的。所以，新产品的研制工作必须与可靠性试验工作相结合：研究与试验交错进行，检验初步构思、设计思想、理论计算是否正确，设计意图是否实现等，从而保证发现问题及时解决，求得方案更趋合理完善，设计与试验交错进行，从而保证最终试制的样机性能好、可靠性高。

可靠性评估是可靠性设计的重要组成部分，是根据产品的可靠性结构、寿命分布模型及相关的可靠性试验信息，利用相关的统计方法，对产品可靠性参数进行评估或决策，目的是验证可靠性指标是否达到要求，检验可靠性设计的合理性，从而指出产品的薄弱环节，充分了解整个系统以及相关元件的可靠性水平，并为改进设计制造工艺和提高可靠性水平指明方向。随着我军工程装备研制与管理体制的改革，工程装备的可靠性指标评价已成为装备设计周期中面临的重要问题与装备定型决策的主要依据。可靠性评估能否正确评价装备的可靠性指标涉及装备使用方与研制方的利益，也是涉及新研制的装备型号能否尽快定型装备部队的关键性问题。

8.1　概述

8.1.1　可靠性试验内涵、目的及内容

8.1.1.1　可靠性试验的内涵

可靠性试验是对产品的可靠性进行调查、分析和评价的一种手段。它的作用是通过对试验结果的统计分析和失效（故障）分析，评价产品的可靠性，找出可靠性的薄弱环节，推荐改进建议，以提高产品的可靠性。实际上，可靠性试验就是为了提高和证实产品的可靠性水平而进行的各种试验。这里所说的产品包括系统、设备、零部件及材料。与常规试验相比，由于可靠件试验是为了获得统计数据，所以可靠性试验所用的时间较长、所花的费用较大，但是从提高和保证产品质量角度上来讲是值得的。

8.1.1.2　可靠性试验的目的

可靠性试验的目的是：

（1）摸底。探索产品在各种应力条件下的可靠性特征，即通过各种应力试验确定产品的寿命分布模型，给出产品各种可靠性特征量指标，如平均寿命、可靠寿命、故障率、可靠度等。如果已知产品的寿命分布模型，则通过可靠性试验以确定寿命分布中的未知参

数，以及计算出各种可靠性特征指标。

（2）发现。通过可靠性试验，可以发现，鉴别可靠性薄弱环节，为改进产品质量提供依据。所以，可靠性试验又是一种有助于改进产品可靠性的有效方法。

（3）鉴定。对新产品或已投入生产的产品的设计进行可靠性鉴定，以判断产品的设计和生产工艺是否符合可靠性要求，是否可以通过设计鉴定。

（4）验收。通过试验来判断某批产品的可靠性水平是否达到了规定的指标，以供用户决定是否接受该批产品。

（5）提供信息。通过可靠性试验，可为评估产品的战备完好性、任务成功性、维修人力费用和保障资源费用提供信息。

由此可见，可靠性试验的目的就是对产品可靠性的各种特征指标进行测量、评定和验证，并发现产品可靠性薄弱环节，提出改进的依据。所以，它是可靠性设计中的重要支柱之一。

8.1.1.3　可靠性试验的内容

可靠性试验所涉及的内容相当广泛，可根据试验的对象、地点、目的以及方法等分为不同种类，如图8-1所示。

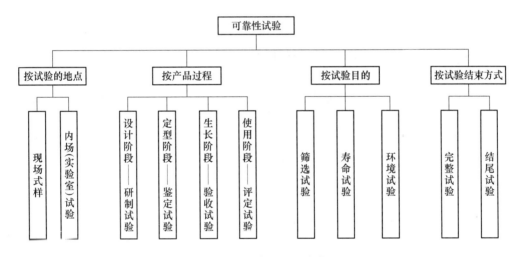

图 8-1　可靠性试验分类

当然，这些分类并不是按试验的本质进行的，而是随着可靠性工作的进展，根据产品的材料、技术水平以及试验目的而进行的分类。GJB 450A 将可靠性试验分为工程试验与统计试验两大类。工程试验的目的在于暴露产品的可靠性缺陷并采取纠正措施加以排除。在试验过程中，如果产品出现可靠性缺陷，需要对失效原因进行分析，并采取有效的措施予以修复或纠正，提高产品的可靠性。统计试验目的在于确定产品的可靠性，而不是暴露产品的可靠性缺陷。当然，有别于在统计试验中暴露出来的重大可靠性缺陷，承制方有责任找到原因并采取纠正措施。

在《电工术语　可信性》（GB/T 2900.99—2016）和《可靠性试验　第 1 部分：试验条件和统计检验原理》（GB/T 5080.1—2012）中，工程试验包括环境应力筛选试验和可靠性增长试验，统计试验包括可靠性测定试验和可靠性验证试验，可靠性验证试验又分为可靠性鉴定试验和可靠性验收试验。

在《装备可靠性工作通用要求》(GJB 450A—2004)中,工程试验包括环境应力筛选试验和可靠性增长试验,统计试验包括可靠性鉴定试验和可靠性验收试验。

环境应力筛选试验属于可靠性工程试验范畴,主要在批量生产阶段进行,也可在工程研制阶段进行,采用环境应力激励的方法来发现和排除不良零件、元器件、工艺缺陷等潜在缺陷,使早期失效模式在出厂前暴露,以改善受试产品本身的外场使用可靠性。在产品进行可靠性鉴定试验之前,要求制定和执行环境应力筛选试验程序,以便检查和纠正潜在的设计和制造缺陷。在订购方验收产品之前,应对批生产的全部产品进行环境应力筛选试验。在环境应力筛选试验中发生的失效不能作为接受或者拒绝产品的判决依据,但必须记录、分析并采取适当的修复措施,将产品恢复到发生失效前的状态。

可靠性增长试验也属于可靠性工程试验范畴,在工程研制阶段进行,用厂暴露产品在设计上的薄弱环节,提高所有同型产品的固有可靠性,保证产品能够顺利通过可靠性鉴定试验。在可靠性增长试验中,对发现的失效要进行分析,有针对性地采取纠正措施,并通过试验验证纠正措施的有效性。有效的纠正措施,要落实到所有同型产品之中。试验时间越长,发现和解决的设计缺陷越多,可靠性提高得越快。在进行可靠性增长试验之前,必须进行环境应力筛选试验,以排除早期失效。

可靠性鉴定试验属于可靠性统计试验范畴,用于验证产品的可靠性是否达到合同规定的指标要求。由订购方用有代表性的产品在规定条件下进行,并以此作为是否批准定型的依据。在可靠性鉴定试验中,只对发现的失效进行修复,不采取纠正措施。在可靠性鉴定试验之前,必须进行环境应力筛选试验,以排除早期失效;对于复杂的新研产品,通常需要进行可靠性增长试验,以保证产品能够顺利通过可靠性鉴定试验。

可靠性验收试验属于可靠性统计试验范畴,用于验证批生产产品的可靠性不随生产期间的工艺、工装、工作流程、零部件质量的变化而降低,继续满足合同规定的指标要求。由订购方采用抽样的方法选取样品在规定条件下进行,并以此作为是否接受的依据。在可靠性验收试验中,只对发现的失效进行修理,不采取纠正措施。在进行可靠性验收试验之前.必须进行环境应力筛选试验,以排除早期失效。各种可靠性试验的比较见表8-1。

表8-1 可靠性试验的比较

试验类型	环境应力筛选试验	可靠性增长试验	可靠性鉴定试验	可靠性验收试验
所属范围	工程试验	工程试验	统计试验	统计试验
国家标准		GB/T 15174	GB 5080	GB 5080
军用标准	GJB 1032	GJB 1407,GJB/Z 77	GJB 899A	GJB 899A
试验目的	剔除早期故障,提高受试产品的外场使用可靠性	消除设计薄弱环节,提高所有同型产品的固有可靠性	验证产品是否满足可靠性要求	验证产品是否满足可靠性要求
适用时机	批生产阶段或工程研制阶段	工程研制阶段	工程研制阶段结束时	批生产过程中

试验类型	环境应力筛选试验	可靠性增长试验	可靠性鉴定试验	可靠性验收试验
试验合格性	完成规定项目，纠正措施已有效为合格	应达到要求值，否则应采取纠正措施继续试验	根据合同合格判据接受或拒收	根据合同合格判据接受或拒收
试验方案	不采取接受（拒收）有统计判据的方案	按增长模型确定试验方案	统计试验方案	统计试验方案
试验数目	全部产品	按照合同规定	按照合同规定抽样	按照合同规定抽样
试验时间	随所加应力等级变化	5 倍~25 倍 MTBF	按照所选用的试验方案确定	按照所选用的试验方案确定
环境条件	通常为加速应力环境	真实的或者模拟的任务环境	真实的或者模拟的任务环境	真实的或者模拟的任务环境
对故障态度	可出故障	希望出故障	不希望出故障	不希望出故障
故障处理	采取修复措施，仅限于将产品恢复到原状态，采用换件	采取设计更改等纠正措施，更主要的是更改设计工艺文件或程序文件	采取修复措施，由订购方授权临时更换或修理	采取修复措施，由订购方授权临时更换或修理
评估模型	不需要	Duane 模型，AMSAA 模型	指数分布统计模型	指数分布统计模型

8.1.1.4　可靠性试验与其他试验的关系

A　可靠性试验必须建立在其他试验的基础上

产品的可靠性指标必须建立在产品的其他质量指标的基础上。同样，可靠性试验也离不开其他各种试验。无论是在产品研制过程中的可靠性增长试验还是在产品定型或交付时的鉴定试验和验收试验，只有当产品的样机或样品通过了各种性能试验与环境试验，证实产品的各种性能指标已能满足规定要求之后，才能开始进行正式的可靠性试验。也就是说，可靠性试验是在其他各项试验都成功的条件下进行的。

B　用其他试验的信息支持可靠性试验

a　故障数据的利用

在可靠性试验中，任一项性能指标不合格都是相关故障，因此在各项性能试验中所获得的信息都应当用来判断可靠性试验前产品的可靠性状况。例如对可靠性增长起点值的估计；定时截尾试验中可能发生的故障次数的估计；定数截尾试验所得的总试验时间的估计等。此外，统计这些试验中各种故障模式的发生频数，为 FMECA 清单中各项危害度的计算提供了数据。以上这些都是进行可靠性增长试验管理不可缺少的先决条件，也是制定可靠性鉴定试验与验收试验方案，进行试验管理所必需的信息。

b 试验应力信息的利用

在各种试验中都必须对产品施加环境应力与工作应力。虽然每种试验的应力设置各有其侧重面，但是它们的许多试验结果都能为可靠性试验所应用。例如测得的产品温度特性。产品的振动特性以及各项性能对环境应力的敏感程度，都是进行各种可靠性试验必不可少的信息。

8.1.2 可靠性评估的内涵与意义

8.1.2.1 可靠性评估的内涵

可靠性评估是可靠性工程的重要组成部分，它是根据产品的可靠性结构、寿命分布类型以及相关的可靠性信息，利用数理统计方法和手段，对产品可靠性特征量进行统计推断和决策的过程。它可以在产品研制和使用的任一阶段进行，既可以是设计阶段的可靠性预计，也可以是定型阶段的可靠性评估。从广义上来说，可靠性评估是根据获取的相关可靠性信息对产品的可靠性进行评价的过程。这些相关可靠性信息并不局限于产品的设计、研制、生产和使用等各个环节上存在的试验数据、使用数据等客观信息，还包括其他一切能反映其可靠性的信息。

8.1.2.2 可靠性评估的目的和意义

可靠性评估的目的是反映当前产品的真实可靠性水平，指出产品的薄弱环节，从而促进在产品研制、生产及使用过程中的可靠性工作。因此，可靠性评估是对产品进行分析，发现问题，分析问题，并采取措施解决问题的重要手段。可靠性评估不仅得到了产品可靠性参数的估值，而且还全面深入地分析了产品的研制、生产及使用过程，发现了系统中的隐患和薄弱环节，并可以采取相应的措施消除隐患和薄弱环节，为提高产品可靠性提供了方向和途径。

工程装备可靠性评估的意义如下：

（1）受研制进度和研究经费等因素的制约，工程装备整机试验样本通常较少，难以充分暴露研制中存在的各个薄弱环节，导致整机可靠性评估困难。通过研究科学而先进的可靠性评定方法，充分利用各种试验信息，可以在工程装备现场试验样本量小的情况下，对其可靠性进行准确的分析和评定。

（2）工程装备的研制具有较强的继承性，产品研制过程中，存在大量类似产品的可靠性数据、分系统或组件及元、部件试验数据等历史信息，并且研制部门中许多经验丰富的专家掌握了大量子系统级的可靠性信息。研究如何充分地利用类似产品研制阶段的信息和专家信息，以扩大可靠性评估信息量，增加评估结果可信度，是工程装备可靠性评估的重要问题。

（3）通过分析和研究工程装备的可靠性功能模型和统计模型，了解有关元器件、原材料、分系统乃至整机的可靠性水平，为制定新产品的可靠性计划提供依据。

（4）可靠性评估工作中，需要进行数据收集、分析和检验，从而加强了工程装备可靠性数据库的建设。

综上所述，通过可靠性评定能促进产品的研制、生产、试验及使用的可靠性管理工作，通过可靠性评估可以检验工程装备是否达到可靠性设计要求，验证其可靠性分配、设计的合理性，并找出系统的薄弱环节，为以后改进设计、改善工艺以及研制新产品提供依据；先进、科学的可靠性评定技术能够充分利用试验信息，准确地评定出工程装备系统的可靠性水平，有效地减少试验数量，以达到节减研制经费、缩短研制周期的目的。同时，工程装备可靠性评估工作可在产品研制的任一阶段进行，能及时为产品研制阶段的转样提供依据。改进可靠性评估中暴露出的系统可靠性薄弱环节，加强工程装备失效模式及失效机理的研究，从而能提高工程装备的可靠性水平。

8.2 工程装备可靠性试验与评估的难点与对策分析

8.2.1 工程装备可靠性试验与评估的难点

工程装备的使用环境对装备的可靠性有很大的影响，在不同严酷程度的环境条件下使用，可能会表现出不同的可靠性量值。因此装备的可靠性必须在装备使用的真实环境中或模拟的真实环境条件下验证，才能获得准确的可靠性数据，从而对装备的可靠性水平做出正确的评价。长期以来，我军对工程装备进行的整车级别的可靠性试验，主要依靠实车道路行驶试验或专用试验场试验。当采用这两种试验方式进行试验时，要想全面的获得试验对象的可靠性疲劳寿命数据，就必须使用多辆试验样车在事先选定的具有一定配比的各种路面上行驶至足够的里程（参照 GJB 4110，鉴定试验一般要求行驶 3000km），甚至要求行驶至出现致命故障为止。由于在通常情况下，工程装备均具有较长的疲劳寿命（数千小时或数十万千米），且不同试验样车出现的故障形式和位置也不尽相同，因此进行一次完整的实车试验，从试验准备到试验报告编写，往往需要历经一年至数年时间，使用数台试验样车，累计行驶数万公里，耗费的资金也动辄以百万甚至千万计。此外，由于试验对象往往是新研制的型号，对其进行试验对于试验人员也存在着较大的风险。

同样的情况也存在于对工作装置的可靠性试验上。对工作装置进行可靠性试验，目前较为常用的是实装作业试验。试验要求用数台试验样机完成一定时间的某种类型的作业任务。参照 GJB 4110 标准，单台样机的总作业时间不少于 1000h。可以看出，该试验也是十分费时费力的。

因此，受研制协作单位多、研制周期短和研制经费有限等多种因素制约，对整个全系统进行大量专门的可靠性试验是极不现实的。甚至于分系统不允许也不可能像零部件、元器件那样进行大批量的试验，因而通常不能取得足够数量的系统试验数据。另外，在评定之前现场使用数据也十分有限，所以一般情况下系统本身可用的可靠性数据的样本量很少，此时仅利用全系统自身的数据信息进行系统可靠性评估是非常困难或是根本不可能的，必须充分利用组成系统的子系统、单体、组合件以及零部件、元器件这些低装配级的大量试验和使用信息，对不同环境下的试验、使用信息进行折算与综合，代替试验周期长、经费昂贵的高装配级全系统的试验信息，进而进行全系统的可靠性评估或评定，这是目前工程装备面临的极为迫切需要解决的问题。

8.2.2 工程装备可靠性试验与评估的对策分析

8.2.2.1 常用的复杂系统可靠性评估方法分析

复杂系统的可靠性综合评定是按照组成复杂系统的金字塔模型结构层次（见图 8-2），

自下而上，通过同一层次中各组成单元在不同环境下取得的具有多种分布模型的试验信息折合、分系统信息的综合，以及根据相邻两级间的可靠性结构建立其可靠性函数，逐级进行可靠性参数度量，最终确定系统的可靠性程度。其具体步骤如下：

（1）根据同一结构层次中各组成单元的可靠性函数及各单元的可靠性信息，求出该分系统的可靠性折合信息，将此折合信息与分系统的试验信息作综合，得到该分系统的综合信息。

（2）根据相邻两级之间可靠性结构，建立其可靠性函数。

（3）利用相邻两级之间的可靠性函数与分系统的综合信息（若分系统无试验信息，则折合信息即为该分系统的综合信息），求出上一级分系统的折合信息，将它与该级系统的试验信息相综合，可得到系统的综合信息。

（4）按此逐级自下而上综合，最终可求出整个复杂系统的综合信息，由此综合信息按照单元可靠性评定的基本方法即可对该复杂系统在给定置信度下进行可靠性评定。

由此可知，金字塔式可靠性多级综合评定能充分利用组成复杂系统（产品）的系统、子系统、部件、组合件直至元器件单元这些低装配级的大量试验信息和使用信息，对不同环境的试验信息进行折算与综合，从而全部或部分地代替试验周期长、经费昂贵的高装配级的可靠性试验信息，因此深入研究及合理应用该综合评定方法，具有十分重要的工程实用价值。

图 8-2　金字塔模型示意图

对于金字塔式可靠性评估流程（见图8-3），关键是低一层评估信息折合成上一层信息，尽量减少信息流失。系统可靠性综合方法大致有以下方法。

（1）矩折合法。矩折合法是根据可靠性结构模型，利用单元可靠度的 k 阶矩求得系统可靠度的 k 阶矩，通过拟合函数得到系统的可靠性分布，从而进行可靠性评估。常用的拟合方法有最大平方逼近法、标准 beta 方法、广义 beta 方法和对数伽马拟合法等，该方法是应用最成熟的可靠性综合方法。它建立在单元可靠性矩能够显式表示系统可靠性矩的基础上，但很多情况并非如此，确定各单元可靠性密度函数及系统可靠度与单元可靠度之间的关系，并不能由此得到系统的可靠性矩或可靠性分布参数。另外该方法仅仅利用了单元可靠性矩信息，可能造成可靠性信息的流失。同时，拟合的系统分布有限，当对于系统可靠性分布与上述分布相差较远时，可靠性评估就有较大的失真，因此该方法在使用上有一定的局限性。

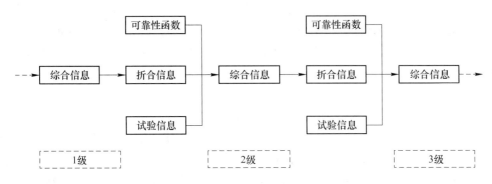

图 8-3 金字塔式可靠性评估流程

（2）随机模拟方法。随机模拟方法的基本思想是：每个单元根据其可靠性概率密度函数产生一个样本，根据单元样本得到系统样本（伪随机样本）对系统可靠性进行评估。当模拟次数比较大时，可以达到较好的评估效果，该方法又叫蒙特卡罗（Monte – Carlo）法。在蒙特卡罗法的基础上，有一种比较有效的模拟方法 Bootstrap 方法，Bootstrap 方法利用实验数据得到可靠性评估的参数值，生成可靠性分布函数，然后用计算机模拟生成一组样本（伪样本），用该样本再次求得可靠性评估参数，重复上述过程，获得多个可靠性评估参数（一般取 1000 个），对这一组可靠性评估参数进行处理，得到最终的评估结果。随机模拟方法理论简单，易操作。但因为循环次数比较多，导致计算量很大，另外利用随机模拟的样本，精度有限。

（3）神经网络。神经网络是近年来发展迅速的一门前沿交叉学科，它是模拟生物神经结构的新型计算系统。它的应用已经渗透到许多领域，在工程中的应用也相当广泛。该方法具有很强的估测能力，而且避免了繁杂的分析，因此在可靠性评估方面也得到一定的应用。但该方法需要大量的输入信息，系统可靠性评估中如果输入信息有限，评估结果误差就比较大；另外它需要首先确定系统的可靠性分布，对于其可靠性分布很难表达成解析形式的复杂系统，神经网络法无法实现评估，因此该方法在应用上还存在局限性。

（4）信息熵法。信息熵法从信息理论基本原理出发，根据单元的实验数据提供的信息量与系统的折合试验提供的信息量相等的原则，将单元的实验信息折合成系统等效试验信息，进行可靠性评估。该方法是可靠性评估中的新方法，它充分利用单元可靠性信息，在进行可靠性综合时有效减少了信息流失，其评定精度不会随系统复杂性的增加而降低，特别在小样本、高置信度情况下，其评定结果真实可信，具有广泛的应用前景。但该方法同样需要事先确定系统的分布形式，因此使用上还存在一定的局限。

（5）信息融合技术。信息融合技术是信息处理领域的有力工具，目前广泛应用于军事领域。目前有人已经提出将信息融合技术应用于系统可靠性综合中。一方面针对系统试验数据少，甚至没有的情况，利用单元信息、相关系统可靠性信息、相似系统可靠性数据和专家意见等，采用信息融合技术扩大可靠性信息的空间范围，对从不同来源、不同环境、不同层次及不同分辨率的可靠性信息进行融合，得到充分的系统评估结果。另一方面利用产品生命周期中产品设计、制造、试验、使用和维护等各阶段的可靠性信息，利用信息融合技术强大的时间覆盖能力，使用合理的融合结构和算法，得到优化的一致性准确判别。与其他系统可靠性评估方法相比，基于信息融合技术的可靠性评估在理论上有很大的优势，它能更广泛的吸收与系统相关的所有可靠性信息，但目前信息融合技术在可靠性评估方面还没有成熟的方法体系，理论研究和实践应用还不够成熟，随着研究的深入，信息融合技术必将推动可靠性评估技术的发展。

（6）统计学习理论。统计学习理论是数据挖掘方法的新方法，可以处理小样本情况下的学习问题。在统计学习理论（Statistics Study Theory）的基础上发展了支持向量机（Support Vector Machine）算法，在解决小样本、非线性及高维模式识别问题中表现出许多特有的优势，并能够推广应用到函数拟合等其他机器学习问题。系统可靠性评估面临着系统试验数据较少，预测精度有限、概率分布表示困难等问题，对于后两者问题，传统的学习方法如人工神经网络可以有效解决，但需要大量的试验数据。而统计学习理论则不受此局限，特别是其中的支持向量机算法在回归分析、概率密度函数估计方法已经有比较成熟的研究，因此统计学习理论在系统可靠性评估方面有很好的研究前景。

8.2.2.2　工程装备可靠性评估流程

贝叶斯理论认为任何一个未知量都可以看作是一个随机变量，可以用一个概率分布来描述对未知量的未知情况，这个概率分布即为先验分布，记作 $\pi(\theta)$，在获得试验数据后，用似然函数 $L(\theta|x)$ 来表示试验数据所提供的信息，再根据贝叶斯理论可以得到未知量的后验分布为：

$$g(\theta|x) = cL(\theta|x)\pi(\theta) \tag{8-1}$$

这就是贝叶斯理论的密度函数形式。总结该理论的一般思路就是"先验信息 + 试验数据→后验分布"。由于先验分布代表了先验信息，似然函数代表了样本信息，而后验分布综合了先验信息和样本信息，同时又是排除了一切无关信息之后得到结果，所以基于后验分布对未知量进行统计推断更为有效，也是最为合理的。

常用的系统可靠性评估方法是可靠性综合方法，即将系统分解为各自独立的单元，将单元的可靠性信息折合成上一层，从底层一直到系统总体，工程装备系统也同样如此。可靠性综合方法是在系统实验信息很少甚至没有的情况下的一种有效的可靠性评估手段，而Bayes方法利用先验分布和少量实验信息就可以得到满意的评估结果。因此，本书作者将两者有效结合起来，利用可靠性综合方法来得到系统的验前分布，然后结合实验信息，利用Bayes方法得到系统的验后分布，进而得到可靠性评估结果。

工程装备的贝叶斯可靠性评估应当首先对系统进行可靠性建模，包括可靠性结构框图以及系统、分系统和单元的寿命分布类型的确定；再对获取的单元验前信息进行预处理，根据单元验前信息确定单元验前分布；由单元试验数据得到样本似然函数；综合先验分布和样本似然函数得到单元验后分布；根据系统可靠性模型，由单元可靠性信息确定系统的验前分布；利用系统试验数据得到样本似然函数；最后运用贝叶斯理论，综合系统的验前分布和样本似然函数得到系统的验后分布，进而对系统可靠度进行评估。工程装备可靠性评估流程如图8-4所示。

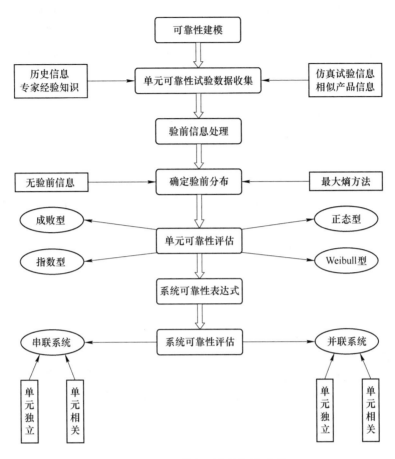

图 8-4　工程装备可靠性评估流程

8.3　基于 Bayes 理论的工程装备可靠性评估方法

8.3.1　单元可靠性评估

8.3.1.1　单元验前信息的处理

Bayes 方法的特点是：在运用现场试验信息的同时，充分利用其他信息，即验前信息。例如，试验前可利用的历史信息、仿真信息、专家信息和类似产品相关信息等。不同验前信息如何融合、如何使用，各类验前信息的可信度如何等，都是 Bayes 方法所关心的问题。不同验前信息的处理方式不同。历史数据可采用经验 Bayes 思想加以利用；专家经验信息的利用需尽量避免其主观性，需按照一定的方案进行处理；类似产品的信息必须经过相应的折算才能作为单元的验前信息来使用，可以通过加权融合来利用类似产品信息的方法。不同环境试验的信息需考虑不同环境下的折合因子的计算。利用环境因子进行不同环境信息的折算时，必须满足在不同的应力水平下，产品的失效机理保持不变，产品的寿命服从同一分布形式，且产品的残存寿命仅依赖于已累积的失效和当前的应力，而与累积的方式无关。根据 Bayes 理论，在充分正确使用各类验前信息的条件下，结合现场少量的试验子样，是完全可以得到可信的试验鉴定结果的。

Bayes 统计观点将未知的参数看成是随机变量，而且在获得统计试验数据之前就存在一个概率分布，称之为验前分布。样本数据下未知参数的条件分布称为验后分布，验后分布是对未知参数进行统计推断的依据。因此，合理地确定验前分布是 Bayes 方法的关键，针对不同的验前信息，验前分布的获取方法不同。

A 无信息可利用时的验前分布确定

对无信息验前分布的确定问题，常常利用 Bayes 假设或 Jefferys 假设，如假定分布参数的无信息验前分布为均匀分布。

B 利用共轭分布确定验前分布

若验前分布和验后分布具有同一分布形式，则将为多阶段试验之下的 Bayes 统计推断将带来方便，前一阶段的验后分布即为下一阶段的验前分布，在计算上比较容易处理，是最经常应用的验前分布形式。针对不适合利用共轭分布的特殊情况，有学者提出运用共轭分布的线性组合作出验前分布的逼近或利用自然指数分布族下的正交多项式序列及双正交多项式序列作为验前密度的逼近。

C Monte – Carlo 抽样方法确定验前分布

对小样本数据进行可靠性 Bayes 评估时，常常采用自助法和随机加权法来确定验前分布，其特点是：几乎不用对试验数据进行假设，通过对先验样本信息进行"提携"来进行计算。且随机加权法更易于计算，在样本量较小的情况下更具优势，最大熵方法同样不必对试验数据进行假设就能确定先验分布，能较好处理不完全先验信息的不足和尽量避免主观因素的影响。在先验样本数据较多时，可替代经典统计学中利用直方图或经验分布函数确定概率密度的方法，且给出的是连续形式的分布函数，便于利用 Bayes 公式进行可靠性评估。这里提出结合随机加权方法和最大熵方法的优点确定样本数据验前分布的方法——随机加权最大熵方法。

设 X_1，X_2，$\cdots$，X_n 为独特同分布的 $F(x)$ 的样本，$\theta = \theta(F)$ 为总体分布的未知参数；F_n 为抽样分布函数（累积分布等），$\hat{\theta} = \hat{\theta}(F_n)$ 为 θ 的估计，记 $T_n = \hat{\theta}(F_n) - \theta(F_n)$，它表示了估计误差。记 $X^* = (X_1^*, \cdots, X_n^*)$ 为从 F_n 中重新抽样获得的再生样本，F_n^* 是由 X^* 所获得的抽样分布，且表随机加权向量 D_n 为：

$$D_n = \hat{\theta}_v - \hat{\theta}(F_n) \tag{8-2}$$

$$\hat{\theta}_v = \theta\left(\sum_{i=1}^n V_i f_i(X)\right) \tag{8-3}$$

其中，$X = (X_1, X_2, \cdots, X_n)$；$f_i(X)$ 是 X 的某个 Borel 函数；V_1，$\cdots V_n$ 为具有 Dirichlet 分布 $D_n(1, \cdots, 1)$ 的随机向量，可按如下生成：设 v_1，$\cdots$，v_{n-1} 是 $[0, 1]$ 区间上的均匀分布随机变量的独立同分布序列，按由小到大的次序重新排列，得 v_1，$\cdots$，v_{n-1} 的次序统计量 $v_{(1)}, \cdots, v_{(n-1)}$，记 $v_{(0)} = 0, v_{(n)} = 1, V_i = v_{(i)} - v_{(i-1)}, i = 1, \cdots, n$，其联合分布为 $D_n(1, \cdots, 1)$，$V = (V_1, \cdots, V_n)$ 就是所需的 $D_n(1, \cdots, 1)$ 随机向量。以 D_n 的分布模仿 T_n 的分布，即随机加权法。根据随机加权法得到未知参数 θ 的一组估计值 $\hat{\theta}_i, i = 1, \cdots, N$（$N$ 为抽样次数）后，可根据 $\hat{\theta}_i$ 作出直方图或经验密度函数以得到 θ 的验前分布密度函数 $\pi(\theta)$。为避免由直方图确定先验分布的主观性和便于 Bayes 统计推断，根据抽样值 $\hat{\theta}_i$ 的各次矩的估计，用

Gram-Charlier 级数或 Edgeworth 级数来表示分布。Edgeworth 级数表示的验前分布密度函数为：

$$\pi(\theta) = \varphi(\zeta) + \frac{C_3}{3!}\varphi^{(3)}(\zeta) + \frac{C_4}{4!}\varphi^{(4)}(\zeta) + \frac{C_5}{5!}\varphi^{(5)}(\zeta) + \cdots \quad (8\text{-}4)$$

其中，

$$\varphi(\zeta) = \frac{1}{\sqrt{2\pi}}e^{-\frac{\zeta^2}{2}}, C_3 = -\frac{\mu_3}{\sigma^3}, C_4 = -\frac{\mu_4}{\sigma^4} - 3, C_5 = -\frac{\mu_5}{\sigma^5} + 10\frac{\mu_3}{\sigma^3}, \mu_n = E(\zeta^n)$$

$$\zeta_i = \frac{\hat{\theta}_i - \hat{\mu}_\theta}{\hat{\sigma}_\theta} \quad (i = 1, \cdots, N)$$

$\hat{\mu}_\theta$，$\hat{\sigma}_\theta$ 为抽样均值和抽样均方差。

通过级数展开的方法可以比较方便地获得连续的验前分布密度函数，避免了由直方图等进行判断的主观性，但是展开次数需结合具体的问题进行判断，需进行精度分析，在具体运用中显得不太方便。若由抽样值 $\hat{\theta}_i$ 的各阶矩估计，利用最大熵方法确定先验分布密度函数，则可在最大程度上避免主观性，达到对先验信息最充分的利用。研究表明，通常取四阶矩进行最大熵拟合已能达到很高的精度。设抽样得到的未知参数 θ 前 k 阶原点矩为 $m_i = \frac{1}{N}\sum_{j=1}^{N}\hat{\theta}_j^i, i = 1, \cdots, k, N$ 为抽样次数。根据最大熵方法知随机变量 θ 的概率密度 $p(\theta)$ 具有如下形式：

$$p(\theta) = \exp(\lambda_0 + \sum_{i=1}^{k}\lambda_i\theta^i) \quad (8\text{-}5)$$

约束条件为：

$$\int_\Theta p(\theta)\mathrm{d}\theta = 1 \quad (8\text{-}6)$$

$$\int_\Theta \theta^i p(\theta)\mathrm{d}\theta = m_i \quad (i = 1, \cdots, k) \quad (8\text{-}7)$$

式中，Θ 为 θ 的变化空间。根据式（8-5）~式（8-7）即可求得利用随机加权最大熵方法得到的验前分布密度函数 $p(\theta)$。据此，结合现场试验即可对参数 θ 进行可靠性评估。

8.3.1.2 单元验前分布的检验

工程实践中，根据同一验前信息，在不同的验前分布确定方法下，往往对同一未知参数可以得到不同的验前分布。例如，正态总体 $N(\theta, \sigma^2)$ 中关于 θ 的验前分布，可分别取正态分布 $N(\mu, \tau^2)(\pi_N)$ 和 Cauchy 分布 $C(0,1)(\pi_c(\theta) = \frac{1}{\pi(1+\theta^2)})$ 为验前分布。根据现场观测数据来考察各个验前分布的合理性，从而确定最优的验前分布。常用验前分布给定之下的子样 X 的边缘分布函数 $m(X/\theta)$，即

$$m(X/\theta) = \int_\Theta f(X/\theta)\pi(\theta)\mathrm{d}\theta \quad (8\text{-}8)$$

根据 Robbins 和 Berger 等人所创造的 ML-II 方法来进行判断。按 Bayes 观点，现场试

验信息可以看做是其边缘分布所产生的子样，根据 ML－Ⅱ 方法的观点，$m(x\,|\,\pi)$ 可理解为 $\pi(\theta)$ 的似然函数，当观测值 x 已经出现时，如果 $m(x\,|\,\pi)$ 甚小，则表示在验前分布 $\pi(\theta)$ 下，x 值出现的可能性甚小，这样 $\pi(\theta)$ 与观测数据 x 不相符合，于是认为 $\pi(\theta)$ 是不合适的。设若 $\pi_1(\theta),\pi_2(\theta)$ 是得到的两个不同的验前分布，根据现场子样可计算其对应的值 $m(x/\pi_1),m(x/\pi_2)$，则认为值较大的一个所对应的分布为验前分布。同时，利用 ML－Ⅱ 方法也可对边缘密度作显著性检验或作最优检验，即在取定检验水平下，寻找一个临界区域，使检验中犯第二类错误的概率最小。

8.3.1.3　单元多源验前信息融合

可靠性试验中，测试设备和技术不同，使得验前信息来源多样，如何对多源的验前信息进行融合以得到多源验前信息的验前分布是可靠性 Bayes 评估中的重要问题。设给定 m 个信息源 X_1，$\cdots$，X_m，每个信息源对应的验前分布为 $\pi_i(\theta)$，$i = 1$，$\cdots$，m。根据不同来源验前信息进行融合可以避免由于现场试验样本量较小所带来的较大风险，设不同信息源的权重因子为 $w_i, i = 1,\cdots,m$，且 $\sum\limits_{i=1}^{m} w_i = 1$。

则融合后的验前分布为：

$$\pi(\theta) = \sum_{i=1}^{m} w_i \cdot \pi_i(\theta) \tag{8-9}$$

各验前分布对应的边缘分布函数为：

$$m(x/\pi_i) = \int_{\Theta} f(x/\theta)\pi_i(\theta)\mathrm{d}\theta \quad (i = 1,\cdots,m) \tag{8-10}$$

将现场试验数据 $X(x_1,\cdots,x_n)$ 分别看作由边缘分布 $m(x/\pi_i)$ 产生，于是可得似然函数如下：

$$L(X/\pi_i) = \prod_{l=1}^{n} m(x_l/\pi_i) \quad (i = 1,\cdots,m) \tag{8-11}$$

根据极大似然原理，$L(X/\pi_i)$ 值越大，则其对应的验前分布 $\pi_i(\theta)$ 在融合验前分布中所占的权重应越大，于是可得融合权重表达式为：

$$w_i = \frac{L(X/\pi_i)}{\prod\limits_{l=1}^{m} L(X/\pi_l)} \quad (i = 1,\cdots,m) \tag{8-12}$$

由现场试验数据 $X(x_1,\cdots,x_n)$ 及其似然分布 $f(X/\theta)$，根据 Bayes 公式可计算其验后分布为：

$$\pi(\theta/X) = \frac{1}{m(X/\pi)} \prod_{l=1}^{n} w_i \cdot \pi_i(\theta) \cdot f(X/\theta) \tag{8-13}$$

$$m(X/\pi) = \int_{\Theta} f(X/\theta)\pi(\theta)\mathrm{d}\theta = \sum_{i=1}^{m} w_i m(X/\pi_i) \tag{8-14}$$

令 $\lambda_i = \dfrac{w_i \cdot m\ (X/\pi_i)}{m\ (X/\pi)}$，$i = 1$，$\cdots$，$m$，则验后分布为：

$$\pi(\theta/X) = \lambda_1 \cdot \pi_1(\theta/X) + \cdots + \lambda_m \cdot \pi_m(\theta/X) \tag{8-15}$$

这样，通过 ML－II 方法，将验后密度表示为不同验前信息源之下的验后密度的加权和。利用融合多源验前信息的验后分布密度函数对产品可靠性进行 Bayes 统计决策分析可减少由单独现场试验样本进行评估带来的风险和不足，从而增强可靠性评估的稳健性和准确性。

8.3.2　典型单元可靠性的确定

复杂系统往往由大量的分系统和单元组成，由于系统的可靠性与分系统和单元的可靠性有很大的关联，所以常常将分系统或单元的可靠性信息作为系统的验前信息。同时系统的试验次数较少，单元可靠性分析水平直接影响到系统可靠性评估的精度，所以单元可靠性的确定是系统可靠性评估的首要基本环节。武器系统组成单元的寿命类型主要为成败型和指数型。

8.3.2.1　成败型单元可靠性的确定

单元寿命类型为成败型时，其可靠度为 R，取 Beta 共轭分布作为单元可靠度 R 的验前分布，即

$$\pi(R) = \frac{R^{a-1}(1-R)^{b-1}}{\beta(a,b)} \tag{8-16}$$

其中 a 和 b 为验前分布超参数，a 和 b 的选取对于可靠性分析至关重要，因为它反映了验前信息的利用程度。设有 m 批验前试验信息，l_i 为第 i 批试验的次数，R_i 为各批试验的可靠度点估计，a 和 b 的取值由式（8-17）确定：

$$\left. \begin{aligned} a+b &= \frac{m^2\left(\sum_{i=1}^{m} R_i - \sum_{i=1}^{m} R_i^2\right)}{m\left(m\sum_{i=1}^{m} R_i^2 - K\sum_{i=1}^{m} R_i\right) - (m-K)\left(\sum_{i=1}^{m} R_i\right)^2} \\ a &= (a+b)\,\overline{R} \end{aligned} \right\} \tag{8-17}$$

其中，$K = \sum_{i=1}^{m} l_i^{-1}$；$\overline{R} = \left(\sum_{i=1}^{m} R_i\right) \Big/ m$。

当 m 较小时，抽样误差可能会引起式（8-17）中的 $a+b$ 的估计为负值，此时作如下修正：

$$a+b = \frac{m-1}{m}\left[\frac{m\sum_{i=1}^{m} R_i - \left(\sum_{i=1}^{m} R_i\right)^2}{m\sum_{i=1}^{m} R_i^2 - \left(\sum_{i=1}^{m} R_i\right)^2}\right] - 1 \tag{8-18}$$

在获得到单元的现场试验数据 $D = (n,f)$ 后（其中 n 为可靠性试验次数，f 为失效次数），根据试验信息构造似然函数：

$$L(n,f \mid R) = \binom{n}{f} R^{n-f}(1-R)^f \tag{8-19}$$

根据贝叶斯定理有：

$$\pi(R \mid D) = \frac{R^{n-f+a-1}(1-R)^{b+f-1}}{\beta(n-f+a, b+f)} \tag{8-20}$$

则单元可靠度的验后分布为 $\mathrm{Beta}(R \mid n-f+a, b+f)$。

对于武器系统的组成单元来讲，由于设计生产有一定的继承性，这样就存在许多相关的可靠性信息以及主观信息可以利用。利用式（8-20）得到的单元验后分布，只考虑了设计生产的继承性，而任何新单元都有其独特的方面，采用均匀分布来描述其可靠性的不确定性，因此可以用混合 Beta 分布来描述单元可靠性的继承性和不确定性，这体现了继承与发展的辩证关系。混合 Beta 验前分布为：

$$\pi(R) = \rho \frac{R^{a-1}(1-R)^{b-1}}{\beta(a,b)} + (1-\rho) \tag{8-21}$$

其中，ρ 为继承因子，反映了新老单元在可靠性方面的相似程度，可以由试验信息或专家经验给出；$(1-\rho)$ 为更新因子，反映了新单元在改进老单元时引入的可靠性不确定性。根据贝叶斯定理得到验后分布为：

$$\pi(R \mid D) = \frac{(1-\rho)R^{n-f}(1-R)^f + \rho R^{n-f+a-1}(1-R)^{b+f-1}/\beta(a,b)}{(1-\rho)\beta(n-f+1, f+1) + \rho\beta(n-f+a, b+f)/\beta(a,b)} \tag{8-22}$$

若单元不存在历史数据，按照 Bayes 假设，认为共轭验前分布为 $\mathrm{Beta}(R \mid 1, 1)$，即均匀分布，该假设显然过于保守；按照 Reformulation 方法，认为共轭验前分布为 $\mathrm{Beta}(R \mid 0, 0)$，实际上此时的验前分布是一个没有意义的分布形式；按照 Jeffrey 准则，认为共轭验前分布为 $\mathrm{Beta}(R \mid 1/2, 1/2)$，此时的分布十分接近于满足一般失效机理的"浴盆曲线"的要求，其评估结论一般介于上面两者之间。因此可以取 $\mathrm{Beta}(R \mid 1/2, 1/2)$ 作为验前分布，由现场数据 (n, f) 即可得到验后分布为 $\mathrm{Beta}(R \mid n-f+1/2, f+1/2)$。

根据验后分布可以计算单元可靠度 R 的单侧置信下限 R_α（置信水平为 α）与验后各阶矩分别为：

$$1 - \alpha = \int_{R_\alpha}^1 \pi(R \mid D)\,\mathrm{d}R \tag{8-23}$$

$$\mu_k = E(R^K) = \int_0^1 R^K \pi(R \mid D)\,\mathrm{d}R \quad (K = 1, 2, \cdots, n) \tag{8-24}$$

8.3.2.2　指数型单元可靠性的确定

单元寿命类型为指数型时，设单元的失效率为 λ，通常取 Gamma 共轭分布作为单元失效率的验前分布，即

$$\pi(\lambda) = \frac{b^a}{\Gamma(a)}\lambda^{a-1}\mathrm{e}^{-\lambda b} \tag{8-25}$$

其中，$a(>0)$ 为形状参数；$b(>0)$ 为尺度参数，a，b 的取值可以由验前信息或专家意见确定。根据不变性原则，可靠度函数 $R = \mathrm{e}^{-\lambda t}$（$t$ 为任务时间）的先验分布为：

$$g(R) = \pi(\lambda)\left|\frac{\mathrm{d}\lambda}{\mathrm{d}R}\right| = \frac{b^a}{\Gamma(a)}\lambda^{a-1}\mathrm{e}^{-\lambda b}\frac{1}{Rt} = \frac{b^a}{\Gamma(a)}t^{-a}(-\ln R)^{a-1}R^{\frac{b}{t}-1} \tag{8-26}$$

则 R 的先验分布是负对数 Gamma 分布，可记为 $LG\left(R\left|\dfrac{b}{t},a\right.\right)$。

当得到单元的试验信息 $D=(z,\tau)$ 时，其中 τ 为可靠性试验工作总时间，z 为失效次数，根据贝叶斯理论及不变性原则，可以得到可靠度 R 的验后分布 $\pi(R\mid D)$ 仍为负对数 Gamma 分布：

$$\pi(R\mid D)=\frac{g(R)L(R\mid z,\tau)}{\int_0^1 g(R)L(R\mid z,\tau)\mathrm{d}R} \tag{8-27}$$

记为：

$$LG\left(R\left|\frac{\tau+b}{t},z+a\right.\right)$$

若不存在验前信息，失效率 λ 的共轭验前分布取 $\Gamma(1/2,0)$，则可靠度的验后分布为负对数 Gamma 分布 $LG\left(R\left|\dfrac{\tau}{t},z+1/2\right.\right)$。

由验后分布可以得到单元可靠度的验后置信下限 R_α（置信水平为 α）和验后各阶矩分别为：

$$\int_{R_\alpha}^1 \pi(R\mid D)\mathrm{d}R=1-\alpha \tag{8-28}$$

$$\mu_k=E(R^K)=\int_0^1 R^K\pi(R\mid D)\mathrm{d}R \quad (K=1,2,\cdots,n) \tag{8-29}$$

8.3.2.3 正态型单元的确定

正态分布 $N(\mu,\sigma^2)$ 可以用来描述绝大多数产品的性能指标，若 μ 与 σ 相比足够大，正态分布也可作为失效事件模型进行讨论。工程上常用的机械产品寿命近似服从正态分布。发动机中的螺栓、连接件、连接法兰等机械部件，常用正态分布来描述其可靠性寿命。正态分布单元常见的可靠性评定问题主要是单侧可靠性下限和双侧可靠性下限，分经典方法和 Bayes 方法进行研究。同时，本节也给出了基于 MC 仿真的正态单元可靠性评定步骤，讨论正态分布完全样本的情况。

A 经典方法

设某机械产品单元服从均值、方差分别为 μ，σ^2 的正态分布 $N(\mu,\sigma^2)$，其单边性能下限和上限分别为 L，U。则其单边性能可靠性和双边性能可靠性定义为：

$$R_\mathrm{s}=\begin{cases}P(X\geqslant L)\\P(X\leqslant U)\end{cases}=\begin{cases}\Phi\left(\dfrac{\mu-L}{\sigma}\right)\\\Phi\left(\dfrac{U-\mu}{\sigma}\right)\end{cases},R_\mathrm{D}=P(L\leqslant X\leqslant U)=\Phi\left(\frac{U-\mu}{\sigma}\right)-\Phi\left(\frac{L-\mu}{\sigma}\right) \tag{8-30}$$

$\Phi(\cdot)$ 为标准正态分布函数，令 X 的 n 个完全样本观测值为 $X=(x_1,x_2,\cdots,x_n)$，则单边性能可靠性和双边性能可靠性的点估计分别为：

$$\hat{R}_\mathrm{s}=\begin{cases}\Phi\left(\dfrac{\bar{x}-L}{s}\right)\\\Phi\left(\dfrac{U-\bar{x}}{s}\right)\end{cases},\hat{R}_\mathrm{D}=\Phi\left(\frac{U-\bar{x}}{s}\right)-\Phi\left(\frac{L-\bar{x}}{s}\right) \tag{8-31}$$

给定置信水平 γ，则其单边可靠性置信下限估计为：

$$F_{t_{n-1},\sqrt{n}u_{R_L}}(\sqrt{n}K) = \gamma \tag{8-32}$$

其中，$F_{t_{n-1},\sqrt{n}k_{R_L}}(\cdot)$ 是非中心度为 $\sqrt{n}u_{R_L}$、自由度为（$n-1$）的非中心 t_{n-1} 分布函数，且 u_{R_L} 满足 $\Phi(u_{R_L}) = R_L$。K 满足的关系式为：

$$K = \begin{cases} \dfrac{\bar{x}-L}{s} \\ \dfrac{U-\bar{x}}{s} \end{cases}, \bar{x} = \frac{1}{n}\sum_{i=1}^{n}x_i, s^2 = \frac{1}{n-1}\sum_{i=1}^{n}(x_i-\bar{x})^2 \tag{8-33}$$

$$R_{DL} = \Phi(X_L) \tag{8-34}$$

$$\int_0^\infty \Phi(\sqrt{n}X_L + \sqrt{nh}\cdot v)\frac{\left(\dfrac{n-1}{2}s^2\right)^{(n-1)/2}}{\Gamma\left(\dfrac{n-1}{2}\right)}h^{\frac{n-3}{2}}e^{-\frac{1}{2}(n-1)s^2h}dh = 1-\gamma \tag{8-35}$$

其中，$v = \begin{cases} \bar{x}-U & \text{当给定特征值上限时} \\ L-\bar{x} & \text{当给定特征值下限时} \end{cases}$。

B　Bayes 方法

设正态分布的精度为 $h \triangleq \sigma^{-2}$，Raiffa 和 Schlaifer 指出，（μ，h）的共轭型先验分布是正态 Gamma 分布定义为：

$$f_0(\mu,h) = N\Gamma(\mu,h/n_0,\bar{x};v_0,w_0) \tag{8-36}$$

$$\triangleq \begin{cases} (2\pi)^{\frac{1}{2}}(n_0h)^{\frac{1}{2}\delta_{n_0}}\cdot\exp\left[-\frac{n_0h(\mu-\bar{x}_0)^2}{2}\right]\dfrac{\left(\dfrac{1}{2}v_0w_0\right)^{v_0/2}}{\Gamma\left(\dfrac{v_0}{2}\right)}h^{\frac{v_0}{2}-1}\exp\left(-\frac{1}{2}v_0w_0h\right) & \text{当}\ h>0, -\infty<\mu<+\infty \\ 0 & \text{其他} \end{cases}$$

式中，$\delta_{n_0} = \begin{cases} 1 & \text{当}\ n_0>1 \\ 0 & \text{当}\ n_0=0 \end{cases}$。

若对 $X \sim N(\mu,\sigma^2)$ 取得了完全样本 x_1，x_2，…，x_n，令样本的均值和方差分别为：

$$\bar{x} = \frac{1}{n}\sum_{i=1}^{n}x_i, w \triangleq s^2 = \frac{1}{n-1}\sum_{i=1}^{n}(x_i-\bar{x})^2, v \triangleq n-1$$

试验样本 x_1，x_2，…，x_n 的似然函数为：

$$\begin{aligned} L(x_1,x_2,\cdots,x_n/\mu,h) &= \prod_{i=1}^{n}\frac{\sqrt{h}}{\sqrt{2\pi}}\exp\left[-\frac{h(x_i-\mu)^2}{2}\right] \\ &= (2\pi)^{-n/2}h^{n/2}\exp\left[-\frac{h}{2}\sum_{i=1}^{n}(x_i-\mu)^2\right] \\ &= (2\pi)^{-n/2}h^{1/2}e^{-nh(\mu-\bar{x})^2/2}h^{v/2}\exp\left(-\frac{1}{2}vwh\right) \end{aligned} \tag{8-37}$$

根据 Bayes 定理，可得 (μ, h) 的 Bayes 后验分布密度函数为：

$$\pi(\mu, h/x_1, x_2, \cdots, x_n) = \frac{f_0(\mu, h)L(x_1, x_2, \cdots, x_n/\mu, h)}{\int_0^\infty \int_{-\infty}^{+\infty} f_0(\mu, h)L(x_1, x_2, \cdots, x_n/\mu, h)\mathrm{d}\mu\mathrm{d}h} \quad (8\text{-}38)$$

若 (μ, h) 取无信息先验分布 $\pi(\mu, h) = \dfrac{1}{h}$，则 (μ, h) 的 Bayes 后验分布函数为：

$$\pi(\mu, h/x_1, x_2, \cdots, x_n) = N\Gamma_2(\mu, h/n, \bar{x}; v, w) \quad (8\text{-}39)$$

$$\triangleq \begin{cases} (2\pi)^{-\frac{1}{2}}(n_0 h)^{\frac{1}{2}} \cdot \exp\left[-\dfrac{nh}{2}(\mu - \bar{x})^2\right]\dfrac{\left(\dfrac{1}{2}vw\right)^{v/2}}{\Gamma\left(\dfrac{v}{2}\right)}h^{\frac{v}{2}-1}\exp\left(-\dfrac{1}{2}vwh\right) & \text{当 } h > 0, -\infty < \mu < +\infty \\ 0 & \text{其他} \end{cases}$$

设其上侧和下侧公差限分别为 U, L。根据正态分布单侧可靠性定义知，当取 (μ, h) 的共轭先验时，可靠性的单侧 Bayes 精确下限则式 (8-40) 确定：

$$F_{t_{v'}, \sqrt{n'}u_{R_L}}(\sqrt{n'}\,\overline{K}') = \gamma, \overline{K}' = \begin{cases} (U - \bar{x}')/s \\ (\bar{x}' - L)/s \end{cases} \quad (8\text{-}40)$$

取 (μ, h) 的无信息先验，可靠性的单侧 Bayes 精确下限与经典方法相同，由式 (8-41) 确定：

$$F_{t_{n-1}, \sqrt{n}u_{R_L}}(\sqrt{n}\overline{K}) = \gamma, \overline{K} = \begin{cases} (U - \bar{x})/s \\ (\bar{x} - L)/s \end{cases} \quad (8\text{-}41)$$

其中，$F_{x, y}(\cdot)$ 是非中心 t 分布的分布函数，其自由度和非中心参数分别为给定的置信度。

取 (μ, h) 的共轭先验时，可靠性的双侧 Bayes 精确下限由式 (8-42) 和式 (8-43) 确定：

$$\int_0^{R_L} \int_0^{1-R} h_1(R_1, R + R_1)\mathrm{d}R_1\mathrm{d}R - 1 + \gamma = 0 \quad (8\text{-}42)$$

$$h_1(R_1, R_2) = \sqrt{\frac{n'}{2\pi}}\frac{4\pi}{U-L}\frac{\left(\dfrac{1}{2}v'w'\right)^{v'/2}}{\Gamma\left(\dfrac{v'}{2}\right)}\left(\frac{u_2 - u_1}{U-L}\right)^{v'-1} \cdot$$

$$\exp\left\{-\frac{1}{2}\left(\frac{u_2 - u_1}{U-L}\right)^2\left[v'w' + n'\left(\frac{Uu_1 - Lu_2}{u_1 - u_2} - \bar{x}'\right)^2\right] + \frac{1}{2}({u_1}^2 + {u_2}^2)\right\} \quad (8\text{-}43)$$

其中，$u_1 = \Phi^{-1}(R_1)$；$u_2 = \Phi^{-1}(R_2)$。$n', \bar{x}'; v', w'$ 是 (μ, h) 的后验 pdf 的参数。

若 (μ, h) 取无信息先验，可靠性的双侧 Bayes 精确下限与经典方法双侧置信下限相同。其中，$h_1(R_1, R_2)$ 中的 $n', \bar{x}'; v', w'$ 要改为 $n, \bar{x}; v, w$。

C Monte-Carlo 仿真方法

利用共轭验前分布对正态单元可靠性进行评定时，涉及多重积分，计算比较复杂。为减少无信息验前带来的不确定因素和避免多重积分的复杂性，可考虑基于 Fiducial 方法的 Monte-Carlo 仿真对单元进行可靠性评估。

8.3.2.4 威布尔型单元的确定

Weibull 分布对各种类型的试验数据拟合的能力强，能够被用来描述多种类型的寿命试验数据。如疲劳断裂型产品的寿命，电气连接件的寿命等。设产品寿命 T 为非负的随机变量，且其概率密度函数为：

$$f(t;\alpha,\beta,\gamma)=\frac{\beta}{\alpha}\left(\frac{t-\gamma}{\alpha}\right)^{\beta-1}\cdot\exp\left(-\left(\frac{t-\gamma}{\alpha}\right)^{\beta}\right) \quad (t\geqslant\gamma,\alpha>0,\beta>0) \tag{8-44}$$

则称 T 为服从参数（α，β，γ）的 Weibull 分布。其中，α 为尺度参数，即当 $\gamma=0$ 时产品的特征寿命；β 为形状参数；γ 为位置参数。通常，产品从开始使用就存在着故障概率，即 $\gamma=0$。在 $\gamma\neq0$ 时，可通过坐标变换将三参数 Weibull 分布转化为两参数 Weibull 分布：

$$f(t;\alpha,\beta)=\frac{\beta}{\alpha}\left(\frac{t}{\alpha}\right)^{\beta-1}\cdot\exp\left(-\left(\frac{t}{\alpha}\right)^{\beta}\right) \quad (t\geqslant\gamma,\alpha>0,\beta>0) \tag{8-45}$$

本节将以两参数 Weibull 分布为例，讨论 Weibull 寿命分布单元可靠性评定。

A 经典方法

Weibull 分布参数的经典估计方法较多，有图估计法、极大似然估计、最优线性无偏估计、最优线性不变估计、最小二乘估计等。

B Bayes 方法

目前，多数文献中关于 Weibull 分布的 Bayes 可靠性分析都是基于参数 α，β 或 α，θ（$\theta=\alpha^{\beta}$）建立验前分布，而实际中更多的是存在关于可靠性 R_{τ}、可靠寿命 t_R 或失效率 h_{τ} 的验前信息。基于这三者的验前分布假设在可靠性评估中更为可行。下面给出了三种情况 Weibull 分布可靠性参数的 Bayes 评估步骤。

（1）存在某特定时刻 τ 的可靠性 R_{τ} 的验前信息及参数 β 的验前信息。

（2）存在某特定时间 τ 的失效率 h_{τ} 的验前信息及参数 β 的验前信息。

（3）存在某特定可靠度 R_0 的可靠寿命 t_{R_0} 的验前信息及参数 β 的验前信息。

若存在的 R_{τ}，h_{τ}，t_{R_0} 的验前信息，则可按对应的方法进行计算。可靠性评定实际中，Weibull 参数的共轭分布难以找到，通常使用无信息验前分布，设对 n 个产品进行可靠性寿命试验直到 r 个产品失效为止，得到产品失效时间数据为 $t_1\leqslant t_2\leqslant\cdots\leqslant t_r$，则似然函数为：

$$L(\alpha,\beta)=\beta^r\alpha^{-r\beta}\mu^{\beta-1}\exp(-t^{(\beta)}\alpha^{-\beta}) \tag{8-46}$$

并且认为形状参数 $\beta\in[0,\infty]$，或由工程专家根据经验确定形状参数 β 在一定范围内均匀分布，如 $\beta\in[\beta_1,\beta_2]$。则 Weibull 分布参数联合无信息验前密度函数为：

$$\pi(\alpha,\beta)\propto(\alpha\beta)^{-1} \tag{8-47}$$

则联合验后密度为：

$$\pi(\alpha,\beta/\mathrm{data})\propto\beta^{r-1}\alpha^{-r\beta-1}\mu^{\beta-1}\exp\left(-\frac{t^{(\beta)}}{\alpha^{\beta}}\right) \tag{8-48}$$

$$\mu=\prod_{i=1}^{r}t_i, t^{(\beta)}=\sum_{i=1}^{r}t_i^{\beta}+(n-r)t_r^{\beta}$$

可靠度 R 和可靠寿命 t_{R_0} 为:

$$R = \exp\left(-\left(\frac{T}{\alpha}\right)^{\beta}\right), t_{R_0} = \alpha\left(-\ln R_0\right)^{1/\beta}$$

取 $\beta \in [0, \infty]$ 时, 可靠度 R 和可靠寿命 t_{R_0} 为验后密度函数为:

$$\pi(R_T/\text{data}) = \frac{\dfrac{(-\ln R_T)^{r-1}}{R_T} \displaystyle\int_0^{\infty} \beta^{r-2} T^{-r\beta} \mu^{\beta-1} R_T^{t^{(\beta)}/T^\beta} \mathrm{d}\beta}{\displaystyle\int_0^{\infty} \Gamma(r)\left(\dfrac{T^\beta}{t^{(\beta)}}\right)^r \beta^{r-2} T^{-r\beta} \mu^{\beta-1} \mathrm{d}\beta} \tag{8-49}$$

$$\pi(t_{R_0}/\text{data}) = \frac{\displaystyle\int_0^{\infty} \beta^{r-1} t_{R_0}^{-r\beta-1}(-\ln R_0)^r \mu^{\beta-1} \exp(t^{(\beta)} t_{R_0}^{-\beta} \ln(R_0)) \mathrm{d}\beta}{\Gamma(r)\displaystyle\int_0^{\infty} \beta^{r-2} \mu^{\beta-1}(t^{(\beta)})^{-r} \mathrm{d}\beta} \tag{8-50}$$

根据 Bayes 公式, 得可靠度 R 的点估计和置信下限分别为:

$$\frac{\displaystyle\int_0^{\infty} \beta^{r-2} \mu^{\beta-1}(t^{(\beta)} + T^\beta)^{-r} \mathrm{d}\beta}{\displaystyle\int_0^{\infty} \beta^{r-2} \mu^{\beta-1}(t^{(\beta)})^{-r} \mathrm{d}\beta} = \hat{R} \tag{8-51}$$

$$\int_0^{\hat{R}_L} \pi(R/\text{data}) \mathrm{d}R = \frac{\displaystyle\int_0^{\hat{R}_L} \frac{(-\ln R)^{r-1}}{R}\left(\int_0^{\infty} \beta^{r-2} T^{-r\beta} \mu^{\beta-1} R^{t^{(\beta)}/T^\beta} \mathrm{d}\beta\right) \mathrm{d}R}{\displaystyle\int_0^{\infty} \Gamma(r)\beta^{r-2}\mu^{\beta-1}\mathrm{d}\beta}$$

$$= \frac{\displaystyle\int_0^{\infty} \beta^{r-2} \mu^{\beta-1}(t^{(\beta)})^{-r} \cdot I\left(-\ln\hat{R}_L \cdot \frac{t^{(\beta)}}{T^\beta}, r\right) \mathrm{d}\beta}{\displaystyle\int_0^{\infty} \beta^{r-2} \mu^{\beta-1}(t^{(\beta)})^{-r}\mathrm{d}\beta} = \gamma \tag{8-52}$$

$$I(x, a) = \frac{1}{\Gamma(a)}\int_0^x \mathrm{e}^{-t} t^{u-1} \mathrm{d}t, \Gamma(a) = \int_0^{\infty} \mathrm{e}^{-t} t^{a-1} \mathrm{d}t$$

可靠寿命 t_{R_0} 的点估计和置信下限估计分别为:

$$\frac{\displaystyle\int_0^{\infty} \beta^{r-2} \mu^{\beta-1}(t^{(\beta)})^{-r+1/\beta}(-\ln R_0)^{1/\beta} \Gamma\left(r - \frac{1}{\beta}\right)\mathrm{d}\beta}{\Gamma(r)\displaystyle\int_0^{\infty} \beta^{r-2}\mu^{\beta-1}(t^{(\beta)})^{-r}\mathrm{d}\beta} = \hat{t}_{R_0} \tag{8-53}$$

$$\frac{\displaystyle\int_0^{\infty} \beta^{r-2}\mu^{\beta-1}(t^{(\beta)})^{-r} \cdot I\left(\frac{-\ln R_0 t^{(\beta)}}{t_{R_L}^\beta}, r\right)\mathrm{d}\beta}{\displaystyle\int_0^{\infty} \beta^{r-2}\mu^{\beta-1}(t^{(\beta)})^{-r}\mathrm{d}\beta} = \gamma \tag{8-54}$$

T, R_0 分别为给定的任务时间和给定的任务可靠度。利用上述验后密度函数公式可以计算对应参数的点估计、置信下限估计或置信区间估计等。

8.3.3　系统可靠性评估

系统可靠性评估是将单元验后信息作为系统的验前信息，根据系统的可靠性模型和系统自身试验信息类型，确定系统验前分布的类型以及验前分布的超参数，从而确定系统的验前分布，综合系统试验数据的似然函数得到系统的验后分布，对系统可靠性进行评估。

8.3.3.1　组成单元独立的串联系统可靠性评估

系统由 m 个相互独立的单元串联组成，则系统可靠度为：

$$R_S = \prod_{i=1}^{m} R_i \tag{8-55}$$

由单元验前信息和试验信息，运用单元贝叶斯可靠性确定方法可以得到每个单元可靠度的验后分布 $\pi(R_i \mid D)$，则各单元可靠度 R_i 的 j 阶矩为：

$$E(R_i^j) = \int R_i^j \pi(R_i \mid D)\, \mathrm{d}R_i \tag{8-56}$$

当组成单元为成败型单元，单元的验前数据为 (n_{0_i}, s_{0_i})，试验数据为 (n_i, s_i)，其中 n_{0_i}，n_i 分别为验前等效试验次数和实际试验次数；s_{0_i}，s_i 分别为验前等效试验成功次数和实际试验成功次数。各单元可靠度的一、二阶矩分别为：

$$\left.\begin{aligned} E(R_i) &= \frac{s_i + s_{0_i}}{n_i + n_{0_i} + 1} \\[2mm] E(R_i^2) &= \frac{(s_i + s_{0_i})(s_i + s_{0_i} + 1)}{(n_i + n_{0_i})(n_i + n_{0_i} + 1)} \end{aligned}\right\} \tag{8-57}$$

当组成单元为指数型单元，单元的验前数据为 (z_{0_i}, η_{0_i})，试验数据为 (z_i, η_i)，其中 z_{0_i}，z_i 分别为验前等效失效数和实际试验失效数；η_{0_i}，η_0 分别为验前等效试验次数和实际试验次数。各单元可靠度的一、二阶矩分别为：

$$\left.\begin{aligned} E(R_i) &= \left(\frac{\eta_{0_i} + \eta_i}{1 + \eta_{0_i} + \eta_i}\right)^{z_{0_i} + z_i} \\[2mm] E(R_i^2) &= \left(\frac{\eta_{0_i} + \eta_i}{2 + \eta_{0_i} + \eta_i}\right)^{z_{0_i} + z_i} \end{aligned}\right\} \tag{8-58}$$

由于系统的各组成单元之间相互独立，则各单元的可靠度也相互独立，串联系统可靠度的各阶矩可以用各组成单元可靠度的各阶矩来显式表示，即有：

$$E(R_S^j) = \prod_{i=1}^{m} E(R_i^j) \tag{8-59}$$

由式（8-59）可以计算出系统可靠度的一、二阶矩。

当系统自身存在的试验数据为成败型时，取共轭分布 $\mathrm{Beta}(a, b)$ 作为系统可靠度的验前分布，由系统可靠度的一、二阶矩，根据最小二乘原理可以求得系统验前分布的超参数 a，b 的值分别为：

$$a = \frac{\mu(\nu^2 - \mu)}{(\mu^2 - \nu)} \left.\begin{matrix} \\ \\ \\ \\ \end{matrix}\right\}$$

$$b = \frac{(\nu^2 - \mu)(1 - \mu)}{(\mu^2 - \nu)} \tag{8-60}$$

其中，μ，ν 分别为系统可靠度的一、二阶矩。

当系统自身存在的试验数据为指数型时，取负对数 Gamma 分布 $LG(R \mid c, d)$ 作为系统可靠度的验前分布，由系统可靠度的一、二阶矩，根据最小二乘原理可以求得系统验前分布的超参数 c，d 值为：

$$c = \frac{-\ln\mu}{\ln[(\nu+1)/\nu]} \left.\begin{matrix} \\ \\ \\ \\ \end{matrix}\right\}$$

$$d = \frac{3 + \ln\mu/[\ln(\mu/\nu)]}{-2\{\ln\mu/[\ln(\mu/\nu)] + 1\} + 0.335\{\ln\mu/[\ln(\mu/\nu)] + 1\}^3} \tag{8-61}$$

在确定系统可靠度的验前分布后，再结合系统自身试验数据的似然函数，运用贝叶斯理论得到系统可靠度的验后分布 $\pi(R \mid D)$，利用验后分布可以计算出系统的可靠性特征量。

8.3.3.2　组成单元相关的串联系统可靠性评估

由 m 个存在相关失效的单元组成的串联系统的可靠性数学模型为：

$$R_S = \left(R_1 + \prod_{i=1}^{m} R_i\right) \Big/ 2 \tag{8-62}$$

其中，R_1 为可靠度最小的单元的可靠度。

当已知各组成单元的验前信息和试验信息时，利用式（8-57）和式（8-58）可以得到各单元可靠度 R_i 的一、二阶矩。

由于组成单元之间存在相关失效，通过式（8-62）可以得到系统可靠度的各阶矩为：

$$E(R_S^j) - \left[E(R_1^j) + \prod_{i=1}^{m} E(R_i^j)\right] \Big/ 2 \tag{8-63}$$

在得到系统可靠度的一、二阶矩后，根据最小二乘原理可以确定系统可靠度的验前分布，根据系统自身试验数据类型的不同，分别取 Beta 分布和 Gamma 分布作为系统的验前分布，由式（8-60）和式（8-61）求得验前分布的超参数，综合系统自身试验数据得到系统验后分布，进而对系统可靠性进行评估。

8.3.3.3　组成单元独立的并联系统可靠性评估

并联系统由 m 个相互独立的单元组成，根据各组成单元的验后分布和寿命分布类型的不同，运用式（8-57）和式（8-58）可以得到各单元可靠度的一、二阶矩。由于组成系统的各单元是相互独立的，所以系统可靠度 R_S 的一、二阶验前矩可以用各单元可靠度的一、二阶矩 $E(R_i^1)$ 和 $E(R_i^2)$ 来表示：

$$E(R_S^1) = 1 - \prod_{i=1}^{m} [1 - E(R_i^1)] \tag{8-64}$$

$$E(R_S^2) = 1 - 2\prod_{i=1}^{m}\left[1 - E(R_i^1)\right] + \prod_{i=1}^{m}\left[1 - 2E(R_i^1) + E(R_i^2)\right] \tag{8-65}$$

由于 $\prod_{i=1}^{m}\left[1 - 2E(R_i^1) + E(R_i^2)\right]$ 的结果较小，因此可以忽略不计，则式（8-65）可以简化为：

$$E(R_S^2) = 1 - 2\prod_{i=1}^{m}\left[1 - E(R_i^1)\right] \tag{8-66}$$

根据系统自身试验数据类型的不同选择不同的验前分布，由系统可靠度的一、二阶矩，运用式（8-60）和式（8-61）得到系统验前分布的超参数，再结合系统自身试验数据，运用贝叶斯理论得到系统验后分布。

8.3.3.4 组成单元相关的并联系统可靠性评估

对于组成单元相关的并联系统可靠性评估，文献提出了应用最大熵法则进行分析的方法。但是根据假设条件，这个模型只适用于指数寿命型单元和几何寿命型单元，因此该模型有一定的局限性。

利用组成单元相关的并联系统模型，根据单元之间的相关系数可以得到适用于多种寿命类型的更为一般的模型。设并联系统由 $m \leqslant 3$ 个存在相关失效的相同单元组成，各单元之间的相关度为 μ，且已知各单元可靠度的一、二阶矩：

$$E(R_S^1) = 1 - \left[1 - E(R_1^1)\right]\prod_{i=2}^{m}\left\{(1 - \mu)\left[1 - E(R_i^1)\right] + \mu\right\} \tag{8-67}$$

$$E(R_S^2) = 1 - \left[1 - E(R_1^2)\right]\prod_{i=2}^{m}\left\{(1 - \mu)\left[1 - E(R_i^2)\right] + \mu\right\} \tag{8-68}$$

其中，由于系统可靠度的二阶验前矩计算较为复杂，而系统的并联单元数量较少，所以系统的二阶验前矩可以用式（8-68）近似表示。

根据系统提供的试验数据的类型选择适当的验前分布，根据最小二乘原理得到系统验前分布超参数，再结合系统自身试验数据得到系统验后分布，利用验后分布对系统可靠性进行评估。

附录 军用装载机系统 FMECA 分析表

附录 1 发动机燃油供给系统 FMECA 分析表

（初始约定层次：三推进系统。二次约定层次：主机系统。本表约定层次：燃料供给系统）

编码	名称	功能	故障模式	故障原因	故障影响	故障检测方式	补偿措施	严酷度类别
102	燃料供给系统	供给油料	柴油机不能、不易或运转时熄火	低压油路供油不足或不供油，低压油路堵、漏、坏	发动机无法正常工作	1. 检查油箱有无柴油 2. 检查低压油路密封情况 3. 检查低压油路堵塞	走合期：改善装配质量 使用中，检查疏通油路	II类
			柴油性机动力下降	喷油系供油不足或不供油	发动机无法正常启动，整个系统工作无力	1. 检查柴油供给系的操纵机构 2. 检查低压油路 3. 检查供油量调节拉杆 4. 调校喷油泵	更换磨损件，改善装配质量，调整供油系统	II类
			喷油器不喷油	1. 调压弹簧预紧力过大 2. 喷油器摩擦阻力过大 3. 喷油泵供油压力过低	发动机不能启动或运转不稳定	1. 先用触摸比较法后用间断油法 2. 直观检查喷油器	校正调压弹簧或更换喷油器	II类
			喷油器雾化不良	1. 喷油器调压弹簧弹力过小 2. 喷油嘴关闭不严 3. 喷油嘴配合偶件磨损 4. 燃油粘度过大	发动机功率下降，转速不稳定排气管冒烟，启动困难油耗量增大	触摸法和观察法	1. 调整调压弹簧 2. 更换磨损件 3. 更换柴油	III类

续表

编码	名称	功能	故障模式	故障原因	故障影响	故障检测方式	补偿措施	严酷度类别
102	燃料供给系统	供给油料	喷油器提前角过大或过小	1. 喷油提前角调整不当 2. 喷油分泵喷油时间的影响 3. 喷油压力过大或过小 4. 传动齿轮安装不当	喷油过早导致柴油机工作粗暴,过晚则影响燃烧经济性和动力性	观察调整法	1. 调整喷油提前角 2. 调整传动齿轮	IV类
			飞车	1. 操纵机构的影响 2. 喷油泵调节油量的影响 3. 调节齿条与调节拉杆的最大供油量超过额定连发动机转速失去控制高转速且失去控制装置的最高转速 4. 拉杆螺钉脱落 5. 机油过稠 6. 汽缸窜油 7. 调速器的影响	发动机转速超过额定的最高转速且失去控制	1. 检查加速操纵机构卡制 2. 检查油量调节卡制 3. 检查调节装置的连接 4. 检查调速器	切断低压油路堵塞进气口或更换损坏元件	I类
1021	柴油箱	储存油料	漏油	1. 油箱破损 2. 密封圈损坏	增加油耗,增加运行成本	观察法	1. 修补油箱 2. 更换密封圈	IV类
1022	输油泵	增加输出动力	其他故障见喷油器故障					
1023	低压油路	输出柴油	供油不足或不供油	1. 油路堵塞 2. 油泄露 3. 限压装置不起作用	影响正常工作	1. 检查油箱有无柴油 2. 检查油路密封 3. 检查油路是否堵塞	按实际情况探险故障	IV类

附录2 发动机润滑、冷却系统 FMECA 分析表

（初始约定层次：主推进系统。二次约定层次：润滑、冷却系统。主机系统；本表约定层次：润滑、冷却系统）

编码	名称	功能	故障模式	故障原因	故障影响	故障检测方式	补偿措施	严酷度类别
103	润滑系统	润滑 冷却 清洁 密封 缓冲	机油压力过低	1.油泵磨损 2.吸入油泵的油量减少 3.泄油量大 4.机油滤清器或冷却器堵塞 5.机油黏度的影响 6.限压阀调整不当 7.压力显示装置不准	各部件不能得到有效润滑，加速部件磨损，影响整机寿命	1.检查机油油压力显示装置 2.按发动机使用期判断 3.按压力降低的突发性和渐发性来诊断 4.检查限压阀	1.更换压力显示装置 2.清洗调整磨损堵件	Ⅲ类
			机油压力过高	1.机油黏度过大 2.压力润滑部位间隙过小或机油细滤器堵塞 3.限压阀调整不当	加速零件磨损进程，加快机油变质	检查油斑	按照油斑的颜色和形状判断是否更换机油	Ⅲ类
			机油变质	1.机油压力的影响 2.曲轴箱通风装置状况的影响 3.柴油机技术状况的影响 4.燃油和润滑油品质欠佳 5.使用条件的影响	发动机不能启动或运转不稳定	1.先用触摸比较法后用断油器 2.直观检查喷油器	校正调压弹簧或更换喷油器	Ⅱ类

续表

编码	名称	功能	故障模式	故障原因	故障影响	故障检测方式	补偿措施	严酷度类别
103	润滑系统	润滑 冷却 清洁 密封 缓冲	机油温度过高	1. 机油散热不良 2. 发热严重 3. 机油损耗	损伤发动机零部件,加速机件磨损,降低使用寿命	查看机油温度表	1. 停机休息 2. 加注机油 3. 清洗机油散热器	Ⅲ类
104	冷却系统	保证发动机在最有利的环境下工作	发动机过热	1. 冷却水渗漏或蒸发 2. 散热器通风口堵塞 3. 发动机装配过紧	损伤发动机零部件,加速相关部件磨损	1. 检查散热器通风情况 2. 检查冷却液是否充足 3. 检查散热器水垢	1. 清除水垢 2. 添加冷却水 3. 调整皮带松紧度	Ⅱ类
			风冷却发动机过热	1. 散热不良 2. 散热片积垢的影响 3. 导风罩的影响	损伤风冷发动机零部件	1. 检查导风罩装置是否完好 2. 检查积垢 3. 检查风扇皮带	1. 清除积垢 2. 调整风扇皮带	Ⅳ类
			供油不足或不供油	1. 油路堵塞 2. 油泄漏 3. 限压装置不起作用	影响正常工作	1. 检查油箱有无柴油 2. 检查油路密封 3. 检查油路是否堵塞	按实际情况探险故障	Ⅳ类

附录 3　发动机机械系统 FMECA 分析表

（初始约定层次：主推进系统。二次约定层次：主机系统。本表约定层次：机械系统）

编码	名称	功能	故障模式	故障原因	故障影响	故障检测方式	补偿措施	严酷度类别
1011	曲柄连杆机构	传递力矩	连杆断裂	柴油机长期超载运行	停机	目视听检查	更换连杆及其损坏件	Ⅱ类
			活塞销响	1. 活塞与配合副间隙过大 2. 缺润滑油	发动机动力不足	怠速稍高或油门抖动时响声明显	更换部件使配合间隙符合要求	Ⅲ类
			活塞敲缸	1. 活塞与汽缸壁配合间隙过大 2. 连杆变形 3. 连杆小端的销套与活塞销、连杆大端的轴承与轴径配合过紧	发动机动力不足	单缸断火实验	校正或更换连杆	Ⅳ类
			主轴承擦伤	1. 硬后外来物质进入轴承 2. 轴承间隙过大或过小 3. 柴油机长期超载运行	发动机动力不足	检查温度压力测检	修复轴承润滑或更换	Ⅳ类
1012	配气机构	向气缸供气	气门响	1. 气门角间隙调整过大 2. 调整螺栓松动 3. 同隙处摇臂磨损 4. 推杆弯曲	供气不足	发动机怠速时，响声不随发动机温度变化	调整同隙拧紧螺母校正推杆	Ⅲ类
			气门挺杆响	1. 凸轮表面轮廓形状磨损 2. 缺机油	加剧磨损	怠速时响声明显	更换凸轮或添机加油	Ⅲ类

续表

编码	名称	功能	故障模式	故障原因	故障影响	故障检测方式	补偿措施	严酷度类别
1012	配气机构	向气缸供气	时规轮齿响	1. 传动时规齿轮外缘磨损，不能正确啮合 2. 传动齿轮不配对 3. 时规齿轮质量差	加速齿面磨损，产生滑磨和冲击	发动机前正时规齿轮室盖处发出响声	1. 成对使用 2. 更换质量好的齿轮	III类
			气门碰活塞响	1. 气门座圈过厚 2. 气门座圈孔加工时底部不平整 3. 气门头部过厚 4. 气门间隙过小 5. 活塞型号不对 6. 配气机构时规齿轮记号没对准	加剧气门磨损导致损坏机件或整机故障	用手捏住气门室盖的螺帽时有碰撞感觉	及时更换合格零件	III类

附录 4　变速箱、传动轴 FMECA 分析表

（初始约定层次：主传动系统。二次约定层次：传动系统。本表约定层次：变速箱、传动轴）

编码	名称	功能	故障模式	故障原因	故障影响	故障检测方式	补偿措施	严酷度类别
202	变速箱	改变运行速度	挂不上挡	1. O型圈故障 2. 变速器工作油不足 3. 离合器片分离不彻底	导致装载机无法正常工作	1. 检查O型圈 2. 检查输油管路、离合器油环	1. 更换O型圈或离合器油环 2. 疏通管路	II类
			变速器过热	1. 离合器片打滑 2. 滤网堵塞 3. 压力阀失效或损坏	加速变速器相关部件的磨损	1. 重载引起过热 2. 走合期过热 3. 正常使用期过热	1. 停车休息 2. 低速减载 3. 更换润滑油	II类

续表

编码	名称	功能	故障模式	故障原因	故障影响	故障检测方式	补偿措施	严酷度类别
202	变速箱	改变运行速度	变速箱内油位过高	1. 工作液压系统双联泵泵端串油 2. 转向泵轴端串油	加速变速器相关部件的磨损	检查转向、工作装置液压系统的油箱减少情况	维修或更换密封圈	II类
			变速箱内压力过低	1. 压力阀故障 2. 滤网堵塞 3. 油泵失效 4. 离合器油封漏洞	压力不足,工作无力,变速无力	1. 检查压力阀 2. 检查滤网 3. 检查油泵和离合器油封	1. 更换润滑油 2. 清洗滤网 3. 维修离合器	III类
2021	变速齿轮	增加或减少转动比	轮齿磨损	1. 润滑不良 2. 安装不当 3. 齿轮材料质量低	导致变矩器异响或不传动	1. 检查润滑 2. 调整安装	1. 更换润滑油 2. 更换齿轮	II类
			轮齿折断	1. 传动力过大 2. 齿轮质量低劣	影响正常工作,严重时造成人员伤亡	1. 检查润滑情况 2. 检查传动	按照具体情况维修或更换齿轮	II类
2023	轴承	支撑传动轴	轴承失效	1. 接触应力过大 2. 润滑油不洁 3. 与轴的配合间隙过大	导致变速器异响	1. 观察轴承的磨损情况 2. 添加润滑油	1. 更换轴承 2. 更换高质量润滑油	III类
2024	附属装置		离合器片分离不彻底	1. 管路中有空气 2. 皮碗变形或磨损 3. 润滑不良 4. 摩擦片变形或损坏	挂挡困难或强行挂挡后未放松离合器踏板装载机便启动	检查相应装置	1. 更换皮碗或摩擦片 2. 添加或更换润滑油	I类
203	传动轴	传动力矩	传动轴异响	1. 磨损 2. 传动轴弯曲工作时出现异常响声 3. 轴连接螺母松动或装配不当	影响传递效率严重时引起传动轴折断	1. 行驶中一直有撞击声 2. 行驶某一速度出现	1. 更换万向节和伸缩节 2. 更换平衡块	III类
			传动轴断开	1. 冲击载荷过大 2. 材料强度或工艺不好	出现动力传递中断,残断转动轴与周围机件发生碰撞	发动机正常工作时传力中断	立即停车更换传动轴	I类

附录 5 驱动桥 FMECA 分析表

（初始约定层次：主传动系统。二次约定层次：传动系统。本表约定层次：驱动桥）

编码	名称	功能	故障模式	故障原因	故障影响	故障检测方式	补偿措施	严酷度类别
204	驱动桥	把转矩传给车轮改变旋转方向	发热过大	1. 齿轮啮合不当 2. 润滑油不足或装配不合格 3. 油封故障	加速部件磨损影响使用寿命	1. 检查是否装配过紧 2. 检查润滑情况	1. 调整装配间隙 2. 增加润滑油	Ⅲ类
			漏油	1. 油封损坏 2. 油过多 3. 桥壳开裂 4. 透气孔堵塞	漏油严重导致润滑不良，加速磨损	1. 检查油封 2. 检查油量 3. 疏通透气孔	1. 更换油封 2. 减少油量 3. 更换桥壳 4. 疏通透气孔	Ⅲ类
		传动和降速	齿轮磨损断齿	1. 润滑不良 2. 负载过大 3. 齿轮质量不合格	导致驱动桥异响，断裂后中断传动，影响正常工作	1. 检查润滑情况 2. 检查齿轮质量	1. 添加润滑油 2. 更换高质量齿轮	Ⅰ类
2041	差速器	差速传动	内齿轮打坏	1. 负荷过大 2. 润滑不良 3. 啮合不正确	导致变矩器损坏	1. 检查润滑 2. 调整啮合	1. 更换润滑油 2. 调整啮合	Ⅱ类
2042	多盘式制动器	制动	制动器过热并伴有尖叫声	1. 制动摩擦片磨损 2. 制动钳固定螺栓松动 3. 制动钳摩擦片与制动盘间有异物	影响正常工作，严重时导致刹车失灵	检查法	1. 更换制动摩擦片 2. 拧紧固定螺栓	Ⅱ类
2043	轮边减速器	减速	打齿	1. 齿合副质量不好 2. 调整间隙不当 3. 操作不良	影响正常的工作	1. 检查啮合质量 2. 检查同轴度	1. 更换啮合副 2. 调整同轴	Ⅱ类
2022 2052	传动轴	传动力矩	传动轴异响	1. 磨损 2. 传动轴弯曲工作时出现异常响声 3. 轴连接螺母松动或脱落 4. 装配不当	影响传递效率，严重时引起传动轴折断	1. 行驶中一直有撞击声 2. 行驶某一速度出现	1. 更换万向节节伸缩节 2. 更换平衡块	Ⅲ类
			传动轴断开	1. 冲击载荷过大 2. 材料强度或工艺不好	出现动力传递中断，残断转动轴与周围机件发生碰撞	发动机正常工作时传力中断	立即停车更换传动轴	Ⅰ类

附录6 转向、制动液压系统 FMECA 分析表

（初始约定层次：主操作系统。二次约定层次：液压系统。本表约定层次：转向液压系统、制动液压系统）

编码	名称	功能	故障模式	故障原因	故障影响	故障检测方式	补偿措施	严酷度类别
302	转向液压系统	实现车体转向	转向沉重	1. 油泵供油不足 2. 油路系统中有空气 3. 阀块中溢流阀压力低于工作压力或失效,密封圈损坏 4. 阀块中溢流阀压力低于工作压力,溢流阀被脏物卡住或失效,密封圈损坏	影响工作进程,增加操作难度	1. 检查油中是否有泡沫 2. 检查溢流阀工作情况	1. 检查更换油泵 2. 排除系统中空气并检查吸油管是否松动检查漏气 3. 检查溢流阀,更换密封圈	Ⅲ类
			转向失灵	1. 转向器内弹簧折断 2. 转向器内拨销折断或变形 3. 阀块中双向缓冲阀失灵	转向迟缓,影响工作效率,严重时造成行车事故	1. 检查转向器内部件 2. 检查油缸	1. 更换已断弹簧片 2. 更换拨销 3. 清洗双向缓冲阀或更换弹簧,密封圈	Ⅰ类
303	制动液压系统	减小转速制动停车	制动不灵或失灵	1. 供能装置所供能量不足或为零 2. 制动增力器活塞密封不良 3. 液压制动总缸内油液不足 4. 制动油路的影响 5. 摩擦系统减小	无法正常制动,易发生严重事故	1. 检查供能装置、制动阀和制动增力器 2. 检查液压制动总缸的油液储存量 3. 检查漏油	1. 维修制动装置 2. 增加制动油	Ⅰ类

附录 7 工作装置液压系统 FMECA 分析表

（初始约定层次：主操作系统。二次约定层次：液压系统。本表约定层次：工作装置液压系统）

编码	名称	功能	故障模式	故障原因	故障影响	故障检测方式	补偿措施	严酷度类别
3011 3013	液压泵 液压 油缸	增加 输送 油的 动力	泄漏	1. 磨损 2. 密封不良	导致动臂提升不足，油 温升高	1. 检查磨损情况 2. 检查密封情况	1. 添加润滑油 2. 更换密封圈	Ⅱ类
3012	液压 马达	驱动 工作 装置	无回转力	1. 密封圈损坏 2. 马达磨损严重	工作无力	1. 检查密封圈 2. 检查磨损情况	更换密封圈或液压 马达	Ⅲ类
			爬行	系统中油液压力不稳定	影响正常工作	1. 检查液压马达安 全阀 2. 检查液压马达和机 械传动部分	1. 调整安全阀 2. 按实际情况排除	Ⅱ类
3014	控制阀	控制油 液流量	见阀故障					
3015	液压 管路	输送 液压油	堵塞	1. 油液黏度高 2. 油中有杂质	无法正常工作	检查油液状态	更换或去除杂质	Ⅱ类
405	转斗 油缸	提供 转斗力	密封不良	密封圈磨损严重或损坏	不能正常工作	检查密封情况	更换密封圈	Ⅲ类
406	动臂 提升 油缸	给动臂 提供 动力	内漏	密封损坏	增大油量消耗影响举 升效率	检查动臂举升油缸外 面是否有油迹	更换密封圈	Ⅲ类

附录 8 工作装置 FMECA 分析表

（初始约定层次：主操作系统。二次约定层次：工作装置。本表约定层次：铲斗、动臂、连杆、摇臂）

编码	名称	功能	故障模式	故障原因	故障影响	故障检测方式	补偿措施	严酷度类别
40	工作装置	实现装卸工作物	工作装置摇摆	1. 销轴磨损严重 2. 销孔磨损严重 3. 润滑保养不足	加速销轴磨损严重时造成工作装置杆折断	1. 检查销轴磨损情况 2. 检查润滑情况	1. 更换销轴 2. 加润滑油	Ⅱ类
			液压系统有噪声	1. 气穴引起噪声 2. 系统内压力有波动 3. 机械振动的影响	增加工作噪声	1. 检查执行元件是否动作缓慢或迟钝 2. 检查外观管道支撑件 3. 拆卸控制阀 4. 检查管道泄漏 5. 检查管油泵	1. 排除气穴 2. 拧紧支撑件 3. 清洗或更换控制阀 4. 维修或更换油泵	Ⅲ类
402	铲斗	铲装工作物	翻转缓慢	1. 前后安全阀阀门故障 2. 工作油压偏低	翻转缓慢影响工作效率	1. 检查主油路 2. 按故障发生期诊断 3. 调整前、后双作用阀	1. 维修主油路 2. 早期：调整密封圈。使用期：更换油液 3. 大修期液压件磨损	Ⅱ类
403	连杆	传力、承受压力	折断	1. 载荷过大 2. 操作不当 3. 材料质量差	影响正常工作。严重导致人员伤亡	1. 外观检查 2. 材料实验法检查	更换连杆	Ⅱ类
404	摇臂	传力	摆动不稳	1. 销铺连接处磨损严重 2. 载荷过大	工作时摆摆不定	检查销轴磨损情况	更换销轴	Ⅳ类

参 考 文 献

[1] 余高达，赵潞生. 军事装备学 [M]. 北京：国防大学出版社，2000.

[2] 中国机械工程学会，中国机械设计大典编委会，北京英科宇科技开发中心. 机械设计手册 [M]. 北京：电子工业出版社，2007.

[3] 张健壮，史克禄. 武器装备研制项目系统工程管理 [M]. 北京：中国宇航出版社，2015.

[4] 曾声奎，等. 系统可靠性设计分析教程 [M]. 北京：北京航空航天大学出版社，2006.

[5] Pahl G，Beitz W. Engineering Design—A Systematic Approach [M]. London：Springer – Verlag，1996.

[6] 张志华. 可靠性理论与工程应用 [M]. 北京：科学出版社，2012.

[7] 刘品. 可靠性工程基础 [M]. 北京：中国计量出版社，2002.

[8] 迟学斌，王彦棡，王珏，刘芳. 并行计算与实现技术 [M]. 北京：科学出版社，2015.

[9] 史跃东，徐一帆，金家善. 装备复杂系统多状态可靠性分析与评估技术 [M]. 科学出版社，2017.

[10] 谢里阳，王永岩，李佳. 机械设计手册（新编）第六卷 第四十五篇 可靠性设计 [M]. 北京：机械工业出版社，2004.

[11] 王耀华. 工程装备技术保障概论 [M]. 军事科学出版社，2003：5.

[12] 付杰. 基于模糊理论的故障树分析技术 [D]. 成都：四川大学，2001.

[13] 韦文增. 故障树分析和模糊理论在机械故障诊断中的应用研究 [D]. 合肥：合肥工业大学，2002.

[14] 沈祖培. GO 法原理及运用 [M]. 清华大学出版社，2004.

[15] 赵德孜. 机械系统设计初期的可靠性模糊预计与分配 [M]. 北京：国防工业出版社，2010.

[16] 丛胜辉. 基于模糊诊断算法的柴油机故障诊断技术研究 [D]. 天津：天津大学，2005.

[17] 龚海里. 故障树计算机辅助分析优化算法研究与应用 [D]. 大连：大连理工大学，2004.

[18] 刘东，张红林，王波，邢维艳. 动态故障树分析方法 [M]. 北京：国防工业出版社，2013.

[19] 赵少汴. 抗疲劳设计手册 [M]. 北京：机械工业出版社，2015.

[20] 闻邦椿. 机械设计手册单行本 疲劳强度与可靠性设计 [M]. 北京：机械工业出版社，2015.

[21] 王勖成. 有限单元法 [M]. 北京：清华大学出版社，2003.

[22] 吴仁恩. 基于 ANSYS 的铝合金车体结构有限元分析研究 [J]. 北京交通大学机械学院，2008.

[23] 龚曙光. ANSYS 工程应用实例解析 [M]. 北京：机械工业出版社，2003.

[24] 姚卫星. 结构疲劳寿命分析 [M]. 北京：国防工业出版社，2004.

[25] 秦大同，谢里阳. 疲劳强度与可靠性设计 [M]. 北京：化学工业出版社，2013.

[26] 贡金鑫. 工程结构可靠度计算方法 [M]. 大连：大连理工大学出版社，2003.

[27] 董玉革. 机械模糊可靠性设计 [M]. 北京：机械工业出版社，2001.

[28] 谢庆生，罗延科，李屹. 机械工程模糊优化方法 [M]. 北京：机械工业出版社，2002.

[29] 盖瑞 S. 沃瑟曼. 工程设计中可靠性验证、试验与分析 [M]. 北京：机械工业出版社，2015.

[30] 董长虹. Matlab 神经网络与应用 [M]. 北京：国防工业出版社，2005.

[31] 胡湘洪. 可靠性试验 [M]. 北京：国防工业出版社，2015.

[32] 高社生，张玲霞. 可靠性理论与工程应用 [M]. 北京：国防工业出版社，2002.

[33] D. H. STAMATIS. 故障模式影响分析从理论到实践 [M]. 陈晓彤，姚绍华，译. 北京：国防工业出版社，2005.